新世纪高等学校教材

影视艺术学科基础教程系列

主编　黄会林

中国电视剧名篇读解教程

ZHONGGUO DIANSHIJU MINGPIAN DUJIE JIAOCHENG

黄会林 等/著

北京师范大学出版集团
BEIJING NORMAL UNIVERSITY PUBLISHING GROUP
北京师范大学出版社

图书在版编目（CIP）数据

中国电视剧名篇读解教程/黄会林主编；黄会林等著．—北京：北京师范大学出版社，（2008.5重印）
新世纪高等学校教材．影视艺术学科基础教程系列
ISBN 978－7－303－07466－2

Ⅰ．中…　Ⅱ．①黄…②黄…　Ⅲ．电视剧-电视影片评论-中国-高等学校-教材　Ⅳ．J905.2

中国版本图书馆CIP数据核字（2005）第027646号

出版发行：北京师范大学出版社 www.bnup.com.cn
北京新街口外大街19号
邮政编码：100875
印　　刷：北京东方圣雅印刷有限公司
经　　销：全国新华书店
开　　本：170 mm×230 mm
印　　张：13.25
字　　数：254千字
印　　数：2001～4000
版　　次：2005年8月第1版
印　　次：2008年5月第2次印刷
定　　价：20.00元

责任编辑：高东风　　装帧设计：高　霞
责任校对：李　菡　　责任印制：马鸿麟

目 录

前言 …………………………………………………………………………… (1)

质朴无华　言简意丰
　　——电视单本剧《凡人小事》读解 ………………………… 黄会林 (1)
深沉的人生变奏曲
　　——电视连续剧《蹉跎岁月》读解 ………………………… 梁　玖 (6)
动乱年代和艰苦环境中的英雄主义精神
　　——电视连续剧《今夜有暴风雪》读解 ……………………… 罗　军 (12)
民族灵魂的丰碑
　　——电视连续剧《四世同堂》读解 ………………………… 缪　力 (17)
经典的传播
　　——电视连续剧《红楼梦》读解 …………………………… 沈　鲁 (24)
长篇历史剧的拓荒之作
　　——电视连续剧《努尔哈赤》读解 ………………………… 沈　鲁 (31)
神的奇观与人的情感
　　——电视连续剧《西游记》读解 …………………………… 贺文英 (36)
不屈的斗士
　　——电视剧《秋白之死》读解 ……………………………… 罗　军 (42)
锁不住的竹篱笆
　　——电视连续剧《篱笆·女人和狗》读解 …………………… 梁　玖 (48)
理到真处情自深
　　——电视连续剧《宋庆龄和她的姊妹们》读解 ……………… 马　药 (55)
传统道德与电视商业的奇妙结合
　　——电视连续剧《渴望》读解 ……………………………… 阎立峰 (63)
从小说到电视剧
　　——电视连续剧《围城》读解 ……………………………… 阎立峰 (69)

投入地笑一次
——电视连续剧《编辑部的故事》读解 ……………… 沈 鲁 (76)
生命之旅、思想之旅
——电视剧《南行记》读解 ……………………………… 罗 军 (84)
镜子内外的天空
——电视连续剧《外来妹》读解 ………………………… 王卓明 (90)
问题与戏剧
——电视连续剧《半边楼》读解 ………………………… 阎立峰 (97)
回归个体叙事的一次尝试
——电视连续剧《过把瘾》读解 ………………………… 赵建国 (103)
移民命运·文化碰撞·价值立场
——电视连续剧《北京人在纽约》读解 ………………… 缪 力 (111)
兴亡千古繁华梦
——电视连续剧《三国演义》读解 ……………………… 赵建国 (116)
塑造神性与人性兼备的现代英雄
——电视连续剧《英雄无悔》读解 ……………………… 李 君 (122)
关于历史的拼图游戏
——电视连续剧《宰相刘罗锅》读解 …………………… 王卓明 (129)
信念的美丽
——电视连续剧《党员二愣妈》读解 …………………… 梁 玖 (135)
千秋功罪且凭说
——电视连续剧《雍正王朝》读解 ……………………… 赵建国 (143)
人生的意义与意义的呈现
——电视连续剧《钢铁是怎样炼成的》读解 ………… 李 君 (149)
唯美诗意的历史
——电视连续剧《大明宫词》读解 ……………………… 周 雯 (156)
真实演绎哀泪笑洒的世俗生活
——电视连续剧《贫嘴张大民的幸福生活》读解 …… 李 君 (162)
多重主题的变奏
——电视连续剧《激情燃烧的岁月》读解 ……………… 马 莳 (168)
登临高处品风云
——电视连续剧《省委书记》读解 ……………………… 李国芳 (174)
一次追求真、善、美的成功实践
——电视连续剧《希望的田野》读解 …………………… 马 莳 (179)

于精细处见恢弘
——电视连续剧《大染坊》读解 …………………… 李国芳（188）
“权力观”的文化与艺术辨析
——电视连续剧《绝对权力》读解 …………………… 黄会林（193）

前言

黄会林

20世纪艺术样式中发展最快的，大约要数刚刚诞生的电影和电视，即人们通常所说的影视艺术。与影视艺术迅猛发展相适应，影视教育成为艺术教育的重要内容。《影视艺术学科基础教程系列》正是北京师范大学艺术系为影视专业教学设计的一套系统教材。

艺术陪伴人类度过最初的荒蛮岁月，成为人类的精神家园和灵魂栖所。它是人们美的理想的凝聚与自由的象征。艺术属于大众，属于社会的每一个人。艺术来自于民间，也生长在民间，它的最高使命在于为大众服务。

影视艺术是最年轻的艺术样式，它凭借现代科学技术成为传播最广泛的一种现代艺术媒介。没有电的发明，没有光波、声波技术的发展，影视艺术也就无从谈起。同时，影视艺术也是现代工业的产物，它的发展离不开工业体制的运转。因此，它是一种不同于任何古老艺术样式的新型艺术。学习影视艺术，必须从它的本性出发，了解其基本特征，掌握其基本规律，这样才可能真正认识影视艺术，从事影视艺术研究、教学和创作。

电影电视是科技和工业的产物；但是，影视艺术的生成过程却不仅仅是现代科技发展的历史，也是人类艺术发展积累的结晶。中国古代就有灯影、皮影、木偶戏等艺术样式，反映了人们对活动影像的追求愿望。中国古典戏剧、诗词、绘画等艺术作品也常常运用特写、远景、中景等画面和画面组接的技巧，这为影视艺术诞生和发展提供了美学的启示。当然，限于社会形态和科技水平，以农业文明为基础的封建社会不可能产生影视艺术。

电影诞生之后很快就传入中国，1895年卢米埃尔兄弟放映《火车进站》十年后，中国就拍出了戏曲片《定军山》。20世纪三四十年代，中国电影迎来了第一个高潮，80年代以后，中国电影又焕发出新的生机，赢得世界电影界的注目。从1905年诞生到2004年的今天，中国电影走过了一条艰难而又辉煌的世纪之路。

1958年，北京电视台（即现在的中央电视台）成立，这标志着中国电视的创始。从那时起尤其自改革开放以来，中国电视逐渐步入辉煌。发展至今，中国电视台数量、电视机拥有量，特别是电视观众覆盖面等数据显示，中国确已成为名副其实的电视第一大国。中国生产的电视剧、专题片、纪录片、综艺节目与新闻节目取得了引人注目的成就，出现了大量脍炙人口的作品。现在，电视已经成为大众重要的信息传播和娱乐形式。

中国影视发展的历史表明：影视虽然属于典型的舶来品，但是，中国影视并不是欧美影视的翻译版，而具有鲜明的中国文化特征。因为，影视不仅仅是科技工业，也是美学与艺术。科技手段固然没有民族和国家的界限，然而美学与艺术却有明确的民族性格。因此，影视艺术输入中国的历史，也是它逐步本土化的过程。中国影视能否在世界上拥有它应当具有的地位，关键在于中国影视是否生成了具有民族特征的艺术风格。

中国文化源远流长，博大精深，有着健壮的生命力与宽厚的包容性。中国文化的发展历程，就是一部不断吸收异域文化、不断创造新文化的历史。吸收是为了创造，而不是取代我们固有的文化，所以，如何吸收就成为一个原则性的问题。我们认为，吸收必须以本民族的审美心理为支点，寻求异域文化与本土文化的交融，通过异域文化激活本土文化，使之焕发出更为灿烂的生机。

影视艺术是一种世界性艺术样式，同时又以美学特征和文化性格区分了不同民族与国家的艺术风格。如电影在发展中形成了苏联学派、法国学派、美国学派和日本学派等艺术流派。在一个世纪的历史发展中，中国影视艺术积累了不少成功的经验，也有不少失败的教训。而其中的核心问题正是中国影视艺术的民族特征。30～40年代、50～60年代、80～90年代，我们曾经出现了一大批具有中国民族风格的优秀作品，如《神女》《十字街头》《小城之春》《乌鸦与麻雀》《一江春水向东流》《祝福》《早春二月》《林家铺子》《林则徐》《聂耳》《甲午风云》《董存瑞》《平原游击队》《小兵张嘎》；如《天云山传奇》《巴山夜雨》《城南旧事》《骆驼祥子》《黑炮事件》《芙蓉镇》《黄土地》《红高粱》等等，为世界电影中国学派的创立打下了基础。但是，也有不少作品对西方电影生搬硬套，缺乏民族特征。在影视理论界，这种狂热西化现象就更为突出。影视美学中国文化特征模糊的现状，导致了中国影视艺术理论的严重滞后，影视艺术理论的滞后，就必然限制了中国影视艺术实践的健康发展。无可否认，中国电影和中国电视积累了相当丰富的创作实践；但是，理论界对本土创作缺乏全面的、系统的、本质的、富有理论高度的研究和总结，更没有以中国影视实践为支点，提出具有中国文化特征的影视理论。虽然有志于此者不乏其人，但由于种种原因，致使这一梦想至今未能如愿。一个不善于研究和总结本土艺术和文化的民族，不可能独立于世界之林，甚至不能很好地吸收其他民族的艺术和文化经验，因为它缺少立足的根基。面对争奇斗妍的西方影视理论，作为一个文化大国，我们总不免有些尴尬。有鉴于此，我们愿意和影视界的艺术家和理论家一道，在影视领域里摸索一条具有民族文化特征的中国之路。影视艺术中国学派的诞生，需要影视艺术家的努力，也需要影视理论家和研究者的深入研究。只有影视艺术的创作实践和理论研究都达到相当的高度，才有可能创造出富有中国作风、中国气派的影视艺术作品。

艺术是一个民族的美学纪念碑。影视艺术也是如此，它是特定民族和时代的形象表达，既是个人的，又是民族的、时代的。正如法国艺术理论家泰纳所说的："要了解一件艺术品，一个艺术家，一群艺术家，必须正确地设想他们所属的时代的精神和风俗概况。这是艺术品最后的解释，也是决定一切的基本原因。"❶ 深入时代、深入人民、深入民族，是一切伟大艺术的共同特征。

《影视艺术学科基础教程》旨在以中国美学为支点，观照中国影视艺术的发展，总结其成功的经验和失败的教训，为建立中国影视美学体系作出努力。

影视艺术是最年轻、也最有发展前途的艺术形式，希望同学们通过学习认识影视本性，掌握影视语言，了解影视发展历程，分析影视艺术作品，以中国美学的独特视点去研究影视艺术现象。既吸收世界影视艺术的精华，又坚持中国文化的民族特征，实现中国美学与西方美学在中国当代影视艺术实践中的汇融。只有这样，我们才能创造出具有现代意识与民族风格的影视作品，建立影视艺术的中国学派。

新的世纪已经到来，未来属于中国青年一代。

1997 年 6 月 18 日　北京

2004 年 9 月 25 日　修改

---

❶ ［法］泰纳：《艺术哲学》，傅雷译，北京，人民文学出版社，1994。

质朴无华　言简意丰

——电视单本剧《凡人小事》读解

黄会林

1980　电视单本剧

中央电视台录制

原著：杜保平　编剧：于永和、陈文静　导演：赖淑君　主要演员：黄意璘（饰顾桂兰）　罗焱（饰翠翠）　宋春霖（饰张书记）

本片获第一届全国优秀电视节目评选电视剧一等奖。

剧情简介：

本剧描写了一位普通的中学老师顾桂兰，两年前丈夫病逝，以微薄的工资（47.5元）独自带着体弱的小女儿翠翠生活，每日奔波于住所、幼儿园、学校之间，往返需要换6次车，用3小时。她在校工作尽职尽责，上课、做班主任、家访、为学生额外辅导；回家后照看孩子、洗衣做饭、批改作业。翠翠终因照顾不周高烧41度送去医院。生活的重担压得她难以喘气。她唯一的请求是调到离家较近的学校，却又因人品正直，不愿逢迎拍马、送礼求情，被学校的书记以“研究研究”拖延不办。直到新调来不爱财、不收礼的张书记，亲自到她家了解了实情，并尽快解决了她的调动问题。

一、“小事”与“大难”之“以人为本”的文化观照

诚如业内人所言：本剧在中国电视剧的创作里程中，开了“写普通人”风气之先河。面对千千万万在生活中苦苦拼搏的大众，创作者们选择了一个不惊人的题材，选择了一个不起眼的视角，选择了一个不突出的人物，因此似乎不具备艺术创造的独特性与震撼力。但奇妙在于，对于观赏者，这部既不曲折、也不惊险的作品，却恰恰给予人们以久久难忘的审美张力。究其原因，可以深入探究的层次有四。其一是：创作者把镜头对准了现实生活中最普通，也是最艰难的“凡人”，因而与广大观众心心相连、息息相通。其二是：创作者尽其所能地开掘出这些凡人经常会遭遇到的、存在于平常小事里又无可回避的大难题——“人”在生存环境中围绕着衣食住行时时体尝的艰难和辛酸，因而使广大观众由彼及此、

感同身受。其三是：创作者以鲜明的对比，揭示了要解决这些大大难题，必须拥有正派、廉洁、“孺子牛”式的党的负责干部，因而让广大观众追本溯源、得意忘言。其四是：创作者以现实主义的创作原则，深入捕捉生活的真实秉性，再将更本质的缘由潜入其间，即，要保证“凡人”的基本生活需求，需要从根本上把握我们各级干部的质素，而这又直接联系着国家体制的改革，因而令观众一斑见豹、掩卷深思。总之，剧作因其针对“凡人”在社会生活中的艰难处境，发掘出层层丰厚内涵，而呈现出与时尚完全不同的艺术独特性与审美震撼力。这一“以人为本”的文化观照，正是其得以留存于中国电视剧发展史册中的原因和理由。

1. 人的艰难，在生活的流淌中展现

这部创作于80年代初期的剧作，以近乎记录式的纪实手法，把主人公放在最日常的生活流程中加以展现。清晨5时半，顾桂兰老师被闹钟唤醒，紧接着：做早餐、叫孩子、热中药、装饭盒；哄小女儿翠翠起床、穿衣、洗脸、吃药、出门；然后母女一路小跑、几次换车，先到幼儿园，恋恋不舍地分手后，再换乘公交车到学校，又开始了一天的忙碌。孩子高烧消息传来，她再次一路奔跑、连续换车，途中因乘客拥挤滞留车站；勉力挤上车，又遇火车通过道口停车等候；心力交瘁的她下车后气喘吁吁、一阵昏眩；仍然继续挣扎前行……在凡人的日常生活中，如此一波三折的景象实属寻常事。这些笔墨看似不动声色、平淡无奇，却使得观者和主人公一起感受着心灵的急切如火烧火燎。接着，她千辛万苦赶到幼儿园，抱起翠翠奔往医院，孩子在“点滴”时想吃橘子，却又拉住妈妈不让离去，母女间拳拳之心与眷眷之情动人心弦。孩子回家后独自休养，在等待妈妈的煎熬中晕倒在床边地上；疲惫不堪的妈妈归来不禁百感交集。她终于下决心去购买高档绣花床单和好酒，送给新来的张书记女儿作结婚礼物，以求得调动问题的解决。恰在此时张书记家访，从翠翠口中得知：因为家里没钱，不能给生病的女儿买水果。面对此情此景，他感慨自省：对老师生活的艰苦知之太少、帮助太差！于是而有张书记不顾辛苦为顾老师的调动奔走；于是而有张书记冒雪前来告知调动成功，并交还绣花床单和酒钱；于是而有雪地上张书记渐行渐远的一行脚印，和母女俩相拥在窗口遥望着书记足迹的璀璨笑脸；于是而有作品最后真切而深情的旁白：“但愿我们的生活中能多一些这样的脚印，多一些这样的笑脸。”现实生活中万千“凡人”生存的艰辛与难耐，每个党员干部必须以群众为本之必备品格特质，在这里得到了集中性的典型写照，剧作因此而具有了浸润“民心”的艺术冲击力，也从而印证了现实主义创作原则的不朽生命力。

2. 人的质素，在两相对比中凸现

如果说此剧用大力气突出“人”的艰难，从而具有集中性的特色；那么，以强烈的对比手法，描写两种完全不同的党员干部，以突出“人”的质素，从而具有艺术的丰富性，可视为该剧的另一特色。在短短50分钟的篇幅里，大多数镜头集中于母女二人，彰显了“凡人生活中看似小小事情，实属现实中压在凡人心头的大大困难”的主题。同时，剧作用平实的、几乎不着痕迹的笔墨，着意描绘了对于“凡人”具有不可替代作用的学校前后两任书记形象。剧中三次以“闪回”手法出现前任王书记。一次是顾老师恳切地找他请求调动，他笑容可掬地表示：“好吧，我们研究研究。”并示以虚拟的关怀：“你的处境，我深表同情，困难很大，需要帮助。”但马上话题一转：“不过，人事调动的事的确是难呐。希望你能体谅组织上的难处!”话音至此，似乎通情达理无可挑剔，却随敲门声走进提着好酒和礼品的李老师，由其尴尬的笑声里，观众已有所悟。二次是顾再次相求，并以中央文件为据，他却不以为然：“文件么，那只是个精神。这么多人的问题要解决，你总得分期分批一个一个慢慢解决么。”然后又是边笑边说：“你耐心等待，我们再研究研究。”事后，李老师提醒顾：“你也太死心眼了。”并以手势示意；顾正色回问：“难道就不能公事公办了?”其中深意引发观众思考。三次是顾无意间听到王对李说：“这个顾桂兰哪，那就让她等着公事公办吧。”先是虚与委蛇、待价而沽；再是不讲原则、暗示诉求；最后竟然抛弃假相、原形毕露。寥寥三笔，层层递进，将其喜欢吹牛拍马、阿谀逢迎、收受礼品、以价论事，而毫不关心群众的艰苦和困难，对身陷困境、秉性正直的顾桂兰老师毫无同情之心的一幅官僚面孔和冷酷心肠揭露无遗。这个形象是共产党内不良质素分子之综合展示。

随之，剧作又以写实手法塑造了新调来的张书记。依然是十分简略的五次笔墨点染：一次是他的出场亮相。编导者故意让新书记和善于“套近乎”的李老师一起到食堂就餐。在老师们对李的议论声中——“这种人，什么时候都吃得开，爱人农村户口，不到半年就调来。因为家乡土特产在王书记那儿起作用了!”屏幕上出现李老师同张书记咬耳朵、为张书记添菜、二人哈哈大笑之场景。由此引起顾老师关于王书记的第一次“闪回”。二次是顾鼓起勇气找张反映自己的困难，偏又碰上他要到局里开会，匆忙而去。再补以李老师向众教师张罗为张的女儿结婚“凑份子钱”。至此，由于创作者采用的“欲擒故纵”手法，让观众对张的为人品格虚实莫测，也对顾的难题解决少了一份信心、多了一份担心。然后才笔锋一转，由虚趋实：三次出现的是张深入顾家了解情况、听取顾的倾诉；然而一句“我们再研究研究”，让顾再次“闪回”王此前相同的话语和形象，不由倒吸一口凉气，决心给张送去绣花床单和酒。四次出现是他饭前急匆匆离家，为顾的困难去找教育局长；并带出：顾的报告写了两年，“老王根本没送到教育局去”的信息。五次出现则为全剧重场，构成最后的华彩乐章：张书记冒雪到顾家，一进门，立即抱起翠翠，拿出一袋苹果，翠翠却说：“妈妈说这个月不吃苹果，这个月没钱了!”让他感触良深，眼眶发红，忙把翠翠搂入怀中；他叫翠翠把床上的手绢拿来擦擦鼻子，翠翠却调皮地说“你去拿吧”，张去取手绢，发现原来是床单上的补丁，懂事的翠翠在一旁咯咯笑着："床单破了一个大洞，妈妈说这条手绢好看，就给它补上去了!"令他热泪盈眶，再次把翠翠紧紧搂住。这三次张伯伯与小翠翠的亲密接触，既生动地展现了张书记作为党组织的代表，把群众冷暖放在心上的人文情怀，也深入地描绘了优秀的党员干部和孤苦无告的幼小儿童之间的心灵交流；三次无言的拥抱，三段真切的对话，没有一句空泛的抽象道理，却给观众脑海中留下了难以磨灭的审美印迹。接着顾老师归来，忙着进厨房做饭，把张当成了小翠翠，支使他传递酱油、葱花、饭碗……才突然发现竟是书记来家。意外和感动之后，张告知调动事已批准，并且思绪万千地对她检讨："我们对你关心和照顾不够，给你的生活和工作带来了困难，实在是……"此时此刻，无须更多的言语和动作，人民公仆的质朴形象深深嵌入人心。正如古语所谓："大音希声"、"大象无形"，画面上呈现的张书记远去的背影、雪地上一行清晰的脚印、窗口边一对母女的笑靥，久久地留驻于观众心间。

二、简约的叙事方略与多元素技巧调度

考察整部作品的艺术形式，亦可发现其中的显著特色。

1. 简约而质朴的叙事方略。剧作在形式方面的审美追求，可用"质朴求真"四字加以概括。例如（1）故事的叙述，摒弃文学化的渲染、艺术化的铺衍，而采用了质朴的纪实手法。带孩子、做饭、赶路、上班……，这些发生在每一个普通家庭里的平常故事，却正是每个观众都少不了的相似或相同体验。剧作通过点点滴滴生活流程般的展现，强化了它的真实性，加大了它的可信度。例如（2）人物的塑造，不在形象的亮丽、衣着的花哨和形体的讲究上花费心力，而着重还原生活的本来面貌，凸现了质朴无华的特色。剧中大小角色，不论是顾桂兰、小翠翠和她周围的几位老师，还是王书记、张书记和围着他们套近乎的李老师，都像观众的同事朋友、左邻右舍乃至家中亲人，从而以融入人们内心的亲和力，打动着受众的心灵。例如（3）语言的运用，没有刻意的雕琢、华丽的辞藻、夸张的词句，只有生活中随时随处可以听到、可以遇到的家长里短、酸甜苦辣；配合着身边的故事，让人可以共同着节奏、共同着呼吸、共同着喜怒哀乐。也许，这更符合于生活与艺术相交汇而迸发灼人火花的真谛。

2. 多元素的电视技巧调度。一方面，剧作避免了繁复庞杂的叙事手段；另一方面，剧作又力求通过各种元素的巧妙配合使之丰富饱满，发散出充盈动人的艺术魅力，其中特别是细节、旁白、闪回、叠印等影像技巧的运用十分出彩。（1）独具匠心的细节使用，给人留下深刻印象。如"床单"，在剧中一次、再次、三次、四次出现。观众看到：为解决调动难题，顾老师倾其所有买来华美的绣花床单要送给张书记女儿；不解真情的小翠翠珍爱地把它捧在胸前，昭示给来客张伯伯；心情矛盾的顾老师带着床单和酒到张家送礼；帮顾老师解决了调动难题后，张书记带着床单准备退还顾家，意外地发现她家里的床单破了个大洞，用手绢打上补

丁。故事最后终结于母女俩抱着绣花床单在窗口的灿烂笑容。无言的对比胜似千言万语。小小“床单”不仅起到穿针引线、发展情节的作用，更重要的是成为点明题旨、刻画人物的推进力。(2) 在剧情关键处响起的点题性旁白，产生画龙点睛的艺术效果。如开场点明“小事”成为“大难”的朴素道理，把观者引入故事既定情境之中；如剧终抒发的“但愿多一些这样的脚印与笑脸”的祝愿与期盼，为观者倾吐出最后的情思。这样的“旁白”运用，节约了笔墨，深化了题旨，开拓了内涵。(3) 巧妙的“闪回”技巧，利于及时而集中地传达创作者的鲜明立意。剧中顾老师与王书记的接触，全部借助于“闪回”的手法，清晰地表明时空的“过去式”；而她与张书记的交往，则自然地诉诸现实情境，强调了时空的“现在式”；再使之两两相交，既强化了两位书记人格品德正负对比的力度，也省去了许多无关紧要的交代。(4) 传统特技手法“叠印”镜头的选用，亦有推陈出新之功效。在故事开始不久，伴随着饱含关切与同情的“旁白”，在顾老师一路小跑、疲于奔命的路程中，反复叠印指针不断移动的大型时钟画面，人物的生存动态以及日复一日遭遇的痛苦与无奈，在分秒之间得到充分展现，发挥了言简意丰的独特作用。

总体观之，《凡人小事》是创作于中国电视剧初始崛起之时的作品，是一部平凡的、短小的、“不起眼儿”的剧作。但由于它的创作者现实主义的入世情怀，以及对于电视艺术的倾心投入与执著追求，使得该剧具有了时代的、社会的和艺术的审美魅力，并毫无愧色地登录于中国电视剧发展史册之上，成为带有一定标志性的“精品”，充实了我国电视剧艺术的画廊，至今依然拥有难以磨灭的价值。

〔思考题〕

1. 结合作品分析《凡人小事》在中国电视剧发展史上的地位与价值。

2. 通过观看本剧，你怎样理解现实主义美学原则与“以人为本”的创作态度的关系。

深沉的人生变奏曲

——电视连续剧《蹉跎岁月》读解

梁玖

1982 上、下集电视连续剧

中央电视台录制

原著、编剧：叶辛　导演：蔡晓晴　主要演员：郭旭新（饰柯碧舟）　肖雄（饰杜见春）　赵越（饰邵玉蓉）

本片获第三届全国电视剧“飞天奖”连续剧一等奖、优秀导演、优秀女演员；第一届金鹰奖优秀电视连续剧、优秀男演员、优秀女演员。

剧情简介：

20世纪70年代初期，一批“上山下乡”的上海知识青年“插队”到云南边远山区湖边寨。因出身于所谓“历史反革命”家庭而成为“内控知青”的柯碧舟，在不被理解和饱受歧视的环境中极度苦闷和压抑，他起初虽遭到出身于高干家庭、青春活泼的知青杜见春的不理解与伤害，但却获得了质朴善良的山寨姑娘邵玉蓉的爱。从此，柯碧舟燃起了希望与梦想，并获得了人生的自信与成功。邵玉蓉为保护柯碧舟不幸身亡。杜见春在遭遇人生的风雨变幻之后也逐渐成熟。最后，杜见春决心同柯碧舟一道扎根山寨、建设山寨。全剧既展现了一段蹉跎的社会与人生历史，又揭示了坚守人生理想的可贵精神。

一、叩问命运的人生插曲

电视连续剧《蹉跎岁月》改编自同名小说，是20世纪80年代初期的伤痕艺术和反思艺术思潮背景下的一部重要作品，在中国电视剧发展史上有着重要的历史与美学价值。

1968年12月，毛泽东主席发出“知识青年到农村去接受贫下中农再教育，很有必要”的号召后，全国各地的青年人怀抱理想下到农村，在黑土地、红土地、黄土地上战天斗地，用青春和激情辛勤耕耘，谱写了许许多多欣悲交集的人生故事。从文化人类学的视点统观全片，作品突现和揭示了反动血统论的危害性和以作为求生存的价值理念。

首先，剧作以声画形式有力地批判了与人性和人文相悖的血统论。人，生而平等，然而在人类族群变迁的每一个阶段和每一个环节，要确保人人平等，又是要付出代价的——有时还需要付出惨重的代价。电视剧《蹉跎岁月》所描写的虽说只是人生命运的一支小插曲，可它却有力地折射和映照了人性扭曲、人文失聪状况下的人类悲剧。

全片用大量的声画语言，在有力地揭示和鞭挞戕害人性人文的血统论的同时，也警示人们不能忘记惨痛的教训。柯碧舟的人生之痛与作为，杜见春的人生渐悟与成熟，就是很好的例证。作为“内控知青”的柯碧舟，与曾经是“不齿于人类的狗崽子”的杜见春，为什么在如花的人生时节，却有结束自己宝贵生命的念头和行为，原因就在于所谓的“出身”问题。柯碧舟呼唤人性复归和人文光照的声音是那样的悲切，然而又是那样的脆弱。他与自恃出身好而单纯直率教条的杜见春初次对话时，就无可奈何地说道：“没有一个人理解我，没有一个人看得起我。他们枉活一世人！我也有希望和理想，也有……也有生活的权利！”柯碧舟在被迫拒绝玉蓉之爱时同样发出血泪疑问：“也许，像我这样的人，根本就不应该生下来，不应该长大成人，不应该爱。甚至……甚至，不应该像其他人那样，生活得好一点。”

在柯碧舟不断被人冷落、歧视、辱骂、殴打的悲剧性氛围中，山寨姑娘邵玉蓉的出现可视为一丝人文的亮光。聪慧、勇敢、敢爱、敢恨的玉蓉劝慰柯碧舟要勇敢地生活下去：“怕啥呀？……再糊涂的人，也不会把亲妈与癞蛤蟆混成一气！”她愤而质问：“（柯碧舟）他出生在新社会，长在红旗下，难道我们这个社会对他的影响，还不如他死去的父亲影响大吗？”作为人们理想和希望化身的玉蓉姑娘尽管在蹉跎的人生旅途中“丢失”了，但她的短暂性存在的确给困苦的人们提供了生存与生活的星光、勇气和力量。

继玉蓉对非人性非人文的血统论批判质问后，经历了人生冷暖的杜见春也深深认识到了血统论的危害性。她的妈妈反对她与柯碧舟恋爱的理由是：“当然不合适啊！他家庭出身不好嘛！”此时杜回答：“出身不好，就不合适呀？您这不是血统论吗？”继而反问：“您和爸爸关押的时候，我就是一个狗崽子，被人骂过，也被人打过。可到了今天，我们为什么还要歧视那些出身不好的人呢？你们说，他们到底有什么罪？要背这么沉重的包袱？……哥哥，不要嘲笑我，难道说出身不好的子女，只能相互之间恋爱结婚。他们不也是新中国的青年，难道他们不能用自己的行动来选择革命道路，这是什么逻辑？这不是要剥夺他们的生活权利吗？既然是这样，为什么还要他们生出来。当初就可以宣布他们为不准出生的人，这样不是更省事、更干脆吗？”这些犀利淋漓的陈述，是对人性本来的善美的还原，既让观者获得心理的舒畅，又促使人们明辨是非，从而让人文之光普照每一个生灵。

其次，全片鲜明地揭示了以作为求生存的价值理念。每个人的人生旅途，虽然会有不同的际遇，但各自人生能否成功和辉煌的关键，是看是否具有坚定的理想和信念，是否能够守候自己的精神家园，是否能够为自己的理想去百折不挠地奋斗。电视剧《蹉跎岁月》高扬了原小说的立意主题——“岁月蹉跎志犹存”，全剧成功塑造了以柯碧舟为代表的知识青年形象，表现了他们在曲折蹉跎的人生之路上直面人生、奋发上进的品质与精神。

以作为求生存的理念，在剧作下集一开头就被点题而出。其时柯碧舟在县文化馆度过了一年多不舒心的日子，编导借助画外音的旁白告诉观众，柯碧舟经过长期思考得出一个结论：“岁月纵然蹉跎，理想不能泯灭”。事实上，这个以作为求生存的奋发向上主题，是贯穿于全片的。在柯碧舟极度痛苦消沉的时候，他还清楚地记着小时候就树立的作家志向。这一点在“四喜临门”的场景中，得到充分展示。

经历了彷徨、迷茫之后，柯碧舟毅然摆脱消沉的状态，重新点燃了心中的理想火焰。他以自己的智慧和热情积极为乡亲们谋福利，提议生产队卖特产“八月竹”、修水电站，不仅得到乡亲们的称赞，还获得了自信心与成就感。当“四喜临门”聚会时，山寨的电灯亮了，广播里配乐播出柯碧舟的散文《青青八月竹》。剧情至此，既鲜明地张扬了“以作为求生存”理念的人文光辉和价值魅力，也大大升华了作品所蕴涵的高昂向上主题，起到了催人奋进之作用。剧末，柯碧舟与杜见春双双回到湖边寨这一情节安排，就更是对主题——时刻认清自己的人生坐标、以作为求生存——的定格。

老实说，电视剧《蹉跎岁月》的观剧体验，我是永远忘怀不了的。我是在蹉跎岁月里长大，也曾在蹉跎岁月里害怕，直到今天，我都有些不敢去回忆那令我没有安全感的蹉跎岁月，并且是看一次《蹉跎岁月》电视剧，心灵就受到无比的震撼，就潸然泪下甚至整夜难眠。然而《蹉跎岁月》也给我力量，力量源自柯碧舟和杜见春经历蹉跎岁月之后的人生体悟：狂热、轻率、盲目是幼稚的，一味消沉是不可取的，直面和思索是沉重的，奋斗和以作为求生存才是有希望的。

“青春的岁月像条河，岁月的河啊汇成歌，一支深情的歌，一支汗水和眼泪凝成的歌，一支蹉跎岁月的追求歌，一支高亢旋律谱成的歌，一支难以忘怀的歌……”是啊，人生的乐章，有时真如关牧村演唱的这首《蹉跎岁月》主题歌一样：浑厚、深情、幽缓，让人心灵的潮水，拍岸滔天！

二、艺术分析

一件让人热泪盈眶的艺术作品，无论如何是不会被人遗忘的。作为“伤痕艺术”的代表作品之一，电视连续剧《蹉跎岁月》除了具有特定的历史意义之外，该剧在电视剧艺术上的探索和收获，对于电视剧这一艺术形式走向成熟，同样立有筚路蓝缕之功。

本剧创作拍摄于1982年，当时中国电视业尚处在复苏阶段。1981年2月中央电视台播出了我国第一部电视连续剧《敌营十八年》，此后不久，《蹉跎岁月》便创作完成。因此，观看和解读《蹉跎岁月》，还可以了解中国电视剧艺术发展的心路历程。

首先应该承认，电视剧《蹉跎岁月》还只是后来电视连续剧艺术形态的雏形。一方面它的篇幅还不够长（只有上下两集）；二是它的创作理念、结构处理和拍摄方法都是以电影艺术为模式的。全剧原本可以分为四集连续，但它却是以“上、下”集来断读的。把它与今天的电视连续剧文本作一比较，就可以清楚地看出其中差异所在。片中的一些蒙太奇和长镜头的运用方式与效果，都是高度电影化的，饱含电影艺术的浓重笔墨，故而从这一角度讲，该作品给予观众的视觉愉悦还是较为丰厚的，这也是该剧优于今天的一些艺术性贫乏的电视连续剧的地方。不过《蹉跎岁月》在电视连续剧艺术形态的完善方面也做出了一定的探索，比如：上下集的开篇，在观看内容与形式上，就与电影不同；一些声画叙事组接方式、音乐音响创造、声画合成等，也都有其独立的内涵与价值。

其次，《蹉跎岁月》是一部具有较高声画艺术性的电视剧作品。统观全片，从片头到结尾，独立完整而富有张力感的画面比较多。无论是自然风光或者人物特写，甚至相关细节刻画，于场景设计和镜头组织上都比较讲究，在服务于剧情的同时，也具有较高的观赏性。具体而言，《蹉跎岁月》的声画艺术特征表现在以下几方面：第一，声画的组接调控，有效地采取了对比的手法。如柯碧舟与杜见春首次不期而遇烤火的场景，人物的表情、性格、衣着、色调、音响等，都是通过对比来揭示的。杜见春爽朗、直率、热情、单纯和倔强的人物性格和形象，与柯碧舟的苦闷、消沉、无奈、痛苦、彷徨的性格和形象，形成鲜明的对比。为了突显人物的性格差异，在布光上，杜见春的面部色感，始终是暖色调且具有阳光般的视觉效果，柯碧舟则给人以灰色调的沮丧感觉。同时在声响上，杜见春是亮音调，柯碧舟是沉闷忧郁的低音调。第二，声画完满圆融的震撼性。片中主题歌出场的一组声画造型，就很有艺术张力感。在火光闪烁中一对年轻人以纯洁和美之声，无伴奏清唱起了主题歌——《一支难忘的歌》：“一支歌，一支深情的歌，一支拨动人们心弦的歌……”紧接着在主题曲的陪伴下，柯碧舟与杜见春一道巡夜。除了音乐旋律的优美、舒缓和催人奋进外，运动人物和手电筒的亮光移动与深沉的夜色背景相映照，构成一组完美的声画运动镜头，让人在视听上得到享受的同时，又让人热泪盈眶。在片子的最后，杜见春不顾家人的坚决反对，毅然决然地踏上了南去的火车。杜见春上火车后的一组内切分蒙太奇镜头，与客观音响和主观音响相组接，同样达到了震撼人心灵的艺术效果。在音响上，一边是杜见春沉着而果敢的话语：“我不能再失去你啦!”标志着成熟、深爱、勇敢和牺牲，叩击着观者的灵魂，另一边是火车前进中发出的铿锵有力的轰鸣声，给人以坚定、执著和力量的体验与感受；同时在视觉呈现上，饱满的褐色暖调给人温馨的满足感；与此同时，长镜头慢慢调整景别，徐徐拉拍杜见春的头部特写镜头，最后定格于坚毅、希望、爱意、幸福、甜美的视觉造型上，给观者以极大的视觉享受和心灵润泽。这一组声画的完满组接，既增强了作品的视听魅力，又很好地升华了作品所诉求的主题。此外片中几次烤火的镜头设计，也达到了较好的视听效果，——火烧的声响、对话的音调、火焰的跳跃形象等都是圆融立体的。类似的还有：闪回柯碧舟为保护集体耕牛而受伤的声画组接，杜见春搬到湖边寨落户后，在孤苦夜晚遇暴雨而寻短见的一系列声画组接等等。第三，作品的插曲，具有深化主题和增强艺术感染力的独特作用。主题歌——《一支难忘的歌》，现已成为人们喜爱的经典老歌。其优美的旋律节奏与深沉的意蕴，为作品增色不少。

再次，细节的精心选择与设计，强化了作品的厚重感。开篇的雷雨交加声中，特写柯碧舟伏案所写小说的题目——《天天如此》，这对揭示主题和引发人们思考是很有帮助的。剧中展示杜见春倔强性格中的柔美一面，也借助于一系列细节，如杜见春的"眼神"，杜见春初遇柯碧舟时的话语："听着，有工夫洗洗衣服，理理发"，以及后来杜见春为柯碧舟买被褥等。柯碧舟替生病知青肖永川熬粥时肖永川痛苦忏悔、肖永川为柯碧舟回城主动搓草绳等细节，则为作品内涵的充实和主题升华，起到了积极的作用。此外玉蓉的服饰变化和扎红绳结、玉蓉倾心于柯碧舟以致做家务时丢三落四（饭煮糊了、给父亲脸盆里放错水、菜里没放盐）等，深刻地反映了人物的内心世界。其他还有一些民俗、女红的细节设计，如邵玉蓉给柯碧舟送粽子、给柯碧舟做女红（纳鞋垫底），以及杜见春为柯碧舟编织毛衣等，为故事的发生营造出了典型环境。

总之，专业性读解一部电视剧艺术作品，可以在"读解要素论"——作品的心理、审美、审艺、人性、人文、传播等维度——指导下，从分析作品的声画心理性、声画哲理性、声画艺术性、声画传播性和声画价值性等切入点着手。对电视剧艺术作品的审艺分析，则特别强调不能仅仅停留在审美的范畴里读解。因为，一部电视剧所诉求的任务目标是多样化的，它的外化润饰方法和手段，也不仅仅是创造美的技术与技术体系。无论蒙太奇或者长镜头，都是以是否具有艺术性和意义化为准绳的。噪音，肯定地说是不美的；但是噪音音响与乐音音响，都是电视剧创作的有效元素和手法。因此，对作品"艺不艺术"的分析应先于、强于和优于"美不美"的分析。当然，这并不是主张排斥审美要素的解读。

最后，《蹉跎岁月》的编导有着较强的传达主体观念的意识，目的在于引起观众思考以取得教育效果。也就是说，该剧"文以载道"的诉求是很明确的。这是精英文化传统和特定历史所决定的，我们不应该简单地把它看成是"教化"或"作秀"。毕竟电视剧艺术作品，总是以其对观者发生积极的润泽、引导、构筑、娱乐等作用而具有重要价值。电视剧艺术化地展示特定思想、理念的行为，是不应该被压制或非难的。从本质上讲，电视剧的创作，是人生的意义化生存理念和电视艺术语言组合而成的。因此，一部电视剧是不能缺失文化意义、学科意义、社会意义和情趣意义的。只有将平凡的镜头变成智慧的、艺术的和意义化的镜头组合，一部电视剧艺术作品才会有多元观看价值和存在意义。

在电视连续剧《蹉跎岁月》中，近乎于呐喊的主题思想曾多次出现。编导的如此设计是有积极的人性、人文和历史意义的，否则，历史的悲剧就会重演，像湖边寨主任左定法那样具有血统论惯性思维的人，就会再次出现而为害民生。当柯碧舟被一群流氓无端殴打，知青王连发向左定法报告希望救助时，左却说："坏人打坏人，活该!"完全丧失掉人道主义和人文精神。当王连发为柯碧舟申辩——"柯碧舟劳动积极，表现也不错，他不是坏人呀!"左定法狠狠地说道："哼，他不是坏人，谁是坏人，啊？反革命的儿子，内控对象，还不是坏人?"多么简单而为害无穷的逻辑推理。总之，开民智，不是一时的任务，是长期努力的目标。中国电视剧能够艺术化地开启民智，是好事情。

〔思考题〕

1. 为什么说电视剧创作，是人生的意义化生存理念和电视艺术语言的意义化组合转换?

2. 撰写出自己读解电视剧《蹉跎岁月》的译码文本。

动乱年代和艰苦环境中的英雄主义精神

——电视连续剧《今夜有暴风雪》读解

罗 军

1983 4集电视连续剧

山东电视台录制

原著：梁晓声 编剧：李德顺、孙周 导演：孙周 主要演员：任梦（饰裴晓云） 王咏歌（饰曹铁强） 吕毅（饰刘迈克） 付丽莉（饰郑亚茹） 孙敏（饰小瓦匠）

本片获第五届全国电视剧“飞天奖”连续剧一等奖、优秀导演、优秀男配角、优秀摄像、优秀音响、优秀音乐；第三届金鹰奖优秀电视连续剧、优秀女主角、优秀男配角。

剧情简介：

1979年初春的一个夜晚，北大荒某生产建设兵团党委下达了知识青年返城的命令。三团团部召开紧急会议，团长马崇汉欲扣压返城文件的传达，遭到政委孙国泰和工程连连长曹铁强等人反对，指导员郑亚茹却支持团长的意见，会议气氛十分紧张。消息泄漏，全团八百多名知识青年举着火把，汇集在团部门外，愤怒地等待答复。形势严峻，一场骚乱正在酝酿。当夜，工程连驻地，只剩女青年裴晓芸一人留守。她因受父母“问题”牵连，十年来第一次赢得拿枪站岗的机会，感到神圣与骄傲。此刻，裴晓云、曹铁强、郑亚茹、刘迈克、小瓦匠等人不禁回想起十年来在北大荒的艰苦生活……团部里争执仍在继续，骚乱终于发生。突然，仓库失火，曹铁强带领青年扑进火场。有人乘机抢劫银行，担任警戒的工程连司务长刘迈克与抢劫银行的歹徒展开搏斗，英勇献身。意外的事故，使人们忘了换岗，忘了裴晓芸。她忠于职守，冻死在值勤的岗位上。一夜奋战，火被扑灭了，更大的骚乱避免了。这时，军务股长给大家发放户口准迁证，曹铁强才发现无人去换岗……知青们含泪离开了北大荒，曹铁强则选择了留下。

一、文化分析

20世纪八九十年代，出现了知青题材影视创作热，如根据叶辛同名小说改编的电视剧《蹉跎岁月》和根据梁晓声同名小说改编的电视剧《今夜有暴风雪》等都引起了较大的反响。正如叶辛所说，知青题材的电视剧之所以受到观众喜爱，一个重要的原因就是当时“文革”刚刚结束，成千上万的人从那个时代走过来，真实反映那一段生活并能够有所反思的影视作品，可以引起人们的强烈共鸣。

梁晓声的同名小说《今夜有暴风雪》被视为“知青小说”里程碑式的作品。60年代末、70年代初，曾经作为红卫兵在校园中热闹一时的初、高中学生们，响应伟大领袖“上山下乡”的号召，奔赴黑龙江、云南、海南等地农村，开始了一段长达十年，慷慨激昂而又艰难困苦的“知青”生活，直到1979年政策允许“知青大返城”。“知青文学”就是对这段历史的反思。当年的风和雨、悲与壮、泪和血、思与情都是一代知青说不完、道不尽的话题。梁晓声认为，作为政治运动，“上山下乡”是荒谬的，然而在这场荒谬的运动中，知青献出的汗水、青春以至生命却是值得也必须要表现、赞颂的。整个作品气势雄浑、沉郁悲壮，英雄主义和浪漫主义气息浓郁。

电视剧《今夜有暴风雪》是孙周执导的首部电视剧处女作，是把“知青文学”搬上荧屏的一部代表作。

电视剧《今夜有暴风雪》塑造了裴晓云、曹铁强、郑亚茹、刘迈克、小瓦匠、孙国泰、马崇汉等性格各异的人物形象。从他们身上，折射出特定时代、特定环境的文化精神。我们看到荒谬年代的荒谬思想对人们精神和肉体的摧残，同时，我们感受更深的是北大荒的精神：艰苦奋斗、勇于开拓、顾全大局、无私奉献。《今夜有暴风雪》表现了一代知识青年在那场荒谬的历史运动中所显现出的理想追求和人格精神，热情讴歌了在动乱年代和艰苦环境中的英雄主义情怀。

二、艺术分析

1. 现实时空与过去时空交错推进的叙事结构

剧作打破了以正常时间为顺序的结构，以北大荒三团八百多名知青即将返城的时刻为切入点，在众人心理变化和思想意识中，把过去和现在交叉在一起，把现实与回忆相互渗透在一起，根据人物意识流创造结构，用一天的时间浓缩了知青们十年北大荒的生活和情感。整个剧情以团部会议室、兵团战士奔向团部、裴晓芸站岗的岗哨三个现实场景来转换衔接，将过去与现在，回忆与现实巧妙连接，构成故事情节发展线索。电视一开头就是团部、岗哨、闹事人群几个场景的画面，接下来的故事就是在这几个场景的不断转换中来讲述的：团部里曹铁强、团长、郑亚茹的回忆；岗哨上裴晓芸的回忆；闹事现场知青们的回忆。“将过去时空（回忆）的主要事件，按民族的欣赏习惯从头至尾地排列起来；将现实时空的‘闹事现场’和‘裴晓芸哨位’作为悬念‘动乱’起来。这样，就为观众留下了一条清晰的‘线’（过去时空）和一个个‘环’（现在时空）。由观众自己沿着这条线，去串联一个个的环，从而自己将故事完整化”（导演 孙周）。

现实时空：团部会议室、兵团战士奔向团部、裴晓芸站岗的岗哨三个现实场景，三条平行线相互交织，推动故事情节的发展。

1979年初春的一个夜晚，一个暴风雪的夜晚，举着火把的知青从各个方向赶往团部。兵团团长马崇汉正在组织中层干部开会，讨论知青返城的文件是发还是不发。团长极力主张不发文件，因为怕影响春耕生产。但是秘密泄露，知青们有的坐汽车、拖拉机，有的赶马车，有的步行，潮水一般涌到团部。裴晓芸因受父母"问题"的牵连，十年来第一次赢得拿枪站岗的机会。政委主张重新审议会议内容，与团长发生冲突。团长要大家谈自己的想法。工程连指导员郑亚茹违心地表示赞成，连长曹铁强立即反对。会议没有进展，更多的知青已经赶到团部。(第一集完)

三连战士已经与连长发生正面冲突。早该下岗的裴晓芸没有人来替换，她告诫自己一定要坚持。工程连的战士知道消息也准备赶往团部。寒冷迫使裴晓芸来回走动，望着远处的火把，她不知道发生了什么事情。(第二集完)

司务长刘迈克与工程连的战士一起赶往团部。人群不断涌来，为了驱寒，生起了火堆。团部领导研究还没有结果，装有炸药的仓库突然起火。政委孙国泰与曹铁强组织救火。一组不同场景的镜头，刻画了北大荒的英雄群像：激烈的救火场面，坚守岗位的裴晓芸已经不能走动，受伤的刘迈克在经过银行时发现有人趁火打劫，刘迈克拼命保护国家财产而牺牲。(第三集完)

暴风雪过去了，裴晓芸的双脚已经埋在雪里，她好像听到团部传来的声音。清晨，大火终于扑灭了，残垣瓦砾旁，开始发放返城证明。当念到裴晓芸的名字时，曹铁强才想起没人换岗，急忙骑马赶去，看到冻僵的裴晓芸依然紧握手中的枪。就要离开了，郑亚茹捧起了一盅雪，瓦匠跪在了雪地，更多的人留泪了。(第四集完)

过去时空：三个现实时空中心人物的回忆，穿插在当前正在发生的故事中。以人物情绪为纽带编织情节，通过闪回的形式再现知青们十年的艰苦生活。

曹铁强的回忆（过去时空）：在团长想要扣发知青返城文件时闪回——一大批青年满怀热情来到北大荒。反对团长意见时闪回——因为小瓦匠与团长和警卫排长刘迈克发生冲突。听说郑亚茹没有回工程连而是到医院时闪回——把上大学的名额让给热爱医生职业的匡富春，为此与郑亚茹产生矛盾。怕刘迈克控制不了工程连局面时闪回——警卫排排长刘迈克下到连队锻炼，大家认为刘迈克是团长的爪牙，各连都不愿接受，曹铁强主动接受了他。

郑亚茹的回忆（过去时空）：想到曹铁强反对自己的话时闪回——春节前夕，曹铁强与她一起回家，告诉她自己的理想是学好知识，把北大荒建设好，再把奶奶接来。暗暗喜欢曹铁强的郑亚茹感到两人的关系更亲密了。与医生匡富春见面时闪回——郑亚茹走关系，为曹铁强争取了上大学的名额。后来因为曹铁强把大学名额让给匡富春大为恼火。

裴晓芸的回忆（过去时空）：手中握着枪站岗时闪回——连队成立战备小分队，同伴都拿到了枪，不满 18 岁的裴晓芸写血书申请“我要一枝枪”，但因为“父亲是畏罪自杀的反动权威，又有复杂的海外关系”没有批准。指导员郑亚茹对裴晓芸的态度与其他人不同，严厉、冷淡。在抢修战备公路时，裴晓芸冻伤手脚，曹铁强背她回去治疗，受到郑亚茹等人的误解。接着郑亚茹的回忆闪回——春节要到了，战友们纷纷赶回家，只留下无家可归的裴晓芸。除夕夜，裴晓芸在孤独、寂寞中度过。想起曹铁强开会前讲有话对自己说时闪回——郑亚茹让裴晓芸留在山上的工地看东西。受惯冷落的裴晓芸一个人反而感到轻松，决定用旧铁桶洗一个热水澡。曹铁强帮她烧水，7 年来裴晓芸终于洗了一次热水澡。

知青们的回忆，这是所有人永恒的记忆（过去时空）：在所谓小镰刀打败机械化的鼓舞下，大家挥动镰刀收割小麦。这是剧中唯一没有暴风雪的场面。骄阳似火，汗流满面的知青，挥舞的镰刀，一眼望不到尽头的麦地，这些简单的画面交替出现，从白天到黑夜，又从黑夜到白天。在改造世界观的思想指导下，强体力劳动已经超过了许多人的忍耐限度。瓦匠忍受不了，割伤了自己的手。坚强的曹铁强也流泪了。

当我们用现实的“线”去串联一个个过去的“环”时，可以看到提起这段历史，不是抱怨，更不是诋毁，而是更多的反思。知青们“在这里有过欢笑，也有过苦恼，有过美好的理想，也有过难以忍受的苦难……”，最后“他们走了，他们满含着热泪离开了这片曾经养育过他们的土地。也许，这种壮举失败了，也许它包含着许多谬误。但是，垦荒者们在这广袤的土地上创造的业绩，知青们的革命英雄主义精神却永远不会消失!”《今夜有暴风雪》就是一代知识青年在动乱年代和艰苦环境中的英雄主义情怀的赞歌。

2. 电视语言

知青们在暴风雪中涌向团部，就是出色运用电视语言的例子。它包括了声(风的呼啸声；汽车和拖拉机的轰鸣声、行进声；人们嘈杂不清的说话声和脚步声)、光（狂风中摇曳的火把；汽车的灯光)、色（灰蓝的夜色；白色的光；灰色的烟尘)、形（行进中的人群；抛锚的车辆）以及不时被大风打断的台词，这些都在渲染自然界的深夜的暴风雪的同时，烘托出兵团战士心灵中的“暴风雪”，造成了极其强烈的躁动不安的效果，把气氛推向一触即发的紧张程度。通过调动声、光、色、形、对话等视听元素给观众以直觉感受，让观众进入到剧的情境中去，产生与剧中人物同样的感受——对团部扣发返城文件的愤懑与抗议。

裴晓芸洗澡这场戏，也是充分调动电视语言的杰作。先是渲染裴晓芸独自在山上值班时的喜悦：给雪人装上鼻子的天真动作；把自己的铺盖从帐篷角落挪到中间，倒背双手欣赏的全景背身镜头；把曹铁强帮带回来的香皂拿出来闻了又闻。这是长期受到同伴歧视的一种心情的释放。当裴晓芸提出想洗一个热水澡，而她所爱的人曹铁强又帮助化雪烧水时，导演“用了一个长长的近景移动，镜头慢而沉稳，通过演员的表演，使洗澡这一原本生活之必需的行为，变得复杂而又庄严。以暗示出生存的权利不可侵犯。当歌声起，镜头向上运动，在机位不变，运动速度不变的条件下，采用了一个稍俯的全景，使黑暗的环境与少女圣洁的肌肤之间产生强烈的对比，用形象本身的力量，无言的诉说，为剧的高潮‘裴晓芸哭诉’做了有力的铺垫”（导演 孙周）。

3. 对比、象征

开始时知青们热情豪迈地到北大荒与结尾时伤心悲痛地离开北大荒形成强烈对比，以暴风雪后的太阳、新生命的诞生象征着北大荒精神的不灭。

在刘迈克、裴晓芸两位同志墓前，孙国泰向大家告别：“你们就要走了，我要大声地对你们说，感谢你们——兵团战士们。因为，你们在北大荒的大地上留下了垦荒者的足迹；因为，你们在十年内打下过千百万吨粮食。……生产建设兵团的历史结束了，但是，开发和建设边疆的事业并没有结束，永远不会结束。”“我相信在不远的将来会有更多的热血青年，满怀豪情地投入北大荒的怀抱。因为，北大荒是祖国富饶的土地；因为，北大荒的未来是属于你们青年一代的。”这时，镜头转到刘迈克的孩子出生，让我们看到了北大荒新的生命，新的希望。

〔思考题〕

1. 本片是如何将现实时空与过去时空巧妙结合起来的？

2. 对于剧中对比、象征手法的运用你是如何理解的？

民族灵魂的丰碑

——电视连续剧《四世同堂》读解

缪　力

1985　28集电视连续剧

北京电视艺术中心录制

原著：老舍　艺术顾问：谢添　编剧：林汝为（执笔）、李翔、牛星丽　总导演：林汝为　主要演员：邵华（饰祁老人）　李维康（饰韵梅）　李婉芬（饰大赤包）　郑邦玉（饰祁瑞宣）　赵宝刚（饰祁瑞丰）　谢钢（饰祁瑞全）　周国治（饰冠晓荷）

本片获第六届全国电视剧“飞天奖”连续剧特别奖；第四届金鹰奖优秀电视连续剧、优秀女主角、优秀女配角。

剧情简介：

1937年“七·七”事变后，日寇的铁蹄践踏着古老的北平城，小羊圈胡同十几户居民的平静生活被打乱。这些普通的中国人，一夜之间进入了一个梦魇般的世界。身为四世之尊的祁老太爷是一个倔强、正直、令人尊重的长者，八国联军进北京的惨痛经历，使他懂得了在国家民族大义上的是与非、爱与憎。儿子祁天佑上敬父母，下佑子孙，是一个正派的生意人，结果反受日本人敲诈勒索，游街示众，被迫投河自尽。长孙祁瑞宣是一位中学英文教师，在极端困难的条件下也不为日寇做事，同贤妻韵梅维持一家老小生计。次孙祁瑞丰贪图安逸享受当了汉奸。三孙祁瑞全是个热血青年，出城投了八路军。全家的心肝宝贝、祁老人的曾孙女小妞妞在日本投降前夕被活活饿死。小羊圈胡同的其他人，或抗争而被出卖，弄得家破人亡；或苟且偷生，认贼作父。有人被杀害，有人被逼疯了……这条胡同发生的一切，成为中华民族英勇不屈的缩影。一个民族一旦落后，将会遭到怎样的结局，这就是《四世同堂》告诉我们的。

一、激扬爱国主义精神的时代经典

28集电视连续剧《四世同堂》投拍于1982年，1985年反法西斯胜利50周年之际在北京电视台首播，随即产生轰动。正如当时报道里所言，该剧从主题的内涵，到艺术表现特色，都堪称是一部不可多得的民族化的艺术精品。

1. 情感内容与思想深度

电视剧《四世同堂》是根据老舍先生的同名小说改编的。电视剧的成功改编，显示了老舍所坚持的文学创作原则在80年代的电视屏幕上，仍然具有强大的艺术活力。这种原则具体体现为情感和思想两个方面，即：作家善于在广阔的时代背景下，把选材的视角朝向各种普通人物的日常生活，着力描写他们的生活遭遇和命运，深入揭示历史生活对他们的生活和心理发生的深重影响，把各种人物的喜怒哀乐熔铸成作品的情感内容，以此去打动我们，并进而启迪我们去思考。电视剧的编导者牢牢把握住原著的这种创作原则，并进行严肃的再创造。小说中的叙述性章节，被成功地转化为屏幕上的音画复合形象，小说中原有的情感内容，从直观性的屏幕形象中倾泻出来，富有强烈的艺术感染力。

然而剧中的情感和思想都不是抽象地存在着，而是统一于人物形象的塑造之中，艺术家们也不是孤立地追求画面的情调和画面组合的"出新"、"求奇"，他们着力追求的恰恰是对人物形象的塑造，——从这里入手寻求丰富的情感内容与较大的思想深度融合的可能性。从这个意义上讲，电视剧《四世同堂》所以具有强烈的艺术感染力，应归功于剧中一系列生动鲜活的人物性格的塑造。当然，首先原著提供的基础是坚实的——小说《四世同堂》中的上百个人物大都个性鲜明、血肉丰满。把这样的小说搬上屏幕，编导者注意抓"情"，以此感染观众。比如，小崔太太改嫁、常二爷进城挨打、天佑投水自尽等几场戏，都是人物心情复杂，很有感染力的戏。通过这些，人们看到的是生活在北平"小羊圈"胡同的众多人物，他们的家境不同，身份不同，性格各异，但都在传统的生活轨道上消磨着岁月。忽然，卢沟桥的炮声传到小羊圈，侵略者的坦克闯进了这座古城，传统的生活方式，人们的生活秩序，都被一个震撼世界的历史事件搅乱了。于是在战争的灾难和侵略者的淫威之下，每个人都必须进行人生的抉择，他们做人的尺度、潜在的信仰以及处理人际关系的准则，都经受了一场严峻的考验。把众多人物置于这种特殊的环境中，正像一座水库蓄满了情感的洪流，每一个大大小小的事变，每一次人际间的交往，都可以引起情感的倾泻。

另外，这部电视剧的演员较好地完成了塑造性格的任务。特别是表演祁老太爷、祁瑞宣、韵梅、白巡长等几个重要角色的演员，他们能够准确地把握人物在特定情境中的心理活动内容，对人物的内心体验是充实的，并把这种体验富有表现力地表达出来，表演得深刻、含蓄而又分寸得当，称得上"情真意切"。这几个人物有共同的特点：他们都充满了内心矛盾，在与环境的抗争中，在不断展开的内心矛盾的过程中，他们的性格都在大幅度地发展。同时，每个人物内心矛盾的内容不同，在与环境的抗争及内心矛盾过程中的情感内容及表现方式也各不相同，因而构成了不同的个性。几位演员都能够把握人物性格发展的脉络，演得合情合理、真实可信。毕竟，艺术创作的一条重要规律是：情感表现必须真实才能动人，而从个性迸发出来的情感，才能是真实的。

最后，电视剧《四世同堂》不仅具有深刻、丰富的情感内容，具有强烈的艺术感染力，而且又具有较大的思想深度，看后很能发人深思。如果这部电视剧只是停留在一般地真实再现侵略者给北平人民造成的苦难，或者，只是停留在一般地颂扬人民的爱国主义热情，它就很难得到广大观众的喜爱。一部电视剧的思想深度，既不在于理性的说教，也不在于让剧中人物宣讲某种“哲理”。如果我们把电视剧看作是艺术作品，那么，它的思想深度也恰恰体现在人物形象的塑造之中，它指的是人物形象蕴含的思想内涵。这部电视剧的可贵之处就在于编导者忠于原著的精神，在抗战八年这个特殊的历史背景下，选择北平小羊圈胡同这个社会角落，通过人物形象的塑造，着力向历史生活的深度开掘。于是，观众从这部电视剧所展现的生活场景中，可以深切地感受到日本侵华战争的非正义性和残酷性，从而牢记血的历史教训；从众多人物的言行表现中，可以深切地感受到中国人民不可摧毁的爱国主义精神，并从中受到鼓舞和激励。

2. 电视剧“民族化”的成功启示

作为一种外来的艺术，电视剧与电影和话剧一样，也存在着“要不要民族化”以及“如何民族化”等等问题。但是，电视剧的“民族化”究竟意味着什么？面对这个问题，人们的看法并不一致。值得重视的是，电视连续剧《四世同堂》为我们探讨这一课题提供了一些宝贵经验。

首先，从结构方式和叙事方法来看，《四世同堂》把卢沟桥事变、日本侵占北平作为情节的开端，基本上采用从头写起、按时间顺序发展情节的结构方式，符合中国传统的叙事习惯，易于被广大观众所接受。其次，剧中的画面情调以及贯串全剧的小彩舞（骆玉笙）悲怆、深沉的歌唱声，一下子给观众营造出了老北平的生活氛围，这也是该剧的成功之处。

然而民族化的形式固然重要，但与民族化的内容相比，后者显然应该是首要的、基本的要求。别林斯基在谈到艺术作品的“民族性”时指出：它主要是指“对于某一民族某一国家风俗、习惯和特色的忠实描绘”。岩崎昶在谈到日本电影的“民族性”时说：“日本电影是用电影这一手段描绘出来的日本人的面貌”。反观电视剧《四世同堂》，编导们通过真实描绘北平人的形象，反映出中华民族的历史、文化传统、风俗习惯和心理特质等等因素，而使全剧具有强烈的民族特色。其中最为突出的，是剧中塑造出的北平底层人们的群像。这个阶层是保留帝王之都下边“太平民思想”最完整、最顽强的角落。如祁老太爷作为“四世同堂”的尊长，把这个封建秩序下的和睦家庭当作世代相传的独立王国；钱墨吟也把自己封闭在诗、画的天地中，很少与人交往；祁瑞宣默默地承担着主持家道的任务，坚持“忠厚传家久”的原则；韵梅心安理得地把自己塑造成“贤妻良母”

的形象，在大家庭中完美地扮演着长孙媳妇的角色；京剧演员、剃头师傅、巡长、拉洋车的，等等，都在各尽本分……千百年来，他们就是这样度着岁月，传宗接代，幻想着永久“太平”下去。忽然，平静的生活被侵略者的来临打破了，“太平民”的理想被撞得粉碎。于是，就像在一池平静的湖面投进了一块巨石，所有传统文化的沉淀物纷纷泛起，潜藏在人们心底的一切美的、丑的、崇高的、卑下的东西统统被翻搅起来，有的拍案而起，有的投笔从戎，有的在矛盾的漩涡中挣扎，有的在无法忍受的屈辱中反思，有的却投入侵略者的怀抱。在电视剧中，民族文化传统中的好的和坏的这两个方面，不仅仅分别体现在不同人物身上(如着重体现前者的有钱仲石、祁瑞全、钱墨吟等，着重体现后者的有大赤包、冠晓荷、祁瑞丰等等)，在剧中有时又把两者融化于同一人物身上，因此就显得更为深刻。该剧告诉我们，民族文化传统中的这种美好的因素，在“太平民”的悠长岁月中是与自满自足、苟安懒散等等习气相伴随着。正因为如此，生活在“小羊圈”的“太平民”们，在侵略者突然来临的时候，虽然表现出不肯屈服的气概，但他们难于抵御军国主义者的侵略。可喜的是，战争粉碎了“太平民”的梦想，同时也锻炼了他们。在战火、灾难的考验下，他们逐渐克服了传统中消极的东西，原有的那些美好因素也放射出崇高的光彩。

> 以前我爱和平，现在还是这样，不同的是，战前，我以敬安懒散为和平，现在呢，我是用沉毅坚决勇敢去获得和平……

钱墨吟的这句话，是饱含着血和泪的教训讲出来的，它似乎可以说是民族文化传统历史主义的总结。正是由于这部电视剧对一段历史生活进行真实的再现，并能透过生活的表层深入到各种人物心理的最深处，才能为我们今天的观众揭示出具有现实主义的哲理。正因为这部电视剧真实地表现了我们民族的历史、传统、风俗、心理，从而用事实回答了什么是电视剧的民族化这一“大而难”的问题。

二、艺术分析——人物表现特色的成功尝试及其他

1. 动作人物与心理人物的结合

从电视剧改编的角度看，可以把文学作品中的人物形象分为动作人物与心理人物两大类。所谓动作人物，是指作者着重通过外在行为和性格化语言刻画的人物形象，比如《水浒》中的许多人物就可以称作动作人物。所谓心理人物是侧重于心理活动的描写与内心状态的剖析的人物形象，如《红楼梦》中的林黛玉便倾向于心理人物。这种分类仅是从文学创作与欣赏的角度而言，不是绝对的。恰当地讲，动作人物与心理人物应该是两个极点，一部文学作品的人物是由两个极构成的连续体。某一人物可能更靠近动作人物这个极点，某一个人物可能更靠近心理人物这个极点。一般来说，动作人物更便于改编成电视剧的人物。

老舍的《四世同堂》真实地描写了旧北平下层市民的生活。老舍的写实风格表现在通过个性化的活动塑造人物，老舍的语言也是有名的，什么样的人说什么话，一句对话就写出了活脱脱的一个人。《四世同堂》正体现了老舍的这一特点，作品中主要描写的几十个人物性格鲜明，动作感强，因此，将《四世同堂》改编成电视剧是非常适宜的。有些情节段落甚至不必较大的改动就可以直接成为电视剧的场景，而编导也确实是这么处理的，并且从屏幕效果上看，这种处理也是成功的。例如，电视连续剧的第五集开头是一场四号杂院的戏，这场戏不太长，可是却交代了这个院里孙七、小崔家、马老太太家之间的关系，尽管每人的对话与活动不多，却十分准确、形象地展现了各自的性格特征。这场戏，从情节发展到人物对话基本上就是按照小说原来的面貌进行的。这样说，是不是就贬低甚至抹杀了编导者的劳动了呢？答案是“否”。一个改编者能够发现并选定文学作品中所包含的视觉形象，这本身就是功力，是需要慧眼的。他必须确定每一个人物最恰当的动作感。人物的动作感包含两层意思：一是指产生视觉运动的因素，一是指外化人物性格的因素。最恰当的动作感就是在特定的故事情境中最能揭示人物思想性格的动作。这种动作感，有的在原小说中就已经具备，有的则需要改编者在小说的基础上进行再创造。很显然，这项工作绝不是轻而易举的。在电视连续剧《四世同堂》中，也不乏令人遗憾的地方。例如瑞丰“自杀”这场戏，现在电视剧中有关瑞丰在护城河的镜头，大致上都是原小说提供的：“瑞丰跑到城外去，顺着护城河慢慢的溜”，“呆呆地看着一块坟地上的几棵松树”想上吊自杀，但“看着看着，他害了怕”，“树上一只老鸦呱的叫了一声，他吓了一跳，匆匆地走开”，他坐在一块干草地上“泪成串的流下来”，后又立起来“顺着河边走”，看见一丈多远的地方放着一顶帽子，“他极快的跑过去，把帽子抓到手中。下边，是一颗人头!”他“赶紧松了手”，“像有鬼追着似的”跑了。以上引文引自小说，可以看出，只要把这一系列动作在屏幕上再现出来，就能活画出一个处于矛盾心态下的既可怜又猥琐的瑞丰形象来，改编的电视连续剧正是这么做的。但是遗憾的却在下面。老舍在小说中是这样描写自杀不成回来后的瑞丰的：

受了点寒，又受了点惊，到了家他就发起烧来，在床上躺了好几天。在他害病的时候，菊子已经和东阳结了婚。

这一段看上去没有强烈的动作性，但它以十分洗练的笔法，勾画出当时的瑞丰的形象。因为这时是瑞丰的一个性格转折点。如果说以前他还有那么一点人的正常情感的话，那么他现在便彻底堕落了。但这个转折对他来说很轻易就过来了，因为，他那么一点情感在权欲的熏烤下很快就蒸发掉了，尽管他的自杀是多么强烈的行动，但他情感的波澜很微弱，对他来说，不过像“受了点寒，受了点惊”，很快就度过去了。因此，这一段可以说是表现瑞丰性格转折的最恰当的动作感的地方。改编电视剧就不可轻易放过这种重要的地方。在屏幕上，可以采用简练的镜头组接把这一段的动作感传达出来。然而编导们却忽略了这个地方的动作感。他们跳过这一段，给自杀后的瑞丰新加了一场戏，就是瑞丰在小酒馆喝酒的一场，小酒馆里正好有两人说相声，所说内容无意中嘲笑了瑞丰。这段戏表面上看很热闹，很有戏，但实际上是掐断了中心人物的动作感，造成了情节发展的停顿。

一般来说，动作人物的改编相对于心理人物更容易一些。从电视连续剧《四世同堂》来看，成功的基本上是那些动作感很强的人物形象，而几位心理因素较多的人物，如瑞宣等就不太成功。瑞宣是一个内心矛盾十分复杂的人物，一方面他面临着传统的"忠"与"孝"的矛盾，所谓"忠孝不能两全"；一方面他又面临着旧文化与新文化的矛盾，使这个人物带有强烈的时代特征。老舍为了揭示瑞宣内心的矛盾过程，在书中安排了大量的内心剖析的描写。改编者也感受到了瑞宣这个人物的内心矛盾，却没有找到把这种心理活动转换成视觉运动的方式。电视剧现在的状况是：为了表现他的思想矛盾中的新因素，便不断地安排他做好事情；为了表现他矛盾冲突的艰难，总是让他以一副紧锁双眉、郁郁不乐的形象出现在屏幕上。这样处理，就把瑞宣变成了一个静态人物，变成了一个自始至终没有发展、没有变化的人物。当然，这里还有一个对人物内涵理解的问题，但主要的问题就是如何改编心理人物。

2. 媒介转换与结构统一

改编人物也就是要把文学形象改编成视觉形象，这两类形象的手段和媒介都是完全不同的，但是这两类形象又包含着可以建构为一种体系的因素，这就是它们受制于同样的情节和人物关系，包含着相同的形象内涵。如果改编后的视觉形象与原作中的文学形象能够构成一个结构体系而存在着，这一改编就是成功的。

基于以上原则，在改编时，不仅要注意到视觉形象体系的这一个平面，还要注意文学形象体系这一个平面。如果忽略了把两种形象体系作为一种结构来思考的话，就会带来视觉形象的不完整。在电视剧《四世同堂》中也存在着这一方面的问题。还以瑞丰为例，电视剧中的瑞丰形象是十分鲜明的，而且整个反面人物的形象都比较鲜明，原因是对反面人物都采用了一种漫画式的夸张手法。瑞丰同冠家、东阳等人的关系得到强调，他们之间的戏也产生了强烈的艺术印象。但是，当瑞丰的戏转到祁家来时，展现他同家里人特别是同大哥瑞宣的关系时，就感觉到不太和谐。这与改编时忽略了文学形象体系不无关系。在文学原著中，瑞丰并不是作为一个简单的反面人物出现的，小说写了他最后走向堕落的过程，在这一过程中，他曾有的一线情感火花在逐渐熄灭，正因为还有这么一点情感，瑞宣对他也是一种既憎恨又可怜的复杂态度。当改编者为了视觉形象的鲜明对瑞丰加以夸张时，就造成了与瑞丰从文学中带来的性格内涵的冲突。

反之，在验证形象体系的整体性时，可以采用还原的方法。因为，结构应该是一个具有可逆性程式的组织，把一个结构联结起来的转换规律必然是可逆的，当通过一个转换规律的正向运算获得一个结果时，总是可以用一个和它对等的反向运算来还原，回到出发点。因此，改编后的成功的视觉形象，也是应该能够还原成文学形象的。最明显的例子莫过于电视剧中的富善先生了，在第十七集中，富善先生拿出一本斯诺拍摄的延安共产党的画册，告诉瑞宣："这才是中国的中流砥柱!"这似乎使得作品的政治意义更加明朗化了，但是形象的塑造却失败了。当我们试图把富善先生还原成文学形象时就很难解释，这样一位富善先生，在文学作品中怎么会"最讨厌新的中国人"，"愿意为北平保守一切旧的东西"。

〔思考题〕

1. 试辨析《四世同堂》一剧中的动作人物与心理人物。

2. 结合本剧，请说明电视剧改编过程中怎样处理好视觉形象与文学形象的关系。

经典的传播

——电视连续剧《红楼梦》读解

沈　鲁

1986　36集电视连续剧

中央电视台、中国电视剧制作中心录制

编剧：周雷、刘耕路、周岭　导演：王扶林　主要演员：欧阳奋强（饰贾宝玉）　陈晓旭（饰林黛玉）　邓婕（饰王熙凤）　张莉（饰薛宝钗）

该片获第七届全国电视剧"飞天奖"连续剧特别奖、优秀美术、优秀剪辑、优秀女配角；第五届金鹰奖优秀电视连续剧、优秀女配角。

剧情简介：

电视连续剧《红楼梦》根据同名古典文学名著改编。全剧从林黛玉别父进京开始，以宝玉、黛玉、宝钗三人之间的爱情与婚姻悲剧为主线，结构起大大小小的故事。如：刘姥姥一进荣国府、嬉游大观园；王熙凤毒设相思局、协理宁国府、大闹宁国府；黛玉葬花；元春省亲；探春远嫁；黛玉之死；以及金钏、鸳鸯、晴雯、尤二姐等人的抗争与死亡。电视剧结局强化了原著的悲剧意义：大厦将倾，回天无力，贾家被抄，大观园诸芳流散，只落得白茫茫大地一片真干净。

一、文化读解

很多人都知道中国的古典文学名著《红楼梦》，但是阅读过原著者却并不太多；有的人只看过戏曲《红楼梦》，有的人只看过《红楼梦》的缩写本或是小人书，这导致人们对《红楼梦》的接受是残缺的。把经典的文化文本向老百姓普及，是电视这一现代传媒理应承担起的社会与文化责任。

尽管电视媒介具有时空综合、视听综合的传播优势，但人们还是质疑：电视剧这种形式能否承载和表现《红楼梦》的历史与文化含量？人们甚至认为，《红楼梦》是经典，一个字都不能动，根本就不应该改编成电视剧，任何改编《红楼梦》的企图都是对原著的伤害。

难道文学名著《红楼梦》真的就无法与电视结缘吗？以王扶林导演为首的创作者承受着巨大的压力，他们是中国电视史上将《红楼梦》搬上电视屏幕的首创者。

王扶林是我国第一代电视艺术家，1958年即开始了执导生涯，执导电视剧近百部（集）。王扶林是一个富于人文底蕴的导演，其艺术风格往往是浓彩重描，尤其擅长人物心理刻画，曾获“全国十佳电视导演”称号。

在拍摄《红楼梦》之前，王扶林就执导拍摄了历史题材电视剧《汤显祖与牡丹亭》、《庄妃轶事》等。随着艺术创作经验的不断积累，王扶林导演以过人的艺术胆识和敢于挑战自我的创作勇气，率先将我国古典文学名著《红楼梦》搬上电视荧屏，从而使《红楼梦》借助现代电子传播媒介进入了千家万户，为经典文化文本的传承与普及，立下了汗马功劳。

把文学名著搬上电视屏幕，就是从一种艺术形式转换为另一种艺术形式。《红楼梦》是一部名副其实的鸿篇巨著，它构思宏伟，人物众多，情景交融，虚实兼备，要将其再现到屏幕上，是有一定难度的。对于电视剧《红楼梦》的主创人员而言，他们既要忠实于原著，把握住原著的精神内涵和丰富意蕴，又要充分尊重电视剧艺术自身独特的表现规律，即电视剧首先应该是一种依靠电视荧屏来展现并传播的“剧作”，它要有集中的矛盾冲突和鲜明的人物个性以及运用自如相得益彰的电视视听语言。作为中国电视剧发展史上的一部经改编古典文学名著而成的大型连续剧，电视剧《红楼梦》为如何把丰富深邃的文学形象转换成电视荧屏形象做出了大胆而有益的艺术尝试，在忠于原著的同时，紧紧抓住了观众的心。

电视剧作为一种新兴的艺术媒介，在改编文学作品的过程中往往要体现出对文学原著的新的审美观念。尽管《红楼梦》原著的魅力经久不衰，但是电视屏幕上的“红楼”却正因为有了自己新的阐释角度而获得了新的表现空间，并给予观众新的审美体验。电视剧《红楼梦》对经典的现代阐释主要体现在两个方面。

首先是人物形象的塑造。人物塑造，往往是电视剧在艺术上成功与否的重要标准。《红楼梦》原著中的人物成百上千，人物谱系错综复杂。这对于电视连续剧《红楼梦》的创作是一个很大的挑战，太面面俱到则有可能沦为泛泛而谈，太集中笔墨则又有可能顾此失彼，成了不伦不类的“独角戏”。通观全剧，编导者基本上采取了点面结合的方式安排人物，一方面上自元妃、贾母、奶奶、小姐们，下至丫环、戏子、厨娘、跟班等，都被电视剧包容在内；另一方面又根据剧情的发展需要和观众的观剧心理，突出人们所熟悉的主要人物如宝玉、黛玉、宝钗、凤姐等。这种处理，既使得在人物、场面、细节的表现上与原著的铺排保持了一致，同时又使主要人物的性格得到了突出，使人物皆有情，人物皆有性格，各类人物形象栩栩如生于电视荧屏，具有良好的观赏性和审美效果。

对人物的处理，不仅仅表现在人物关系的安排上，还包括对人物形象的重新理解。《红楼梦》原著中的人物虽然多，但是人物的性格特征却又是非常鲜活的，特别是一些主要人物更是为许多人所熟悉。但是，人们往往都只注意了这些人物某一方面的性格，却没有能够把握住他们的整体性格，而且还很容易对这些人物产生理解和接受上的心理定势。事实上，优秀的文学作品对于人物形象的塑造从来都不是单一的，而是充分注意到了人物性格应该具有的丰富性和多面性。电视剧《红楼梦》力图把活生生的人物群像带到荧屏前，并且力求在对人物的理解上注入现代意识。例如林黛玉既有多愁善感的一面，但是她也是一个天真、活泼、可爱的少女，并且她也有刻薄的一面；再如王熙凤，她泼辣，甚至是狠毒，但她事实上也是一个令人同情的悲剧人物；还有晴雯，虽然只是一个身份低微的丫头，但她性格中的刚烈、多情以及勇敢使得这个人物更符合现代人的审美理想。

电视剧《红楼梦》的现代阐释意识还集中体现在对结尾的处理。《红楼梦》原著的后四十回是高鹗续写的，虽然高鹗续笔是所有续写本中最好的一部，但是和曹雪芹的前八十回依然存在很多的矛盾，而且很多地方也失去了曹氏原著的本意。而电视剧《红楼梦》恰恰看到了这种原著前后两部分存在矛盾的现实状况，并从中寻觅到一块可以由现代人展开想象进行自由发挥的创作空间。电视剧《红楼梦》不满足于前人对《红楼梦》写的续篇，而用现代人自己的思考和视角进行了适当的续写，在忠于原著的基础上，根据长期以来红学研究的某些重要成果重新结构起一个新的结尾，有效地传达出了今天的编导和观众对于经典名著的新的理解。这种理解也使电视连续剧《红楼梦》作为一个完整剧作，保持了人物关系、人物性格、叙事情节的连贯性和一致性。同时，对结局的重新诠释还深化了全剧的主题思想，强化了全剧对于《红楼梦》悲剧意义的追寻。

二、艺术分析

电视连续剧《红楼梦》投资巨大，规模空前，人物众多，一经播出，就以其精致的造型、精湛的表演、精美的音乐而深入人心。电视剧《红楼梦》作为一次运用电视艺术的表现手段改编长篇古典文学名著的大胆尝试，总体上说是成功的。电视剧对于人物性格的塑造、场景的表现以及对细节的处理都具有电视艺术的特色，也符合原作的意图，在充分调动电视艺术语言方面积累了宝贵的经验。

1. 造型

电视剧《红楼梦》在画面造型与声音造型的设计处理上具有开创性。在第一集中，林黛玉的出场是《红楼梦》的改编者非常重视的一场戏，表现得好不好直接关系到这个人物给予观众的第一印象如何，能不能吸引住观众的视线。电视剧无法如小说那样对黛玉的身世和离家的原因慢条斯理地娓娓道来，而必须以电视的声画造型简洁流畅又准确到位地将这些内容表现出来。电视剧给我们描绘的是：一叶帆船轻轻驶于江面，江水清澈照人，远有青山隐隐，近有江鸟徘徊，一派山水如画的淡雅苍茫的景致，这幅画面又不断切入船中黛玉低眉垂首，默然无语，泪水盈盈的特写镜头。镜头捕捉住人物一弯柳月般清澈却又是无限哀怨的双眼，用这个局部特写配以黛玉父亲反复叮咛的画外音，声画结合扩大了荧屏的表意空间，黛玉复杂的身世和内心的情感心理都得到了揭示，观众对于眼前的这个似曾相识的林黛玉充满了复杂的关爱和同情。还有第三十二集中，探春远嫁的那个清晨，探春独自向赵姨娘的住处走去，辞行告别。镜头中的人物在未明的曙色中，步履缓缓前行，画面对于环境的描绘是那样凄清空阔，孤寂的场面氛围弥漫着别离的哀怨和伤痛。人物的心境都完全交由画面造型来叙述，不着一语，而境界全出。

2. 叙事

电视连续剧《红楼梦》的叙事明晰而流畅，既保持了原著丰富而圆润的叙事技艺，又对文学文本的叙事进行了创造性的处理。

《红楼梦》原著开始的第一回至第五回是对全书人物命运与故事情节的缩影和隐喻，为后面整部小说的叙述作了良好的铺垫。但是，这部分对于小说原著而言非常重要的内容如果照搬到电视剧中，势必会显得有些“云遮雾绕”，人物冲突的弱化显然不符合电视观众的观剧期待心理。大多数观众对《红楼梦》的了解集中在宝、黛、钗的三角关系上，观众对于电视剧《红楼梦》的期待，很大程度上是希望能够欣喜地在电视荧屏上看到重要人物的亮相。因此，他们总是希望在电视剧一开始就能看到他们进行文学阅读时在脑海中不断浮现的男女主人公跃然出现。电视剧《红楼梦》的编导们尊重了电视观众这一普遍的观剧审美心理，兼顾观众和原著的要求，把原著前面五回的内容进行了大幅度的压缩，控制在半集左右，使原著中相对很晚才出现的那些人物提前来到了荧屏前。林黛玉进贾府犹如一根“红线”串联起一连串的主要人物，太太、小姐们在第一集里就已纷纷出场，这极大地满足了观众急于“入戏”的审美心理。事实证明，这种改编处理取得了很好的收视效果，使电视剧更像“剧”，而不是对文学作品的图解。

当《红楼梦》成为依靠电视手段传播的“剧”，那么它所面对的就是各个不同层面的观众。因此，作为电视连续剧的《红楼梦》就一定要能够讲述出一个个大大小小引人入胜的故事，以吸引观众一集一集看下去，否则《红楼梦》原著再如何博大精深，再如何经典，却不能吸引荧屏前的观众，那么这部电视剧《红楼梦》就是失败的。《红楼梦》原著结构宏大，叙事线索多。对于电视剧改编而言，如何用电视艺术的手段建立起一个叙事的整体大框架和确立整部剧作的总体艺术构思是首先要思考的一个问题，因为这个问题决定着电视剧如何把一个个故事讲下去。电视剧《红楼梦》倾向于在坚持宝黛爱情悲剧这个贯穿全篇的主要线索的基础上，在电视荧屏上构建起一部宏大的家族兴衰史和人物命运史。从一开始的林黛玉进贾府，一个个故事就开始围绕这个大家族的兴衰而展开。兴盛之时有元妃归家省亲、王熙凤治丧、为贾母祝寿等等；衰颓之时则是一连串悲金悼玉的女性之死（晴雯、尤三姐、林黛玉、王熙凤、元妃、贾母等）以及抄家流放的悲惨下场。这当中还穿插着刘姥姥进大观园、刘姥姥探视囚牢等故事，以一个下等人的视角看尽了大家族的风光无限和破败衰落。总之，电视连续剧《红楼梦》围绕着整个大的艺术构思精心搭建起叙事的主导框架，在这个框架下，大故事里有小故事，一个故事串联着另一个故事，使得整部电视剧总有故事可看，充分发挥情节“中止又连续”以及时空自由转换的电视剧魅力，吸引着电视观众一路看下来。

3. 写人

电视连续剧《红楼梦》以写人为主，重视把握人物的性格特征，强调在人物关系的碰撞中凸显激烈的矛盾冲突。全剧在写人方面显得准确而灵动，善于在细节上用心，多用画龙点睛之笔勾勒出原著人物的风采和神韵。同时又注意点面结合，既突出主要人物，又兼顾其他人物。剧中袭人、鸳鸯、小红、平儿甚至出场并不太多的刘姥姥、妙玉等众多人物都鲜活地呈现在观众眼前，可谓是，鲜花绿叶交相辉映。对几个主要人物的刻画尤为成功，特别是对于王熙凤这个“明是一盆火，暗是一把刀”的人物形象的刻画更显出电视剧编导的功力。

“王熙凤协理宁国府”这一集最能表现她精明干练、威风八面的形象。电视剧用鲜明的镜头语言风格以王熙凤为中心，集中精力表现人物不凡的神态。这一集一开始就是一组空镜头，镜头自上而下，向后拉开，深宅大院里三进的大厅堂，显得是那样空阔辽远。这虽说是一组空镜头，但王熙凤这个女总管的身影隐约可见，预示了王熙凤总揽全局的风采。在这一集中，我们看到导演不惜铺陈宁国府里大大小小众多的人物，用略带夸张的镜头语言展现出殡的大场面。这种大空间的营造和大气氛的渲染，有力地烘托出了王熙凤的管理指挥才能，王熙凤的形象在本集中得到了强化和突出，观众心目中的“王熙凤”与电视剧浓墨重彩描绘出的这个“王熙凤”相契合，这个人物形象无疑得到了观众的接受和认可。

用镜头语言抓细节是刻画人物的一个重要而有效的手段。王熙凤对待不同人所流露出的神情态度很多都是通过镜头对她的一个眼神、一个动作的细节描绘而表现出来的。她第一次见刘姥姥时，摆出一副养尊处优的样子，从眼神里表现出对这个乡下老婆子的敷衍和蔑视；而王熙凤在贾府初见林黛玉时，镜头主要抓住她的笑，未见其人先闻其笑，未语先笑，把王熙凤的世故、精明和圆滑展现得淋漓尽致。对于多愁善感的林黛玉的表现则更是主要依靠人物自身的一颦一笑、一嗔一怒、一举手一投足等细节来进行。当宝玉、黛玉、宝钗三人初会荣庆堂时，林黛玉投向宝玉的复杂眼神、挣脱宝玉的牵手等细节把这个姑娘的爱、妒、羞、喜等复杂的内心波动呈现得简约而准确；下人金钏因为和宝玉说笑，遭到王夫人毒打，并被赶出府去。这里有一个很重要的细节被镜头捕捉住，金钏虽然蒙受不白之冤，心里备感委屈，然而在自己将被赶出府时，她临走还不忘向王夫人拜别，这个细节很自然，就如同一个下人在平时从主人跟前告退时一样。这种看似很寻常的主仆间的礼节在这种特殊的事件背景下生发出了令人深思的大家庭森严的等级观念，也表现出饱受屈辱的下层人内心的善良、懦弱和无奈的痛苦。

4. 抒情

《红楼梦》不仅是现实主义力作，也是浪漫主义杰作。电视剧《红楼梦》在运用电视艺术手段抒发情感方面也进行了一定的尝试。它的抒情收放得当，讲究“象外之旨”、“弦外之音”，充分挖掘原著虚实相生的艺术境界，用优美精致的声画语言诠释出原著的文化意蕴和审美旨趣。

“黛玉葬花”是我们所熟知的一个段落，在以往的文学、戏曲等艺术形式里都有所表现。电视剧《红楼梦》更是把这个段落用丰富的视听语言表现为一个意蕴悠长的抒情场景。镜头不动声色地跟着娇弱的黛玉，她独自荷锄掘坑，把收拾来的残花洒落坑中，扫土掩埋。镜头中的黛玉着一身素缟，神情忧郁，一曲“葬花吟”伴着这个孤苦清高，内心聪慧敏感的少女葬花的举动形成了一种哀怨的诗意氛围。风起，吹落片片花瓣，落花有意，溪水无情，一个特写：娇嫩的落花被土轻掩，镜头上摇，再一个特写：同样娇嫩的是黛玉的脸庞，腮上挂满泪珠。在这个场景里，人物与环境高度协调，人物内心激烈的情感与人物看似平和从容的行为之间构成张力。观众可以从中体会到那种简约、淡雅、无奈、伤感的人物内心的愁绪。

在探春离家远嫁他乡这一集里，结尾处的高潮段落处理得非常感人。贾府众人送别探春，浩大场面里却透着哀婉的悲切之音，探春一步一回头，亲人们沿阶而下相送不忍离去，画外是悲怆的歌声“一番风雨路三千，把骨肉家园齐抛闪……”整个段落舒缓而又有节奏，在驾驭整体场景的同时，不时灵活地切换人物的脸部近景或是特写，张弛有度，直到最后探春乘帆船远去，众亲人在城头远远眺望。这组画面堪称情景交融，出色的声画造型设计既完成了叙事的任务，又强化了人物与场景的悲剧意味，可以说是丰富的戏剧抒情意蕴与电视灵活的表现手段之间的一次和谐的统一。

特别值得一提的是，电视剧《红楼梦》中的音乐歌曲为全剧的抒情段落营造出别具一格的诗意氛围。《红楼梦》的配乐既有古典的韵致，又不乏现代感，从容大气，格调不凡，时而舒缓悠长，时而欢快活泼，时而又低沉徘徊，观众的心绪在音乐中被充分调动起来，产生强烈的情感共鸣。《红楼梦》中的歌曲多是由文学原著中的诗词经过重新谱曲而来，精致而涵义隽永的诗词再配以优美抒情的曲调，把《红楼梦》所蕴涵着的浪漫、唯美、悲情的艺术境界在电视荧屏上进行最完美的传达，令人感怀歔欷，回味悠长。《枉凝眉》、《红豆曲》、《葬花吟》等歌曲也在电视剧播出之后而广为传唱。

总的来看，电视剧《红楼梦》在造型、叙事、写人、抒情等方面往往从全剧的总体构思出发，以实（人物、事件）带虚（情感、境界），虚实相生，尽可能接近原著的精神旨趣和艺术风格。

当然，对于艺术创作而言，遗憾也是在所难免。电视剧《红楼梦》的改编对象毕竟是中国古典文学名著当中最难把握的艺术精品，电视剧的一切努力都是一次尝试。整体而言，电视剧《红楼梦》偏重写实，在写意上的艺术构思和实际操作都还显得放不开，整个剧作的神韵尚显不足，给观众回味的艺术空间还不够开阔，与原著的精神内涵还有一定的距离。这既和编导对于原著的理解有关，也是电视连续剧自身的艺术局限所在，也许电视剧毕竟还是要以充实的具有观赏性的故事为本。

时光流逝，如今电视连续剧《红楼梦》似也成了“经典”。作为中国电视人的一次集体智慧的结晶，电视连续剧《红楼梦》在一定程度上实现了对古典文学名著的现代传播与现代阐释，也进一步丰富提升了电视剧艺术的文化品位和审美格调。

〔思考题〕

1. 电视剧《红楼梦》在改编古典文学名著方面有哪些成功的尝试?

2. 以电视剧《红楼梦》为例，谈谈王扶林导演的艺术特色。

长篇历史剧的拓荒之作

——电视连续剧《努尔哈赤》读解

沈　鲁

1986　16集电视连续剧

中国电视剧制作中心、沈阳市文联、中国新闻社录制

编剧：俞智先、高原、刘恩铭　导演：陈家林　主要演员：侯永生（饰努尔哈赤）　傅艺伟（饰阿巴亥）　李静莉（饰孟古）

该片获第七届全国电视剧"飞天奖"连续剧一等奖、优秀导演、优秀编剧、优秀男主角；第二届少数民族题材电视剧"骏马奖"二等奖。

剧情简介：

1582年，24岁的努尔哈赤遵从祖父觉昌安的意愿，投奔广宁总兵李成梁，欲为明王朝效力。在广宁城努尔哈赤因解救尼楚娅而得罪了李成梁父子。受女真叛徒尼堪外兰的挑唆，李成梁怀疑觉昌安有谋反之心，欲将其剿灭。努尔哈赤得知后欲告之祖父，却不幸中了李成梁之子的奸计，惨遭暗算，只得逃出广宁。危急关头被叶赫城的孟古搭救，努尔哈赤娶孟古为妻。由于轻信尼堪外兰之言，努尔哈赤的祖父和父亲开城谢罪却都被李成梁杀害，努尔哈赤誓报此仇。1583年努尔哈赤以讨伐女真叛逆尼堪外兰为名起兵，揭开了统一建州女真各部的战争序幕。努尔哈赤采取先弱后强、由近及远、利用矛盾、集中兵力的策略，取得了一连串的胜利。为暂时拉拢乌拉部族，努尔哈赤忍痛将爱女穆库什嫁于政敌布占泰。1613年努尔哈赤一举消灭了乌拉，后又灭了叶赫，至此努尔哈赤完成了统一女真部族的大业。1616年，58岁的努尔哈赤建立了后金汗国，并开始将兵锋直指明王朝。明王朝统治者调集大队人马征剿后金汗国。与此同时努尔哈赤为平息后金汗国内部的纷争，不得已杀弟、杀子、囚妃。"萨尔浒战役"胜利后，后金汗国又先后攻取了开原、铁岭等重镇。1619年明王朝委派熊廷弼为辽东经略，镇守边关。熊廷弼屡败努尔哈赤，令努尔哈赤大为不安。但熊廷弼后为朝廷诬陷谋逆，被革职查办，袁崇焕接任辽东经略。宁远一战，努尔哈赤骄傲轻敌，大军为袁崇焕击溃，努尔哈赤也重伤复发，1626年在回沈阳的途中身亡。临终前的努尔哈赤担心自己死后的权力斗争会将戎马一生开创的基业毁于一旦。努尔哈赤死后，其子皇太极为争夺汗位，谎称努尔哈赤有遗命，让大妃阿巴亥殉葬。为平息

这一触即发的权力争斗，大妃阿巴亥慨然赴死。

一、文化读解

1. 历史巨片

20 世纪 80 年代的中国电视剧以现实题材的创作居多，历史题材相对较少，而优秀的历史题材电视剧更是凤毛麟角。16 集电视连续剧《努尔哈赤》堪称是这一时期最具艺术功力和文化品位的长篇历史剧精品，为其后一系列历史题材电视剧的勃兴立有开拓之功。

该剧导演陈家林 20 世纪 60 年代毕业于北京电影学院表演系，后到长春电影制片厂工作。作为一个导演，陈家林非常看重艺术创作中的个性特征，而历史剧独特的艺术审美途径更是深深吸引住了他。《努尔哈赤》是陈家林的长篇历史剧处女作，他从努尔哈赤这个历史风云人物的身上，第一次找到了个性与时代、现实与历史的完美契合。从《努尔哈赤》可以看出他重新认识历史的渴望以及对历史人物进行新的审美判断的文化冲动。这种渴望与冲动使得电视剧《努尔哈赤》没有停留于仅仅只是对历史风云的图解阐释，而是力求在忠实于史实的前提下，呈现“历史巨片”的艺术胸襟和文化价值。整部电视剧紧紧扣住一条主线展开，即努尔哈赤艰苦创业的征途与家族内部的矛盾纠葛以及家庭成员间的血泪情仇。透过这些剧烈的矛盾冲突，全剧表现了一个英雄如何在个人情感与政治斗争之间做着艰难的选择，又如何在情与理、仁与术的复杂纠葛中重拾破碎的心灵。这种浓厚的悲剧意识渲染出整部电视剧不同凡响的“历史巨片”的精神气质。

历史题材电视剧的创作往往既要体现创作者对历史事件和历史人物的独特理解，又要考虑到如何把历史的真实与艺术的真实相结合。电视剧《努尔哈赤》的成功之处正在于它自觉追求历史正剧的“巨片意识”：在全剧所建构的历史时空与艺术世界中，一方面是创作者以现代人的眼光面对历史的思辨态度，另一方面是创作者对历史人物的审美观照和诗意的描绘。思辨与审美，历史与现实交融在一起产生出一种来自历史和人性深处的艺术气韵。

2. 英雄史诗

历史剧作的魅力常常是来自于历史人物自身作为历史主体的精神魅力。作为一个客观存在的历史人物，努尔哈赤的魅力在于他整合部族、锐意进取、自强不息、开疆拓土的奋斗精神和革新精神。电视剧《努尔哈赤》在对主人公 40 多年戎马倥偬的奋斗生涯进行审美观照的过程中，始终热情地开掘着努尔哈赤昂扬的主观世界，并把这种人物内在的精神流变与恢弘的历史场景交织在一起，使全剧始终洋溢着令人荡气回肠的历史气韵。

历史气韵与艺术气韵的自觉贯通，使电视剧《努尔哈赤》超出了对历史事件和历史人物的一般意义上的展示，而是在历史叙事的过程中赋予人物以理想和崇高的精神追求，以史带人，以人写史，力图全方位、多角度展现历史的厚重感与人物的丰富性，以生动的气韵完成对人物史诗的书写。

在这种艺术观念的指导下，该剧一方面始终在历史发展大趋势与尖锐的民族纷争之间的矛盾冲突中表现人物；另一方面着力开掘努尔哈赤的个人命运与民族的崛起、历史的演进之间的紧密联系。电视剧首先叙述了努尔哈赤顺应民心，不屈奋起，率领八旗子弟转战疆场，在战斗中树立起崇高威信，受到部族成员的一致拥戴，最终统一女真各部，推动了女真社会的发展和满族的形成。而在“萨尔浒战役”胜利之后，努尔哈赤面临的是如何进一步顺应历史发展的大势，挥师入关，一举推翻腐朽的明王朝。于是，剧中的努尔哈赤既是维护本民族生存与发展的英雄，又是一位力图逐鹿中原成就帝业的霸主。这位掌握着历史进程的英雄、霸主却无法左右历史洪流中的个人命运，电视剧刻画人物的焦点最终落在了努尔哈赤的霸业进程与个人命运的矛盾冲突上。为了统一女真各部，他不惜诛杀妻兄布斋；为了自己的汗位，他又杀了自己的手足兄弟舒尔哈赤；为了安抚贝勒大臣们的不满，他处死了儿子褚英；为了拉拢乌拉部落，只好把女儿的爱情作为政治的牺牲品……还有那些他曾挚爱过的女人，大福晋孟古、大妃阿巴亥等都被他违心地伤害。努尔哈赤作为清王朝的创业者，在民族的历史潮流中，他的英明和业绩是不朽的，但作为一个历史激流中的生命个体，努尔哈赤身上有着浓重的历史和人性的悲剧感，电视剧正是以情理交织的方式把一个鲜活的荧屏形象送到了观众眼前，观众看到的努尔哈赤是一个民族英雄，但这个英雄也是普通的、平凡的，他的情感和欲望和普通人一样强烈和真实。个体的生命需求与历史理性的冲撞成就了一部英雄的史诗，这就是电视剧《努尔哈赤》的气魄和分量。

二、艺术分析

电视剧《努尔哈赤》作为一部长篇历史剧，在如何利用电视剧这种新兴的艺术样式来展现宏大的历史场景和描绘历史人物的群像方面做出了积极的尝试。20世纪80年代在《努尔哈赤》之前已经出现了一些以历史人物为题材的电视剧，但是就电视剧的制作规模和艺术格调而言，《努尔哈赤》可以作为长篇历史剧的拓荒之作。它改变了人们以往所认为的电视剧是小屏幕的“家庭艺术”只能小打小闹的传统观念，把创作的高度提升到对历史人物的一生作全景式展现。这是电视剧艺术的一次跨越和提升，它扩展了电视艺术的表现空间，丰富了电视艺术的表现手段，把历史题材电视剧推向了一个新的艺术高峰。

1. 对宏大战争场面的驾驭

对于历史长剧而言，能不能用电视的镜头语言充分驾驭战争场景是决定该剧能否吸引观众的重要因素。电视剧《努尔哈赤》中的战争场景用今天的眼光来看难免还有些稚嫩，但客观地讲，该剧对战争场景的总体驾驭能力还是很有艺术水准的。例如电视剧第十一集再现的是决定女真族前途的“萨尔浒之战”。这次战斗是惨烈的，47万明军试图彻底绞杀努尔哈赤的6万兵马。面对敌我双方相差悬殊的兵力，努尔哈赤以“凭它几路来，我只一路去”的军事方针集中优势兵力，击破各路明军，险中求胜。电视剧创作者既善于直接表现战场厮杀的大场面，又注重“以静写动”渲染气氛，开掘战争场景的画外空间，镜头语言沉稳、平和、大气，善于制造丰富的景别变化，使荧屏的表意空间得到拓展。在表现双方厮杀的场景中，创作者多采用纵深镜头和广角镜头，以突破电视荧屏画框的狭小空间，从整体上塑造战争场景的宏阔而深远的空间感。但见荧屏上烽烟四起，战马奔驰，人群潮涌，镜头在整体与局部之间不断地快速切换，捕捉细节。广角镜头在扩大了观众的视觉感受空间的同时，再配合舒缓有致的横移画面，造成战场上万马奔腾的壮观气势。对战争气氛的渲染也很出色，例如在“萨尔浒战役”最后决战的前夕，导演指挥镜头制造出远景——近景——远景的不同景别效果，旨在反复渲染努尔哈赤为阵亡将领送葬的场景，画面上看到的是缓缓行进的送葬队伍行走在远方天际，努尔哈赤亲自抬着阵亡将士的灵柩，耳畔听到的是悲怆的鸣炮声和人们虔诚的祈祷声。这样一种视听造型的设计渲染了战争悲壮的气息，也象征了这将是一场决定民族生死存亡的战斗。天明，大战一触即发。导演使用了一组空镜头画面：炮口、尖刀、旗帜……用大全景展现严整的队列和众志成城的将帅士卒，决一死战的气氛被充分营造出来。静默的画面在将士们高呼“努尔哈赤”的声浪中由静而动，努尔哈赤亲自擂动战鼓，大军像海潮一样扑向敌人。灵活的镜头语言和对环境气氛的铺陈使这段战争场景的表现显得声色并茂，很有层次感，为后来的同类题材电视剧所借鉴。

同样精彩的战争段落还有导致努尔哈赤兵败负伤而亡的“宁远大战”。在这场战役中，电视剧编导从正面刻画了明朝著名将领袁崇焕的英雄形象。一面是屡战屡胜的努尔哈赤渐渐显露他的骄傲轻敌，一面是袁崇焕大无畏的将帅风范。他顶着“抗旨不遵”的罪名，誓死保卫宁远城。双方短兵相接，酣斗厮杀，努尔哈赤久攻不下，亲率大军直扑宁远，而袁崇焕指挥若定，毫不畏惧。一组镜头在飞马疾驰的努尔哈赤、城楼上镇定顽强的袁崇焕、燃烧着的大炮引线之间来回快速切换，场面扣人心弦。终于，一声炮响，努尔哈赤从马背上跌落，一个英雄四十余年的征战生涯也从此结束。整个战争段落表现得从容不迫，张弛有度，实现了艺术性与观赏性的有机结合。

2. 对人物心灵世界的钻探

历史剧《努尔哈赤》的史诗感很大程度上体现在它讲述了一个英雄人物的人性悲剧。创作者既没有把努尔哈赤当作推动历史进步的“神”，也没有带着某种民族偏见把努尔哈赤的英雄形象“矮化”或是“丑化”。创作者本着唯物史观的科学理性精神以及艺术创作中的人文主义传统，着力刻画一个从历史深处向我们走来的真实的“人”的形象。

创业时期的努尔哈赤为笼络政敌布占泰，不得已将女儿穆库什嫁于这个无耻凶徒。电视剧在这个段落的表现上很有层次感。在酒宴上，当布占泰提出这一无理要求时，镜头径直缓缓推向努尔哈赤，努尔哈赤的脸上流露出坚毅而愤怒的表情，他强压住心头的怒火，用冷静的神情与布占泰周旋逢迎，镜头捕捉到努尔哈赤连连痛饮的画面细节，人物内心剧烈的思想斗争借助这样一个喝酒的细节得到了充分的表达；其后是女儿穆库什在知道父亲的决定后，绝望之际要与努尔哈赤脱离父女关系，此时电视画面上冷静地用努尔哈赤打了女儿一个耳光的动作折射出自身也已陷入痛苦深渊的努尔哈赤内心无言的悲哀；最后，穆库什出嫁，努尔哈赤亲自去送她，这幕送别场景的画面造型颇有感染力。全景镜头下是空荡荡的山野，穆库什的心上人策马远望，镜头在这两个相爱却无法相守的恋人之间切换，终于心上人纵马远去；努尔哈赤走向自己的女儿，镜头推进，缓缓地落在父女二人身上，两人久久无语的画面上流露出的分明是此时无声胜有声、相见时难别亦难的心绪和情景；迎亲的队伍走了，穆库什始终没有原谅父亲，努尔哈赤孤寂的身影远远伫立着，暮色苍茫。整个场景的景别基本上始终处理成一个远景的造型，画面空间突破了狭小的电视荧屏的局限，显得悠远空旷。镜头运动舒缓，但是动中有静，静中有动，动静相宜，人物内心的情绪波动与周围环境的衬托相得益彰，画面语言内涵丰富。由于这个送别场景有前面的叙事作为铺垫，人物的情绪与整个戏剧冲突的发展暗合，在观众心中掀起强烈的心理感受，在荧屏上实现了电视剧语言对叙事的控制和对人物心灵世界的把握。

也许由于陈家林是一位影视两栖导演的缘故，他对于电视剧画面和音响的构思设计追求一种“电影化”的精致，注重把握电视剧画面中的内在气韵，善于表现出这种艺术气韵的节奏并把它转化为观众可以在屏幕前直接感知到的一种大气魄的美。在画面与声音、虚与实、动与静和谐配置的基础上，努力实现用电视视听语言直接传达戏剧冲突中所蕴涵着的环境因素和人物心灵世界的悸动。但电影与电视剧毕竟不同，电影与长篇连续剧在渲染场面、勾画人物等方面各有自己的优势。陈家林导演的《努尔哈赤》为拓展电视剧的表现空间、丰富电视剧的表现手段做出了十分有益的尝试，为长篇历史剧的拍摄制作提供了借鉴。

〔思考题〕

1.《努尔哈赤》的总体艺术风格是什么？导演对这种风格是如何阐释的？

2.《努尔哈赤》的成功对于此后历史题材电视剧创作热潮有何影响？

神的奇观与人的情感

——电视连续剧《西游记》读解

贺文英

1987　25 集电视连续剧

中央电视台、中国电视剧制作中心、铁道部第十一工程局录制

原著：吴承恩　编剧：戴英禄、邹忆青、杨洁　导演：杨洁　主要演员：六小龄童（饰孙悟空）　马德华（饰猪八戒）　汪粤、徐少华、迟重瑞（饰唐僧）　阎怀礼（饰沙僧）

本片获第八届全国电视剧“飞天奖”连续剧特别奖、优秀美术设计；第六届金鹰奖优秀电视连续剧、优秀男主角。

剧情简介：

《西游记》是中国古典四大名著之一。改编为 25 集电视连续剧的《西游记》包含了原小说里大部分脍炙人口的故事，顺序讲述了孙悟空的出世、造反、取经到终成正果的传奇“猴生”。这 25 集分别是《猴王初问世》、《官封弼马温》、《大圣闹天宫》、《困囚五行山》、《猴王保唐僧》、《祸起观音院》、《计收猪八戒》、《坎途逢三难》、《偷吃人参果》、《三打白骨精》、《智激美猴王》、《夺宝莲花洞》、《除妖乌鸡国》、《大战红孩儿》、《斗法降三怪》、《趣经女儿国》、《三调芭蕉扇》、《扫塔辨奇冤》、《误入小雷音》、《孙猴巧行医》、《错坠盘丝洞》、《四探无底洞》、《传艺玉华洲》、《天竺收玉兔》和《波生极乐天》。至于为什么要遗漏掉“九九八十一难”中的其他“难”，按照 12 年后杨洁的说法，一方面是资金限制，另外“都是当时技术上解决不了的，如真假美猴王上天入地的打斗，当时就解决不了。还有一些是比较雷同的故事，比如三个妖怪要吃唐僧，在作品里有好几个故事。”❶

一、电视——古典名著的新媒介

革命导师列宁 1910 年时曾写道：“甚至在俄国也只是极少数人知道艺术家托尔斯泰。为了使他的伟大作品真正为人人所共有，必须进行斗争，为反对那使千

❶ 《补拍西游记 杨洁导演有话说》，《光明日报》，2000-03-01。

百万人陷入愚昧、卑贱、苦役和贫穷境地的社会制度进行斗争，必须进行社会主义革命。”❶ 今天，杨洁等人所做的将《西游记》改编成为电视剧的工作，在名著普及的意义上，也是一场斗争，只是他们的手段不是革命，而是利用电视这一新媒介，将本来以象形文字符号为存在形态的语言艺术，转换成具体可感的影像艺术，使得既往的审美接受方式——读者必须先以语言为中介进而在自己的头脑中想象人物及故事，让位给了无中介地直接面对屏幕上的鲜活形象。相对于完整阅读过小说《西游记》的读者人数，电视连续剧《西游记》的观众则数以亿计。编导杨洁等人及该片的出资方在普及名著乃至传承中国传统文化方面功莫大焉。

只是这也产生了新的问题。如果将名著电视化视为对于名著的一种新的解读的话，那么电视剧《西游记》主要面临两个难题。一是如何营造具象的神话世界。文学表达虽“虚”，但其便利之处是，作者进行夸张、比喻的描写，读者则充分开动想象的能力，两厢配合，一个虚幻的神仙世界及各类神仙人物便在观众的大脑中生成。影视展示虽“实”，但不便之处是，电视剧的编导们既缺乏文字描写的自由，也失去了观众想像力的合作，并且，他们的“实”还要经受对西游故事耳熟能详的观众的审查。其二，按照接受美学的观点，一切文学本文都是一个多层面的开放式的图式结构，它的存在意义和价值仅仅在于人们可以对它做出不同的解释，这些解释既可以因人而异，也可以因时代的变化而有所不同。20世纪80年代初，海外的各类版本的《西游记》影视剧先后问世。日本版的《西游记》还在中央电视台播出，最后因其“胡编乱改”，与中国观众的欣赏“前见”距离太远而停播。这一事件也向中国的电视工作者提出了要求，即如何在拒绝“戏说”、忠实原著的前提下，做出我们自己的解释，拿出能代表自己民族文化价值观和艺术创造力的电视剧《西游记》。

当然拍摄电视剧《西游记》也有一些有利条件。深厚的文化积淀这一大环境是海外所不具备的。如杨洁是新中国第一代电视导演，曾先后执导过《追鱼》、《十五贯》等戏曲电视片，在拍摄电视剧《西游记》之前，她还录制过六龄童主演的舞台剧《孙悟空三打白骨精》。戏曲舞台改编演出西游记故事所积累的经验和所培养的演员更可以为电视剧所用。最后，80年代理想主义的社会风气和计划体制下艺术产品的制作方式也让《西游记》的编导们在一个没有商业压力的环境中，一心一意地“为艺术而艺术”。如此方可使一部25集的连续剧能历时6年，真到了精雕细刻的地步。

二、艺术赏析

1. 神话奇观

所谓神话奇观是指电视剧的编导们凭借人力在电视屏幕上所虚构出神话世界

❶ 《马克思恩格斯列宁斯大林论文艺》，183页，北京，人民文学出版社，1980。

（如天宫、龙宫、西天）、神话世界秩序（即“游戏规则”），以及神话人物等的总称。神话奇观一方面构成神的故事的发生背景，其逼真与否，直接关系到情节和人物的说服力；另一方面，西游人物和他们的本领千百年来只是存在于戏曲、说书、连环画、年画等传统艺术形式当中，于是这古老神话与现代化的影视艺术的第一次碰撞，便自然而然地成了该剧最大的“看点”。

在实际创作中，电视剧《西游记》的编导们将电视的“摄影”本性与中国艺术的写意传统相结合，来营造虚实兼备、亦真亦幻的神话奇观。所谓写意性，有创作和欣赏两方面的意思。创作上是指有意拉开屏幕上的事物与日常生活的距离，以制造神奇的效果。这里的事物包括人物的动作、对话及所处的环境等等。举一个例子，神话剧里的人物语言，在遣词和语调上都应高于日常语言，倘若让孙悟空说着现代汉语（如港台的一些剧作），结果就将人物身上的神话性给取消了。神话效果反过来帮助观众在欣赏时树立一种相应的审美期待目光，譬如他们最关注的不是人物动作、语言是否更“现实主义”，相反，观众们要求的却是距离——神话存在的合法性由此产生。

《西游记》一剧的写意风格主要体现在对白、表演、服装、布景、化妆以及特技动作等等之上。先看对白。虽然唐僧和孙悟空猪八戒有人神之分，但他们使用的语言皆以现代汉语的书面语为基础，夹杂着能体现出古风习俗的词语，如此既不妨碍观众的理解，又合于古装剧和神话剧对语言雅化的要求。在念白上，孙悟空、猪八戒的配音者都对人声做了变形的处理，以体现他俩的“猴气”和“猪气”等动物性的一面。唐僧、沙僧、观音、如来的念白则向话剧靠拢，语速舒缓，注意抑扬顿挫，与日常口语相比有明显的剧场演出色彩。总之单在语言方面杨洁版的《西游记》就显示出对原著的神话语境的尊重，和对中国观众欣赏习惯的顺从，从而与各类“戏说”、“解构”之作区别开来。

演员表演上的写意特征即人物动作的程式化倾向。程式及程式化通常意味着一种特别的艺术概括方式，它是与象征、寓意、美化分不开的，与以纪实性描写和现实生活的逼真为基础的概括截然不同。孙悟空、猪八戒一半是动物一半是神仙的身份，决定了他们的行为举止显然不能与常人相同。幸好戏曲舞台上已经积累了以程式塑造西游人物的丰富经验，杨洁导演便有意识地从戏曲那里寻求支持。孙悟空的扮演者六小龄童出身浙江的“美猴王世家”，本人就是一名绍剧演员。猪八戒的扮演者马德华则是一名昆曲演员。其他如湘剧演员左大玢演观音菩萨，评剧演员赵丽蓉演车迟国王后，“样板戏”《红灯记》里李奶奶的扮演者高玉倩演高小姐的母亲。表演时杨洁还提醒演员注意运用戏曲动作。1982 年 10 月 1 日《除妖乌鸡国》在中央电视台试播后，观众对孙悟空一角的意见集中在演员表演太过生活化，动作不够夸张，影响了全剧的神话色彩。此后各集，孙悟空的一举一动都合乎戏曲“猴戏”里的程式规范——“含胸、拔背、抱肩、躬腰、吸臀、拢胯、曲腿、藏裆”，手法上的云手，步法上的云步，以及棒法、筋斗等更是直接照搬戏曲的程式动作。❶ 程式的另一效用是将生活动作节奏化、舞蹈化后带给观众的视觉美感。《西游记》里强盗、男妖用的全是武打演员，仙女、女妖用的全是舞蹈演员，表明杨洁牢牢把握住了“写意美”这一全剧之“魂”。从观众其后的反馈看，这些做法都相当成功。

在布景、服装、化妆等方面，创作者秉承中国传统艺术之化景物为情思、虚实结合的精神。剧中金碧辉煌的灵霄金殿，祥云缥缈的瑶池胜景以及金镶玉砌的东海龙宫，皆舍形而求神，以营造瑰丽、奇崛的神话色彩为指归。孙悟空等的化妆，虽在戏曲脸谱的基础上加强了生活气息和真实感，但写意色彩不变，结果既塑造出了人、神、猴三位一体的艺术形象，又使演员的面部肌肉能够自由活动来表情达意。孙悟空等的服装是对传统戏曲行头宽袍大袖简约的结果，但简约并没有改变服装本有的美化、指示人物性情以及配合歌舞程式等特点。总而言之，服、化、道于《西游记》一剧的贡献是创造出了神话人物所处的神话环境，并且是典型的中国神话人物所处的典型的中国神话环境。

再来看特技。《西游记》的神奇场面，主要靠特技拍摄与制作来完成，因此特技镜头在全剧中占的比重很大。其中《大圣闹天宫》一集就有二百多个特技镜头，其他各集一般也有四五十个。由于特技镜头的得当与否关乎《西游记》的成败，编导们对此自然格外重视。据当事人估算，特技镜头的设计、拍摄与制作上所花的时间差不多占了全部拍摄周期的一半。特技也就成为杨洁版《西游记》的主要亮点。虽然在今天看惯了海外大片的观众眼里，《西游记》的特技镜头似乎有点落伍，但如果能历史地看待问题的话，我们得承认，《西游记》的特技是20世纪80年代内地最高水平的特技。“筋斗云”、“七十二变”等吴承恩的奇思妙想，编导们都能给它找到不错的表现技法。另外更为可贵之处是，《西游记》的特技设计仍然走虚实结合、以有限象征无限的写意路子。为电视编导所注重的，与其说是视觉的真实感和冲击力，毋宁说是与现实有“隔”（王国维语）的意境之美。譬如最常见的驾云飞行镜头，选蓝天白云与名山大川为背景，外加上孙悟空那标志性的亮相身影。此构图仿效中国画的布局，那明朗的色调，大块的空白，透露出虚幻和空灵。这种虚，既寓意着神境之“太虚”，又是创作者有意留下而让观众用他们的想像力来填补的意境之虚。所以观看此类镜头，你不自觉会有物我两忘的“神游”之感。从这一意义上说，海外大片跟电视剧《西游记》之间的区别尚不在于特技的真与不真，而在于两种美学观所导致的两种判然有别的艺术精神。

2. 人的情感

---

❶ “猴戏”的表演技法参见郑法祥口述：《谈悟空戏表演艺术》，上海，上海文艺出版社，1963。

如果说神话奇观解决的是西游人物的“物质外壳”，目的是塑造出孙悟空、猪八戒身上的动物性与神性，并给予观众以美的享受的话，那么《西游记》的编导们在故事情节上围绕着“人情”大做文章，解决的则是西游人物的“精神内核”，目的是塑造出孙悟空唐僧猪八戒的“人性”，最终获得以情感人的效果。

由此，《西游记》的改编者本着“忠于原著，慎于翻新”的精神，取其精华弃其糟粕，将一个100回的章回体小说，浓缩成了25集的电视连续剧。与原小说相比，电视剧《西游记》的改动体现在两方面。首先是舍弃：被舍弃掉的既有模式化的情节，如唐僧总是被妖精诱骗、裹胁、差点丧命；也有宣扬因果报应而与时代精神不符的故事，如“游地府唐太宗还魂”等；还有大量的佛经偈语、晦涩对白。其次是强化：强化孙悟空、唐僧、猪八戒身上凡人的感情色彩，并为此设计了一些原著里没有的情节。但无论是舍弃还是强化，电视剧《西游记》与小说《西游记》在内在艺术精神上是一致的。这同样体现在两个方面。首先，是原著的基本故事结构、典型环境和典型性格都得到了完整继承。其次，赋予孙悟空唐僧猪八戒的情感，是一种民族化和大众化的情感，这种情感与作为中国神话人物的孙悟空唐僧猪八戒之身份和形象是相符的，并且在观众看来也是可信且合情合理的。

剧中对于孙悟空的人性化塑造无疑是最为成功的。吴承恩笔下的孙悟空，原是力量、智慧和勇敢的化身；他无父无母、无君无臣，“跳出三界外，不在五行中”。电视剧的编导们在维持悟空这一主导性格不变的同时，有意识地突出孙悟空身上的人情味，展现他丰富细腻的内心世界。第四集《困囚五行山》是全剧的第一个转折——孙悟空由“齐天大圣”变成了“阶下囚”。从情节进展的角度讲，本来只需要一个过场戏交代清楚“被囚”事件即可，然而电视编导们却于此浓墨重彩，着力渲染“大圣”的被欺骗和被损害。他们设计了一组非常富有抒情性的镜头。先是运用对比蒙太奇手法，使天庭上玉帝、如来等人的歌舞宴饮、纵情欢笑跟五行山下悟空的痛苦形成鲜明对照。接着以男声独唱作为非叙事的画外音乐，镜头依次展示夏、秋、冬、春四季轮回里孙悟空的艰难求生。在镜头选择上，编导们用特写和近景展示悟空的表情，进而揭示其悲凉心境；用全景展示悟空所处的整个环境——五行山之大与孙悟空之小，显示了英雄末路时的无助。此刻，孙悟空的猴性和神性几乎被观众淡忘，他纯粹的是作为一个无辜受难的个体的人，而获得观众同情的。后来几集，如《三打白骨精》里蒙冤受屈，却对师傅割舍不下；《智激美猴王》里与师傅劫后重逢，彼此百感交集等，都是动情感人的好场面。

在小说中唐僧更多的时候是以“令亲者痛、仇者快”的面目出现。电视剧试图用唐僧宽厚、善良的仁者本性来解释他人妖不辨、愚昧固执的行为。第五集《猴王保唐僧》，先是一个窗前身影的远景镜头，再推近、入户，昏暗的灯光下，唐僧正一针一线为悟空缝制虎皮衣服。这一原著所没有的细节，既拉近了观众与一个“圣僧”的距离，又为师徒两人的深厚感情做了铺垫。在唐僧“是非不分”的几个关键场次如《三打白骨精》一集，唐僧提笔准备给孙悟空写贬书，这时镜头推成唐僧的头部特写，并接连迭现了白骨精变化的一家三口相继“命丧”悟空棒下、假佛旨自天而降等画面；叠像消失，镜头又转回客观视角，然而唐僧的决绝表情表明，他辞退悟空的主意已定。此处通过主观镜头将唐僧的内心矛盾与受骗上当过程在屏幕上具体化，结果唐僧的性格更为丰满的同时，也使观众对其行为产生些许理解跟同情。尤其在《趣经女儿国》里，当风华绝代的国王愿以身相许、以国相托时，唐僧也俗情“萌动”，显示了他也是个有七情六欲的凡人。如此的情节构思非但没有损害唐僧的虔诚教徒形象，反而使一心向佛的他，更具有人情味。

电视剧在塑造猪八戒这一形象时，将猪八戒原本的好色、投机的性格侧面弱化，而突出其憨厚、心肠好和吃苦耐劳。于是八戒虽有自私自利的小毛病，但基本上属于“有缺点的好人”。他对师傅、对兄弟、对女性，都以情相待。路见不平救下了高小姐，却又不强迫成婚，颇有“侠士”风度；当唐僧执意要赶走悟空之时，重情的猪八戒也由原著里的“挑拨者”，变成了“劝阻者”。与言必称“取经”的唐僧、沙僧和“大公无私”的孙悟空相比，猪八戒的一些出格的“渎神”言行，反倒是全剧的笑料来源。电视剧里沙僧和小说里沙僧的相同之处，都是戏少，行动性弱。但既然杨洁等人以“忠于原著，慎于翻新”为创作底线，那么也就不能指望电视剧的编导在提高沙僧的地位上有何作为。沙僧形象不成功的责任，还得由吴承恩来负。

至此我们可以肯定地说，电视连续剧《西游记》所构建的神的外部世界与所塑造的神的精神世界，因为具有了民族化的思想、情感特征和民族化的艺术表现特质，所以称得上是真正的中国作风和真正的中国气派。在文化产品“西化”倾向日益严重的今天，《西游记》一剧的成功经验再次印证了这一点：“坚持民族化道路，电视艺术便得以枝叶繁茂、花果丰实；如若背离民族化的道路，盲目地食洋不化，一味地妄自菲薄，我们的电视艺术终将被时代抛弃。”❶

〔思考题〕

1. 电视连续剧《西游记》的民族化风格特征主要体现在哪几个方面？

2. 与央视版《西游记》相比较，各类海外版本的《西游记》影视剧给予你的审美感受有何不同？

---

❶ 黄会林：《民族化：中国电视艺术的现实与未来》，《黄会林影视戏剧艺术论集》，71页，北京，北京师范大学出版社，2002。

不屈的斗士

——电视剧《秋白之死》读解

罗　军

1987　2集短篇电视剧

江苏电视台录制

编剧：果子、冒炘　导演：虞志敏　主要演员：赵有亮（饰瞿秋白）　韩振华（饰鲁迅）　王宝琴（饰杨之华）

本片获第八届全国电视剧“飞天奖”单本剧一等奖、优秀编剧奖、优秀导演奖、优秀音乐奖；第六届金鹰奖特别奖。

剧情简介：

1934年10月，红军在第五次“反围剿”失败后被迫撤离中央苏区，中共中央和中华苏维埃工农民主政府也随军撤走。身患肺病的瞿秋白被王明错误路线所迫害，留在沦陷敌手的瑞金地区。在转道香港去上海就医时，瞿秋白不幸被捕。面对敌人的劝降攻势，瞿秋白坚贞不屈、视死如归，英勇牺牲。

一、领袖题材电视剧的新突破

80年代，重大革命历史题材电视剧创作开始繁荣，涌现了一批具有探索精神与独特风采的作品，如《秋白之死》、《周总理的一天》、《李大钊》等，都受到社会各界的广泛好评。重大革命历史题材影视创作在整个文艺创作和社会主义精神文明建设中具有重要的地位和作用，成为有中国特色社会主义文艺的重要组成部分。这批影视作品，突破了以往相同题材过于执著于历史背景和事件的铺叙，而使人物淹没其间的局限，更注重在大的历史氛围中塑造富有个性的活生生的人物形象，使艺术的真实与历史的真实相融合，具有很高的艺术价值。

《秋白之死》就是这个时代的代表作之一。这是一部抒情人物传记片，它没有直接描绘波澜壮阔的革命斗争场面，而是从与普通人的情感世界更为接近的地方落笔，真实显现了瞿秋白的本色人生。这里没有硝烟弥漫的战斗，也没有严刑拷打的场面，故事的节奏、场景的转换、人物的语言都很平缓，就像一个朋友在向你娓娓讲诉自己的故事、剖析自己的灵魂，成功塑造了一个追求真理，心怀坦荡，诗人气质浓厚的中国共产党早期主要领导人的形象。

充分发挥文学语言的独特优势，尽量使之转化为成功的视听语言，通过人物的对话、独白、旁白，音画迭现，塑造人物形象，是《秋白之死》主要特色。瞿秋白是一个典型的书生，仪表，谈吐，举止，都是那么斯文，平静。影片用精美、简洁、极富思辨和抒情色彩的语言表现出瞿秋白身上的那种文人气质。瞿秋白被捕后写下了一篇《多余的话》。在这篇自传性的文章中明确地说："我愿意趁这余剩的生命还没有结束的时候，写一点最后的最坦白的话"，"彻底暴露内心的真相"，"愿意受历史的最公开的裁判"。可以说，《多余的话》是一个活生生的，内心充满矛盾襟怀坦白而又心情复杂的人，在临终之际所作的一篇自白。片中选取了其中许多深刻、精美的语言，演化为人物独白、对话、旁白等，以此刻画人物形象，展示其丰富的内心世界。

二、艺术分析

1. 横线为主，纵线为辅的结构特色

从全剧的结构来看，以瞿秋白的被捕－拒降－就义为横断面，是全剧的主线。以瞿秋白在狱中的回忆，对自己一生的宏观的概括为纵向延伸，是全剧的辅线。形成横线为主，纵线为辅的结构特色。

作为上下两集的短剧，要记录瞿秋白的生平需要高度的艺术概括。《秋白之死》截取瞿秋白从被捕到牺牲短短几个月的生活，从这个极具人生代表意义的横断面入手，再现人物在生死考验面前所表现出来的崇高精神境界和丰富、复杂的内心世界，塑造了一个不屈的斗士形象。

1935 年初，中央分局决定送病重的瞿秋白转道香港去上海就医。秋白一行在到达福建长汀县时不幸被捕。之后，被囚禁在上杭县监狱。一连几天，匪兵用尽了酷刑逼供，瞿秋白坚贞不屈。片中没有瞿秋白受刑的场面，只是通过他的伤痕，敌人的对话作了交代。5 月 9 日瞿秋白被押解到长汀，囚禁在国民党军三十六师师部。敌人展开了强大的劝降攻势。这一段是全片的重头戏。在这场特殊的斗争中，瞿秋白忠贞不屈，严词拒绝，击破了国民党统治者的劝降阴谋。三十六师师长宋希濂在瞿秋白面前口称"瞿先生"，并且给予生活的优待，企图软化瞿秋白的革命意志，以收劝降之功，但瞿秋白不为所动。6 月 13 日前后陈立夫派中央党部系统的特务王杰夫到长汀，对瞿秋白进行最后劝降，同样遭到瞿秋白的断然拒绝。瞿秋白早已在案头挥笔写好了绝笔："眼底云烟过尽时，正我逍遥处。""他在革命困难的年月里坚持了英雄的立场，宁愿向刽子手的屠刀走去，不愿屈服。"（毛泽东）6 月 18 日，瞿秋白英勇就义。

作为人物传记片，该剧以瞿秋白的回忆为辅线，展现其一生的主要经历：从如何考进外交部办的俄文专修馆，到赴莫斯科考察，接触大量马列著作，实现了向共产主义世界观的转变，到加入中国共产党，再到遭到王明等人的错误批判，

被排挤出中央领导机构。几个段落的回忆总结了自己走过的路。

2. 写实与写意相结合的艺术风格

现实风格的情节脉络——被捕－劝降－就义，跟写意风格的内心世界直抒胸臆相互结合，艺术地再现了瞿秋白的生命历程。"全剧从写实开始，到秋白暴露身份后，写实部分加入写意手法。"（导演 虞志敏）

写实部分：瞿秋白从被捕到就义的过程，通过人物对话、细节刻画，再现人物风貌。

《秋白之死》讲述的是瞿秋白被捕到牺牲所发生的事情。这一切主要通过瞿秋白与敌人、军医、记者、小同乡等人的对话来展开。镜头运用主要是中景、近景、特写，以人物动作、表情揭示人物的内心。与敌人对话，瞿秋白沉稳、坚定，敌人狡诈、无奈；与军医、小同乡、记者对话，瞿秋白随和、坦诚，而他们则表现出对瞿秋白的景仰与热爱。鲜明生动的人物对话，使观众在与角色精神交流的过程中，获得审美愉悦。

瞿秋白与敌人的斗争似乎没有激烈的冲突。片中没有严刑拷打的场面，没有慷慨激昂的讲演，只是双方信念与意志的较量。面对这场特殊的斗争，瞿秋白始终是一个清醒的革命者。

为了劝降瞿秋白，国民党派来了所谓的劝降高手王杰夫。这是全剧的重头戏，对话精彩，细节生动。王一开始的劝降策略是，用亲属和朋友的情感打动瞿秋白。这场较量表面上也很"温和"，两人一边下围棋一边唇枪舌剑。对王的"动之以情"瞿秋白不紧不慢地回答："生存下去自然是我所期待的，而不容许我在这个世界上生存下去的正是你们。"敌人以棋局暗示，威胁瞿秋白已是山穷水尽，希望他能柳暗花明，走出"活"棋来。瞿秋白义正词严："人生不是胜负无常的棋局，人，更不是没有生命的棋子。"面对心地阴险狡诈而表面上却装出一副客客气气面孔的敌人，瞿秋白示之以不卑不亢、亦刚亦柔的态度。棋盘上敌人赢了，但是我们看到真正的赢家是瞿秋白。亲情劝降失败了，王又以中共叛徒投降敌人以后受到的所谓优待、重用的例子（如顾顺章）来对他进行"攻心"。王杰夫极力装出一副斯文的姿态，细声细气地对瞿秋白说："你总知道顾顺章转变后，中央对他是何等的优待?"瞿秋白平静地放下一枚棋子，说："可在你面前的不是顾顺章，而是瞿秋白。"一句话堵死了敌人的嘴。不死心的王杰夫又到牢房劝说："不一定叫你作公开的反共工作，你可以担任大学教授，也可化名做编译工作，保证你不作公开反共，完全是无条件的……希望你超脱两党之争。"瞿秋白针锋相对："所谓的无条件，就是要我丧失人格而生存，这样的生存无疑给我带来自我毁灭，只会长期给我的亲人们和我自身带来耻辱与痛苦。"最后王又以瞿秋白遭受王明错误路线的迫害来打击瞿秋白的意志。这一场戏细节生动细腻，敌人的话深深刺中了瞿秋白的隐痛，他顿时闭目无言，嘴角抽搐，内心的激动难以掩饰。但他对马克思主义的信念仍然无从改变，“秋白一向不以个人的荣辱得失为念。我党内部的是非曲直与你们无关，我不想在此评论。”以一个共产党人的高风亮节，彻底击败了敌人的阴谋。

瞿秋白与看守小同乡的几次对话语言不多，主要靠细节刻画，表现出对生活、对祖国的热爱。第一次，他送给小同乡一枚用蜡烛刻的印章，谈起了家乡的豆腐：“中国的豆腐真好吃。”第二次，他答应帮小同乡写一封家信。第三次，赴刑场前，瞿秋白一边吃饭一边与小同乡笑谈：“人生有小快乐、中快乐和真快乐，我就要领略真快乐了。”又一次说：“中国的豆腐真好吃。”

瞿秋白与军医的几次交谈则让我们看到了他高尚的人格、执著的追求。身陷囹圄而又饱受病痛折磨的瞿秋白一直没有停止自己的追求。他请军医为自己找几本名著，“这些书很值得再读一读的，可惜，这辈子不行了。”他拟了一个准备写的文章题目：“这些文章也是早该写了，可是，也来不及了。”“如若生命给我以更多的时间，我至少还可以再翻译几部俄国文学名著。”在军医最后一次为他看病时，他赠给军医一幅照片，照片上写下了这样两句话：“如果人有灵魂的话，何必要这个躯壳！但是，如果没有灵魂的话，这个躯壳又有什么用处?”在瞿秋白看来，有的人虽生已死，因为他只有躯壳而无灵魂；有的人虽死犹生，因为他是一个不死的灵魂。这就是瞿秋白追求的生命意义！

瞿秋白在接受福建《民报》记者采访时，对自己进行了深刻的剖析，阐明了自己的生死观。瞿秋白承认自己“确是一个‘婆婆妈妈’的书生”。他毫无顾忌，把自己内心世界的一切和盘托出，坦然无私地自我审判，愿留待身后的人们去品评是非功过。“我有许多弱者的标本道德，忍耐、和气、躲避，我始终不能克服自己身上的绅士意识，终究成为不了一个彻底的无产阶级战士。”“我家乡有句俗话叫做‘捉住老鸦往树上做窝’，这窝是始终做不成的。”在谈到生死时瞿秋白说：“这世界是美好的，怎不为之留恋……为了信仰而牺牲，我感到非常荣幸。”他明确向记者表示对中国共产党的前途依然乐观。

写意部分：瞿秋白直抒胸臆，展示其丰富复杂的内心世界。

充分发挥声音的创造作用，通过人物的旁白、独白把表现力拓展到镜头和画面之外；通过“闪回”，用虚化的画面描述人物的思想，观众仿佛直接进入了人物的精神世界。

作为思想家、革命家，瞿秋白善于思索，追求真理；作为文人，瞿秋白才华横溢但又有一种摆不脱的抑郁；而作为一个普遍意义上的人，瞿秋白渴望生命，热爱亲人。影片用几个段落的旁白、独白，音画迭现，表现瞿秋白对家人的思念，对自己一生的回顾，对灵魂中某些本质东西的反思，为观众塑造了一个丰满的人物形象。

在狱中，瞿秋白思念亲友、家乡。受刑后的瞿秋白望着窗外清凉的月亮，不禁回忆起与妻子分别时的情景。此时音画迭现，没有语言，只能用一首诗来表达作为诗人的瞿秋白的心情：夜思千重恋旧游，他生未卜此生休。行人莫问当年事，海燕飞时独倚楼。瞿秋白回忆与鲁迅的友谊时也是同样的表现手法。这里，思想变为视像，音乐、画面处于主要地位，而语言退居于次要地位。

在狱中，瞿秋白剖析灵魂，他清醒地认识到自己的世界观还未能脱净“没落的中国绅士阶级意识”，“这些年来，我早已感到万分疲惫。像是一匹羸弱的马，拖着不堪其累的辎重车，上一险峻的山坡，一步一步地往上爬，要后退步不可能，要再往前去，又是实在不能胜任了。”这让我们看到才华横溢的瞿秋白内心那种摆不脱的忧郁，也让我们看到了领袖人物坦荡的胸襟。政治家与文人的矛盾——这是瞿秋白一生所遇到的许多矛盾中主要的，也是使他困窘终生而无法解脱的矛盾之一。在回忆与现实的形象里，镶嵌着诗人的语言，有表现瞿秋白革命理想情操的一面，也有抒发郁结消沉的一面。因为瞿秋白毕竟是一个多情善感，诗人气质浓厚的人。

最后的时间到了，瞿秋白缓步走向刑场。这一段秋白之“死”长 4 分多钟，瞿秋白、敌军、城墙、群众、山水……场景不断转换，极力铺张，全剧进入大写意的手法。

全景：瞿秋白与持枪的敌人从敌军师部迎面走来。

中景：瞿秋白从容的神态。

全景：瞿秋白与持枪的敌人走过画面。

全景：瞿秋白与持枪的敌人从狭小的街道迎面走来。

全景：瞿秋白与持枪的敌人在狭小的街道中走过。

中景：移动镜头，瞿秋白一边抽烟，一边注视着路旁的人群。

中景：以瞿秋白的视线移动镜头，扫过路旁的人群。

中景：移动镜头，瞿秋白一边抽烟，一边注视着走过的地方。

中景：以瞿秋白的视线移动镜头，推进迎面的城墙。

全景：瞿秋白与持枪的敌人在狭小的街道中走过。

中景：敌人的枪。

全景：瞿秋白与持枪的敌人走出街道。

近景：瞿秋白凝视讨饭的盲妇人，唱起了国际歌。他热爱妻子、女儿，更热爱天下劳苦大众，所以瞿秋白能够为了信仰而牺牲！民族感情、民族精神和时代精神得以升华。

叠画：走向刑场的瞿秋白此刻想到了自己投身革命的豪情，同时也思念着家乡、亲人和战友。瞿秋白在心中说道：“永别了，亲爱的同志们——这是我最后叫你们同志。你们在斗争中永远地前进，我可以羡慕你们，但是已经不能够跟随你们了。”

中景：瞿秋白从容的神态，敌人的枪相互交替。

全景：刑场。

近景：瞿秋白面对刽子手，目光转向美丽的山川。

全景一中景一近景：以瞿秋白的视线摇动镜头，阳光下的青山、秀水、花朵。内心独白："永别了，这世界对于我仍然是非常美丽。一切新的，斗争的，勇敢的都在前进。那么好的花朵、果实，那么清秀的山和水，那么雄伟的工厂和烟囱，太阳的光似乎比以前更亮了。"世界是美好的，生命是美好的，瞿秋白眷念这一切。

全景：瞿秋白在草地上躺下。

特写：多个角度局部大特写，瞿秋白凝视美丽的世界。

全景：瞿秋白从草地上坐起，平静面对就要向他举枪的敌人。

近景：瞿秋白整理好头发，从容说道："此地甚好!"

全景：敌人向瞿秋白举起了枪，天空的鸟停了，山涧的水停了，树叶落了。

大全景：年仅 36 岁的瞿秋白，倒在了他热爱的这片土地上。

"'长街行'的长达两分钟的镜头效果；秋白尽情领受其归自然的幸福，躺在草地的时候，我不厌其烦地给多个角度的局部大特写，表现了这位大德大悟者平静的超然心境；当秋白席地而坐说：'此地甚好!'我不忍用枪声，而是让卫兵们敬畏地慢慢举枪（慢镜头），以无伴奏深沉、悲壮的混声合唱代替枪声，让万物为之凝固，飞鸟停止翱翔，树叶飘零停在半空中，瀑布停止湍泻。尔后，安详平静地躺在绿茵之中的秋白（大全景），升腾！升腾在天地之间……写意的诗化手法，使秋白的形象得到升华!"（导演 虞志敏）

〔思考题〕

1. 分析《秋白之死》的情节结构。

2. 试论《秋白之死》的语言特点。

锁不住的竹篱笆

——电视连续剧《篱笆·女人和狗》读解

梁 玖

1989 12集电视连续剧

瓦房店市政府、大连电视台录制

编剧：韩志君 导演：陈雨田 主要演员：田成仁（饰茂源） 吴玉华（饰枣花） 王建国（饰铜锁）

本剧获第九届全国电视剧“飞天奖”三等奖；第八届金鹰奖优秀电视连续剧。

剧情简介：

中国东北一个山村里，有一个拥有四个儿子（金锁、银锁、铜锁、铁锁）、一个女儿（香草）、三个儿媳（马莲、巧姑、枣花）、一个未过门的儿媳（喜鹊）和两个孙女（小龙、小虎）的老人——郭茂源。作为至高无上的一家之主，茂源老汉遵循祖辈惯常的观念和生活方式，管束着全家人的生活、劳作、休息，并决定着家庭每个成员的命运、前途和幸福。然而当改革春风吹到小山村后，事情起了变化：枣花提出离婚；巧姑谋算着分家单过；铁锁想自主决定自己的婚姻；金锁要求父亲尊重自己的妻子马莲；未过门的喜鹊教训了欺负枣花的铜锁；连茂源自己也时时受爱情的炙烤。经过一系列的矛盾冲突，一切都有了质的改变：枣花的离婚问题是可以讨论的，巧姑的分家谋算也是能理解的，铁锁与喜鹊的婚事不再需要全家人共同决定。就是茂源老汉自己，也穿上崭新的衣服毅然决然地去找枣花娘了。

一、苦竹篱里的新芽

《篱笆·女人和狗》是一部以中国乡村生活为题材的电视连续剧，该剧在中国社会大变迁的背景下，生动地反映了特定族群的生存和生活状态，揭示了不同人物的生活遭遇和心灵轨迹，具有浓郁的东北特色和鲜明的时代特征。

该剧的题材和剧情都不太复杂，可以说，《篱笆·女人和狗》是敢于揭示人的本质需要和自然欲望才选择表现人性题材的，是敢于面对并非全是阳光朗照的现实而选择使用了写实手法，是敢于说出心中的苦而选择运用了哀怨低回的音乐。试想，谁不居家过日子？谁不恋爱？谁不期望有个温馨的家？谁不愿意被人尊重、被人爱？正是这些小事牵动着平民百姓的心。生活中再小的事也是大事。《篱笆·女人和狗》被大范围内的观众所接受、所喜欢，进而成为中国电视剧史上不可或缺的财富构成，原因就在于此。

1. 观念的破与立奠定了作品的厚重感

看完全剧最直接的感受是各种观念的冲突明显而强烈，剧中主要角色（茂源老爹、枣花）的欢愉心情都不在眼前，高兴和幸福属于过去，现实中的他们都是愁苦万分的。的确，视点决定选择，有什么观念，就会有什么样的行为与结果。一切的愁苦或高兴的根源，都在于某些特定的观念。统观全剧的矛盾冲突，主要是围绕观念的破与立而展开的。

首先，非自我关怀与关怀他者的观念。这典型地反映在枣花、枣花娘和茂源老爹三个人身上。茂源老爹和枣花娘有爱而不能结合的原因，就是为别人而放弃自己的追求、爱情和幸福。所幸的是，在最终分家之后，茂源老汉的心中又燃起了爱的烈火，终于有勇气要对自己好一回——穿上崭新的衣服毅然决然地去找枣花娘了。全剧以此结局，表明了关怀自我与关爱他者理念的觉醒与确立。

其次，家长制与伦理观念。这典型地反映在茂源老爹和大儿子金锁、枣花和枣花娘身上。比如在第一集里，金锁就枣花要离婚一事对他爹说：“要离婚，没那么容易，您、我不吐口，能离得掉吗?”第十一集，看戏的夜晚枣花与大庚见面被人误认为有出轨行为，在走投无路之际，枣花与她娘的一段对话暴露了家长制的残酷性。

枣花：娘，我就是死，也再不跨进那个门槛了！

枣花娘：枣花，别太任性了，啊！听娘的话，早点回去，在你公爹和铜锁面前认个错，满天乌云都散了，行不？

枣花：不，娘。

枣花娘：枣花，你到底回去不回去？

枣花：娘！……

枣花娘：枣花，娘求你了，你回去吧，就算娘求你了。

枣花：娘，您起吧，您起呀！

枣花娘：你要是不回去，娘就不起来。

枣花哭道：娘，您起吧，您起吧，您起来。娘，俺回去……俺回去！

这可以说是枣花随后选择跳河的关键原因。

再次，爱与希望的追求观念。这在喜鹊与铁锁两个角色上有显著的表现。第九集里喜鹊对大庚说："你的爱为什么没有力量？在物质上，你行，你有钱，是大家公认的万元户。可是，在精神上，你太穷了，仍然是个贫下中农。对枣花挨打、受骂，你只是听着、忍着、看着。要是换了我，我才不那样，你算什么男子汉呀？"在第十集里，喜鹊与她爹周大爷关于枣花的对白，可以说是全剧中最集中的一次关于爱情与婚姻主题的"学术"讨论会。周大爷说："在咱这地方，能娶上媳妇，生下孩子，就不容易了。爱不爱，算啥呀！"喜鹊争辩道："爹，您这话又不对了。什么叫'爱不爱，算啥呀'，没有爱情的婚姻是不道德的。"事实上，喜鹊这一角色的言行一致性，就明确张扬了作品的诉求主题。

最后，平等尊重与服从观念。这在金锁与马莲、铜锁与枣花，以及茂源老爹与枣花娘等人的身上，体现得很明显。金锁与马莲的关系，以及铜锁与枣花的关系，就是一种非平等的霸道与服从关系。第二集金锁外出前，当妻子马莲向他表达关切之情时，金锁的霸道表现就是一例。第三集枣花去医院检查身体后，得知不能怀孕的原因不在自己，便劝铜锁也去医院检查一下。然而这个要求遭到了铜锁的鄙视和否定，他蛮横地吼道："男人有什么问题？"一向待枣花不错的茂源老爹也责怪枣花："这就是你的不是了。不能往他身上推。往他身上推，他能不给你吵吗？"的确，当无知占了上风之后，科学常识也会成为被取笑的对象。

不过第八集里，当大媳妇马莲祭祀她爹时，想到自己在家中的处境，辛酸之泪长流不止。金锁看到后，他拥抱着悲哀的妻子，关切地说道："风这么大，别伤了脸！"应该说这是剧中人物进步性的表现。同样在九集里，喜鹊看到枣花又遭铜锁辱骂殴打，未过门的她挺身而出，义正词严地教训了铜锁。此外，金锁明确要求茂源老爹尊重自己的妻子马莲（第八集），铁锁发出了要自主决定自己婚姻的心声（第八集），等等这些，都说明平等、自由和宽容的观念，已逐渐确立。

2. 人文之烛映照了人性之域

全剧的人文关怀视点，聚焦于以下人性与人文的内涵。

首先，不要把自己的希望寄托在一个人身上。任何时候、任何人，如果都像枣花那样盲目地尊重、服从和守候，是会发生悲剧的。可贵的是该剧把它揭示给了观者。换言之，自己的幸福应该追求，不要轻言放弃；爱，是自己的，快乐，也是自己的，幸福，仍然是自己的。所以自己要做生活的强者，要有超越生存的视点、性格和价值取向。

其次，履行自己的人生职责。第五集巧姑一家私下煮饺子，除了自己吃还悄悄给巧姑的父母吃，可就是不给茂源老爹及家里人吃。这样的情节安排会促使观者思考到孝道、良心等伦理问题。由于贫穷愚昧，这类与人性、人道和中国传统美德相悖的现象的确存在，在一定时期内还不是个别现象。剧中通过茂源老爹教育二儿子银锁把问题揭示出来。茂源老爹将一再要求分家的银锁领到他娘墓前，语重心长地说："人生在世，责任要负。说话办事，要凭良心。"这也间接批评了第二集里银锁、巧姑与大家离心离德的心理与行为——扣留一部分照相的钱。总之全剧揭示了这样的人文理念：每个人都应该很好地履行自己的人生职责——应尽的义务、该做好的事情，不能忘恩负义，私心太重。

再次，爱，在疼痛中成长。电视剧一开始就点明这个主题，并贯穿于全剧。第三集茂源老爹与枣花娘的苦涩之爱就深刻地表明，爱是要付出代价的。第七集，当枣花把她娘做的鞋交给茂源老爹时，老爹端详片刻后动情地说："告诉你娘，往后别做了!"这一细节宣告，圣洁的爱是阻挡不住的。第十集里喜鹊告诉大庚，枣花"她没病没灾，但是，在受苦，在遭罪，比那些有病的，还要难熬得多!"这揭示了没有爱的日子很难熬，人生也不应该如此。同样在第八集，茂源老汉在他大儿子金锁外出归来的晚宴上，深情地表述了父爱的沉重与伟大。茂源老爹缓缓地对金锁说："你这一去，就几个月。爹这几十天顶十年过啊!"爱，是无言的分量，跃然眼前啊!

第四，孤独，是个可怕的存在。《篱笆·女人和狗》的篇名所提及的事物、人物、动物，是有暗含意义的。但是"狗"在剧中的分量从声画视点看并不重，然而它的内蕴意义是深刻的。在剧中，凡茂源老爹有难处时，不论是离家出走，让家里人好找（第一集），还是心中苦闷至极，夜晚出去散步（第三集），都有狗相随、相伴。其实孤独不是一个个别问题。这里一方面表明老年人的孤独问题应该受到关注（在第七集里，茂源老爹沉重地对枣花讲："你娘一个人过日子，不易啊!"），另一方面也揭示出了生活艰辛之时爱的珍贵性。简言之，人生是需要爱来滋养的，否则就只好去养一条狗做伴了。

第五，人人平等观念的诉求。第四集里香草与马莲、巧姑议论枣花被铜锁殴打。香草气愤地说："女人咋啦？就该挨打？就该有贱皮子？"巧姑也说："让男人打，这个不中？"这是在有力地抨击男权，呼唤女权。还如第十集里喜鹊反问铁锁："女人正当防卫是天下奇闻？张口就骂，扬手就打，谁家的家风？"

最后，沟通就是共同分享信息，促进成长。剧中揭示出人与人之间有了交流才会有成长进步的主题。茂源老汉的小乡村的变化，就是对外交流的结果。金锁跟他爹有了不同观点时就说："我这次出去，看人家城里人，专讲自由。"（第八集）其实茂源老爹最后在平静中把家分了，也是沟通交流的结果。人，不能没有沟通和交流。

《篱笆·女人和狗》的主题歌——"星星还是那个星星，月亮还是那个月亮，山还是那座山……只有那篱笆墙的影子咋那么长，在那墙上边还爬满了豆角秧"，现已收入"经典老歌集"中，这足以说明该剧在中国电视剧史上的意义与分量。该剧寓意丰富的金、银、铜、铁"四把锁"，是既锁出了人生的全部故事，又锁出了意义，锁住了价值。事实上作为万物之灵的人，怎么可能永远被竹篱笆锁住呢？

二、艺术分析

从艺术学的视点统观电视连续剧《篱笆·女人和狗》，就恰如远远观看那根爬上竹篱笆的青青豆角秧，她是如此清新和别致。那么这根“青青的豆角秧”有什么值得可观可听的呢？概括地讲，本作品值得审艺观看和玩味的有两大片“叶”：

1. 个性化的声画对比转换定格了作品的艺术价值

如果说《篱笆·女人和狗》的声画，具有个性、灵动、装饰和提示特点，那么其所有内容的视觉表现，几乎都是在运用对比匹配原则下实现的。

首先从全剧的画面观看视点分析。开始的视觉画面，就是以暖冷两个色调的对比切换来展现的。具有符号象征性的橙色暖调，给人以温馨甜美的视觉感受，从而引导观者在心理上诉求阳光、收获和幸福。紧接着具有表意性的冷色调蓝色，给人以希望和沉思的感觉和认知提示。这个对比性匹配方法，贯穿了整部作品。有意装饰性运用暖色偏色镜摄制的效果，就使画面具有了装潢性和主观意图的视觉诉求性。凡浓重橙色暖调的镜头造型和画面，都是回忆性的造型和充满幸福或浪漫或希望的陈述性内容。比如在第三集里，出现大庚回忆他与枣花早年相爱的幸福时光的画面，就是充满阳光感和幸福感的金色暖调，画面色彩不仅饱和度高，而且亮度也很高，这样的色彩造型无一不是暗含着相爱心灵的纯洁与善美的剧情主题。

除了色调对比运用以外，大量的环境场造型、景别设计、主题揭示、人物造型、道具选择、照明布光、影调节奏调控和剧情展示、观念陈述、心气的堵与疏等等，都是凭借对比匹配方法而完成的。

在主题揭示的画面上，就有伦理与幸福的矛盾对比、集体与个体的对比、爱与恨的对比、善美与精狡的对比、客气与霸气的对比、俗信与迷信的对比等。人物品质上的对比，可在茂源老汉大儿子金锁的忠诚勤劳与三儿子铜锁的懒惰和二儿子银锁的自私上见出。

人物造型画面上的对比，如：三儿媳妇枣花的善美、坚韧、克己的女性形象与二儿媳妇巧姑的巧嘴、精明、自私的形象对比。

心气的堵与疏的画面对比，如枣花饱受屈辱和压抑的形象，与喜鹊敢爱敢恨的形象，都是运动性的对比润饰。可以说，整个剧情发展到最后，要是没有喜鹊和铁锁这两个亮色人物造型，观者可真是要憋闷窒息了。

总之，就观看层面而言，对比匹配镜头在运动意识、镜头叙述事件、处理时空、连贯动作、转换场景、动作高潮点的营造等方面都做了努力，达到了一定的效果。但是，画面意识、经典画面、鲜活镜头、人物表演、景别光效、道具设计等方面，都还存在不少的遗憾。比如全剧的经典画面少，有的场景的色彩和影调都比较单一，特写镜头的力度不够，内容不厚重，有的角色的内涵和表演都欠饱满，所有人物的服装，在式样上、在性格塑造上、在剧情发展上都显单薄。由于不少的视觉塑造缺乏应有的艺术性内涵——有的人物的照明太概念化，致使全剧的画面观看亮点不多。

其次，从全剧的音乐音响角度分析。如果把全剧的音乐创作和美术创作加以比较，可以说音乐的经典性更突出。主题歌现在已经属于经典老歌广为人们传唱，这说明主题歌的远期效果已出现。全剧的主题音乐、插曲音乐、主观音乐、客观音乐以及客观音响和主观音响，都是丰富的、有效的。主题音乐、主题歌起到了统领全剧的作用，插段音乐、插曲、片尾曲等，也都发挥了渲染气氛和塑造形象的作用，极大地增强了作品的艺术魅力。

虽然主题歌在第十集才出场，但其音乐旋律在全剧的许多关键场次都以音乐变奏的方式出现。作为全剧核心音乐的主题音乐，则起到了深化主题的作用。比如在最后一集里，枣花遭到人生最为惨烈的打击，却得不到亲人的同情与理解，顷刻间落入举目无亲、走投无路的境地——娘家不能呆，夫家不让进；此时的视觉画面，配以哀婉低回的主题音乐，真是有撕心裂肺的痛感。主题音乐表达主题内涵之功效得到了很好的发挥。

全剧的几首插曲也发挥了至关重要的作用。如第六集，香草、巧姑晚上带着孩子邀约枣花一同在屋外树下听牛郎织女说话，这时的音乐，不仅节奏欢快，而且点明夜晚活动的主题，达到了较好的视听效果。片尾曲似乎作为总结性发言，直接揭示主题理念——“生活是一团麻,生活是一根绳,生活是一条路,生活是一杯酒,生活是七彩缎,生活是一片霞,生活是一条藤,生活是一首歌”。其旋律音响也极具张力,很好地起到了升华主题、延伸对白语言和叩问观者心灵的作用。

另外，画内音响与画外音响、写实音响与写意音响、艺术化音响与主观音响，都相得益彰，发挥了联想、转折、表情达意、升华艺术的作用。比如剧中出现过多次闪回：大庚与枣花相爱时，一同吃酸枣的写意音响。在第三集有一个声画组接蒙太奇，当时的场景是这样的：茂源老汉与枣花娘在雨中相遇而让爱做主的激情结束时，发现马莲他爹看到了这一切，随之出现的马莲他爹的责骂声，(“你还记得那棵老树吗？你对得起谁？对不起嫂子，对不起孩子们!”）马莲他爹鸣猎枪声，以及迅速闪回茂源妻子在雨中大树下死亡的惨叫声、雷雨声、茂源的忏悔痛哭声等，画外音响与画内音响交相辉映，共同深化了剧情的故事性。

最后，全剧的声画组接效果是值得肯定的。尤其是在主题歌出现的第十集里，以大庚思绪万千地吹奏民族乐器——管子的音响起，一边是主题歌徐缓深沉的延展，一边是枣花愁苦地回忆自己挨打和与大庚见面的情景，同时出现喜鹊与她爹谈论枣花命运的场景（“枣花那孩子，说起来，实在是可怜!”)，整个声画组接突现了大庚与枣花相爱而不能得的愁苦心理，有力推动了动作高潮点的到来。

2. 民俗文化细节充实了作品的内涵

本剧穿插了不少族群的和区域性的民俗文化内涵，使其具有族群区域性和平民化的特点。可以说《篱笆·女人和狗》内涵的厚重和丰富，正是因为有这些实在的族群文化细节所致。

首先，节庆民俗深化该剧主题的有：农历五月初五的端午节（第三集），农历七月七日的乞巧节（第六集），农历七月十五日鬼节（第八集），农历八月十五日的中秋节（第九集）。这些民俗在剧中以细节的方式出现，分别表现和深化了求吉祥（茂源老爹采艾草送给枣花娘）、寻求爱（香草的单相思、枣花对自由之爱的期盼）、奉行孝道（马莲给她爹上坟）、亲人平安团聚等心理期待和希望。剧中有了这些内涵，才让观者觉得所叙述的故事，就是我们身边的事，是可信的。这也是以纪实的手法雕刻艺术的最高境界。

其次，日常民俗深化该剧主题的有：放风筝（第八集）、拜干娘（第七集，香草拜村头的老树为干娘，祈求外力帮助自己实现所愿；香草这种带有巫术性质的行为是人类的一种幻化性思维，对待此类文化现象不能轻率地否定，事实上族群生活有了它，可能更美好，剧中有了它，更具有族群生活的鲜活性和艺术的灵动性）、女红纳鞋底（第二集）和织毛衣（第六集，中国的民间艺术，很大的一个成分就是女红［gōng］。女红的最大特性是：春华秋实，即劳苦而又心怀梦想的女性把自己的所有情怀，编织于日常用品中，希冀它能传情达意，最终实现自己的心愿。该剧能够适时地将女红调度于运动的镜头中，既较好地揭示主题，也丰富了视觉观看的内容）、馒头点花（第八集）、求送子观音娘娘（第四集，这也是具有民族化内涵的运动镜头，应给予足够的重视。遗憾的是剧中虽然涉及到了，但镜头声画都比较粗糙，削弱了它本应该有的重量感）、吃酸枣生儿子（第六集，不要轻视剧中的那句多次闪回的台词“人们说吃酸的要生儿子”，一方面它寓意枣花与大庚的阳光恋爱，另一方面它揭示了爱的族群得以生存之民俗性理由）、娱乐打赌（第二集，铜锁让狗剩媳妇猜字谜“太”）、小儿歌（第一集）、叫卖声（第三集，铜锁游走卖豆腐）、看“二人转”（第十一集）、抱油桶的动大婚之寓（第九集，这更是区域性民俗文化的具体体现）、绞面线（第九集）等等。

如果抽掉剧中的这些民俗文化与区域文化的内涵和细节，整部剧就会空洞得多，可信度也要降低，引起观众兴奋的兴趣点将减少，随之观者的观看兴趣会减弱。因此在读解该剧的过程中是不能忽视这些民俗文化内容的。

总之，读解电视剧艺术作品的过程，实质是一个满足期待、享受艺术、发现哲理、获取价值和寻求人类思想光辉以润泽心灵的淘金过程。

〔思考题〕

1. 为什么人性和人文是艺术作品创造诉求和表现的永恒性主题？

2. 分析电视连续剧《篱笆·女人和狗》声画创造的艺术特色。

理到真处情自深

——电视连续剧《宋庆龄和她的姊妹们》读解

马　药

1990　12 集电视连续剧

中央电视台、中国电视剧制作中心录制

编剧：赵瑞泰　导演：潘霞　主要演员：李羚（饰宋庆龄）　王馥荔（饰宋蔼龄）　张晓敏（饰宋美龄）　郭旭新（饰宋子文）　章杰（饰孙中山）　许道临（饰蒋介石）

本片获第十一届全国电视剧“飞天奖”长篇连续剧二等奖、优秀导演、优秀女主角；第九届“金鹰奖”优秀电视连续剧。

剧情简介：

辛亥革命前，宋庆龄的父亲宋耀如继 4 年前送大女儿宋蔼龄到美国读书后，又将二女庆龄和小女美龄也送往美国念书。学成归来的庆龄担任了父亲的好友孙中山的秘书。在与孙中山相处的日子里，庆龄被他的人格力量所感染，她希望成为孙中山的终身伴侣，成为他生命的继续。庆龄的美好感情遭到了父母的强烈反对，她顶着巨大的压力与孙中山结了婚。宋耀如去世后，从美国学成回国的宋子文和宋美龄在上海开始了频繁的社交活动。蒋介石看中了风姿绰约、品位高雅的宋家三小姐美龄，让杜月笙做媒，并请蔼龄暗中撮合。但庆龄认为蒋介石品行不端，坚决反对这门婚事。1925 年孙中山在北京逝世，蒋介石乘机篡夺了国民革命的最高权力。一心追逐权势的美龄经不住诱惑，最终嫁给了蒋介石。面对蒋介石、汪精卫两股反叛势力，年轻而成熟的宋庆龄进行着顽强的斗争。一个显赫的家族，在中国革命的风云变幻中，演绎出几度悲欢、数度离合。

一、理到真处情自深

在中国漫长的历史上，有过一个显赫的家族。在六位兄弟姐妹中，出了两位第一夫人、一位财政部长，三位女婿则是赫赫有名的孙中山、蒋介石以及孔祥熙。这个家族就是著名的宋氏家族。《宋》剧讲述的就是发生在这个家族中，被世人称为“东方之谜”的动人故事。

好似教堂钟声的片头音乐，伴随着一个男中音深沉的旁白，一本淡绿色的相册被缓缓翻开，三位端庄典雅的东方女性映入人们的眼帘，她们就是才貌双全、闻名遐迩的宋氏三姐妹——宋蔼龄、宋庆龄和宋美龄。在这三位女性中，宋庆龄以她那美好的情感、伟大的人格和追求真理的坚定信仰震撼了人们，成为20世纪的伟大女性之一。

"人生在世，'情理'二字"。人类社会的前进总是与"剪不断、理还乱"的"情与理"（或"理与情"）的无尽纠葛相生相伴、相携而行的。从古到今，上至公卿显贵，下至市井村夫，无不既为情所牵又为理所困，无不在"千般情"与"万般理"的搏斗间，在经受"情与理"的折磨中，不断寻求自以为是的情与理、理想与现实的和谐与统一，寻求自身生存、繁衍的最高理由和最佳状态。尽管千百年来整个人类围绕"情"、"理"二字，不断上演的无数"正剧"、"悲剧"、"喜剧"、"闹剧"……随着时间的流逝，更多的已被历史的尘埃所湮没，但仍有许多充满情理冲突的、在历史上留下过深刻印记而不能为人忘记的"人生活戏"，被人们以各种艺术形式表现（或再现）出来。电视连续剧《宋庆龄和她的姊妹们》，就是以曾经在中国近、现代历史舞台上，上演过"重头大戏"的宋氏家族的真实生活为题材而创作的一部充满情理冲突的"情理戏"——这部以宋庆龄为主人公，剧情跨度近半个世纪，几乎囊括了宋氏家族对中国近、现代史产生过重大影响的所有事件的人物传记片，真实地再现了宋庆龄与孙中山的忠贞爱情，与父母家庭的儿女亲情，与兄弟姐妹的手足之情，与革命同志的真挚友情，以及她为实现民族独立、国富民强而追求真理、投身革命的人生历程，全面展示了这位非凡的中国女性，在情与理的激烈冲突中所具有的深沉博大、至情至理的内心世界。

时空跨度漫长而广阔的《宋》剧，集中表现了宋庆龄这样一位"极富有感情的伟人"（廖承志语），在面对亲情、爱情和友情这人生三大情，与其所追求的爱国情、民族情相互交织并发生尖锐冲突时所承受的常人难以承受的巨大痛苦，以及她经受住灵魂深处情理搏斗的残酷考验的伟大人格。编导在交代人物所处的时代背景和重大事件时，采用的是挥毫泼墨似的大写意的手法，而在主人公内心情感的表现上，则运用了工笔画细致入微、精心雕琢的技法。这种大与小、粗与细相结合的叙事方式，既有利于展示气势宏大的时代背景，又确保了对宋庆龄丰富的情感世界的细腻刻画，达到了在宏阔背景中突出表达起伏跌宕的人物情感的目的。

在以往的许多"伟人题材"影视作品中，每到描写伟人的爱情时，往往高度"概括"地一带而过，生怕歪曲了伟人的形象。《宋》剧则不然，在表现宋庆龄和孙中山的爱情时，非但没有回避，反而作为"重头戏"进行了既深入又细腻的表现，让主人公高尚的爱情观得以充分的展示。在《宋》剧中，我们看到宋庆龄对孙中山的感情经历了一个敬仰—亲近—爱慕—爱情的过程，这与她从小对理想的执著追求是分不开的。正如庆龄对家人说的那样："从我懂事那天起，父母亲就教育我要为拯救中国而生活，要寻找'中国的林肯'。如今，我找到了，找到了中华民族一位最伟大的英雄，找到了我自幼梦寐以求的理想，为了他，为了我们共同的事业，我决定献出我全部的身心"。庆龄将自己一生的理想与幸福寄托于她所崇拜的孙中山身上，在当时的社会环境下，的确是令人难以理解的：一方面，孙中山是庆龄父亲的好友，不仅过去结过婚，有过生育，而且年龄比她大26岁，在辈分上算是长辈；另一方面，孙中山当时还是一个没有固定职业、没有稳定收入的职业革命家。这样的爱情，遭到上至父母、下至兄弟姊妹的激烈反对是必然的。面对姐姐的劝说、母亲的忧虑和父亲的严厉阻止，庆龄毫不犹豫地选择坚持自己的人生理想，而决不向世俗和偏见低头。在宋庆龄看来，自己与孙中山相爱、结婚决不意味着索取，而是为了和孙中山一道为中国民众的解放而共同奋斗，——宋庆龄就是这样将自己的爱情与理想紧紧地连在了一起。当孙中山在信中劝导庆龄能听听她父母的意见，希望庆龄"再次慎重考虑"时，庆龄回信说："我的生活离开了你的事业就没有意义了……只要我们的爱是真诚的，我们的结合对中国革命有利，我的父母日后是会谅解我们的"。在家庭亲情、世俗偏见与民族利益、革命理想尖锐对峙的时候，宋庆龄总是以其果敢而正确的行动，表现出她伟大的人格和崇高的思想境界。

《宋》剧在表现宋庆龄这位伟人的情感时，不仅没有回避其和常人一样所具有的儿女情长，而且不惜笔墨地将这种情感尽情抒发出来。这样处理的结果，非但没有破坏她的形象，相反使她崇高的人格魅力更加真实可信，更具感染力。

《宋》剧表现宋氏姐妹间手足之情，是从她们在美国读书时开始的。德莫雷斯特山庄的夜晚，三姐妹躺在一张床上，姐姐听着小妹天真的话语，看着她在幸福的回忆中熟睡的样子，庆龄感叹说："要是我们永远也不长大，永远像现在这样挤在一起，在一张床上睡，那该多幸福啊!"由此可见，庆龄对姐妹亲情是多么的眷恋。剧中对庆龄万分珍视的母女亲情，也多次进行表现。其中最为感人的是她在赴苏联考察之前，冒着生命危险约母亲在江边告别的那场戏——缓缓的江流、徐徐的脚步，伴着母女绵绵不尽的贴心话，把庆龄对母亲的歉疚与挂牵和母亲对庆龄的心疼与慈爱展示得淋漓尽致。尤其当依依不舍的母女二人最终不得不分离时，母亲嘱咐她："孩子，去吧，局势平静一点后就回家来啊，要早点儿回来啊!"庆龄则饱含深情地对母亲说："无论我走到哪儿，我会想念你们的……"。戏演到这儿，两位演员的眼里噙满了泪水，为之感动的观众也禁不住潸然泪下。另外，编导在表现庆龄对故土的思念时，也寄寓了她对亲情的思念——在母亲去世后三姐妹告别父母故居时，无比忧伤的庆龄对姐妹们说："进了这幢房子，我似乎又听见了姐妹们从前的欢声笑语，我似乎又回到了童年……保存下来吧，一切都不要更换，和主人仍然活着的时候一样"。正是因为她和她的姊妹们各自走上了不同的人生道路，她对儿时姊妹们在一起的快乐时光愈加怀念——于是，庆龄对这块曾带给她无限快乐的故土倍加珍爱，不论兄弟姊妹是离是合，它都是她心灵深处的一块永恒的净土。

庆龄对亲情和故土的眷恋之情，并没有成为她追求理想、寻求真理的羁绊。相反，她在经历了一场场刻骨铭心的情理搏斗之后，更加坚定了自己终生追求的事业的信心。剧中，庆龄面对弟弟宋子文背叛自己的理想和事业的行为，既气愤又伤心，她痛恨蒋介石的卑劣行径，更为亲爱的弟弟不能坚持自己的信仰原则而深深地惋惜，她对宋子文说："今天，你已经不是一个弟弟前来看望姐姐了，你也不再是孙中山的忠实信徒，你代表蒋介石前来向我劝降。子文，我真为你的软弱感到痛心！"宋子文希望她对时局采取一点"灵活"的态度，庆龄当即指出："屈服强权而求生，这当然也是一种人生哲学，但是，那是可悲的！"此时的她，没有想到自己的亲兄弟会成为蒋介石的"说客"，更没有想到自己的亲妹妹真要嫁给那位代表"权力"的蒋委员长。在真理与谬误的天平上，在正义与邪恶的较量中，在情与理的激烈搏斗中，她为了坚守住自己的信仰，强压住自己那难以平静的情感，将骨肉亲情深深地埋在心底。她让子文转告蒋介石："无论他们对我采取什么样的卑劣手段，我是决不会屈从的！即使在这个世界上只剩下我一个人，我仍然要走我自己的路。"为了与背叛孙中山的蒋介石划清界限，庆龄强忍内心的悲痛，拒绝参加蒋介石与小妹美龄的婚礼，并毅然决然退出了孙中山亲手缔造的国民党。

没有共同的理想，即使是一奶同胞，也会成为陌路人；倘若拥有共同的理想，即便不是亲姊妹，也能胜似亲姊妹。第八集中，在进步人士杨杏佛被蒋介石的特务暗杀后，宋庆龄倡议为他举行一次隆重的追悼会。特务头子戴笠为了阻挠追悼会的举行，秘密地安排了暗杀计划。这时，庆龄面对特务寄来的恐吓信和两颗子弹，没有畏缩，更没有胆怯，而是不顾个人安危，坚决伸张正义。视战友之情比骨肉亲情还要珍贵的庆龄，在匆匆谢别前来劝说的姐妹后，毅然前去参加杨先生的追悼会。她在悼词中说："我们非但没有被压倒，杨杏佛先生为同情自由所付出的代价，反而使我们更坚定地斗争下去，再接再厉，直到我们应达到的目的"。宋庆龄的行为不仅强烈地表现出对革命同志的真挚友情，也鲜明地表现出她爱憎分明的原则立场。

《宋》剧的编导在表现宋庆龄的爱情、亲情和友情时，总是将她的这些"情"与她为之奋斗不息的民族情有机地交织在一起，这样既能使宋庆龄的人物形象立体丰满，又能收到以"情"动人的艺术效果。"西安事变"发生后，宋庆龄没有借此机会落井下石，而是从国家和民族利益出发，积极主张"西安事变"和平解决。她说：只要宋家姊妹们能团结起来，抵御外辱，那么她和蒋介石过去的所有矛盾都是次要的。宋庆龄以她宽阔的胸襟和强烈的民族情感染了她的姊妹们，宋家姊妹们结束了十多年的“分离”，三姐妹终于一同出现在香港的嘉年华会上。宋氏三姐妹的这一行动，极大地鼓舞了全国军民的抗日士气，它预示着中国内战的结束和一个联合抗战的新局面正在形成。在香港，庆龄不惜将孙中山的遗物进行“义卖”，为抗战筹措资金；在重庆，宋家姐妹在日本侵略者飞机的轰炸中，冒着生命危险，通过电台向世界发出深切的呼吁：希望世界上反对战争、爱好和平的人们行动起来，为保卫世界文明而战斗。三姊妹以行动实践了他们的父亲曾说的“不应是中国为宋家而存在，而应是宋家为中国而生存”的郑重誓言。从剧情发展的张力上看，《宋》剧的编导者在把握全剧节奏上是颇具艺术匠心的。编导让庆龄与姊妹们多年的情感纠葛，交织在“团结一致、共同抗日”这一民族精神的宏大主题上，使姐妹间难以调和的矛盾在维护民族利益的前提下获得统一，把宋家姐妹为“情”所牵、为“理”所感的“情理戏”推向了高潮。这样不仅将庆龄和她的姊妹们崇高的民族情怀抒发得酣畅淋漓，达到真切感人的目的，而且缓释了观众的紧张情绪。

二、艺术分析

《宋》剧在探索历史人物传记片的创作方法上无疑是成功的。编剧赵瑞泰通过阅读七百多万字的历史资料，真实、准确地塑造了宋氏姊妹以及二十多位中外历史人物，客观地反映了近半个世纪中国发生的重大历史事件。其中，创作者还展开了恰如其分的想像和虚构，使得全剧人物形象丰富饱满，真实可信，达到了艺术创作中历史真实和艺术真实的统一。《宋》剧应该成为历史人物传记片创作中的一个成功范例。

1. 结构

通常，一部影视剧的结构分为剧作结构和叙事结构。《宋》剧的剧作结构是以主人公宋庆龄的行为活动为主线，以宋家姊妹几十年风雨历程中的合—离—合—离为中轴。这种合与离的结构具体表现在：合——宋家姐妹的学生时代。宋家三姐妹在美国留学时相互间的关心和鼓励，以及德莫雷斯特山庄温馨美好的日子给姐妹们留下了难以忘怀的印象，这都反映出她们融洽和睦的姐妹关系。离——孙中山去世后，随着蒋介石背叛革命，蔼龄考虑到个人利益的得失，完全站在蒋介石的立场上，极力劝说弟弟宋子文与蒋合作。性格软弱的子文在强权下屈服了，他背叛了姐姐庆龄，成为了南京政府的要员。当庆龄只身一人漂泊海外时，妹妹美龄经不住权利的诱惑，最终嫁给了蒋介石。从此，宋家姊妹们第一次分道扬镳了。十多年里，姊妹们近在咫尺，却很难相见。合——“西安事变”后，庆龄为了国家和民族的利益，以博大的胸怀暗中促成了“西安事变”的和平解决，蒋介石被迫与共产党进行第二次合作，形成了全国上下团结抗日的大好局面。这时，宋家三姐妹不仅和睦友好地出现在香港嘉年华会上，振奋了民心，鼓舞了人们的抗战热情，而且在重庆通过广播电台向全世界揭露了日本侵略者的罪行，激励了世界的反战情绪。宋家姊妹们终于团结起来，共同抗日，为保卫国家而奔波劳碌。离——正当全国军民奋起抗战之际，蒋介石公然违背国共两党的合作协议，发动了震惊中外的“皖南事变”。对此，宋庆龄创办的保卫中国同盟发表了一系列文章，谴责蒋介石的分裂罪行。姐姐蔼龄到香港劝说庆龄不要与共产党合作，但遭到庆龄的强烈反对。这时，弟弟子文则通过电台发表了退出保卫中国同盟会的声明，又一次背叛了姐姐庆龄。而此时的美龄正为蒋介石的事业四处奔走。宋家姊妹们再次分离了，这一次成为了他们姊妹间永久的分手。

从《宋》剧的叙事结构上看，导演是用三条叙事线来完成该剧叙事任务的：第一条线是用大量的史料镜头交代各个时期的历史背景，渲染时代气氛，强调历史的现场感，突出该剧的真实性。如孙中山的革命活动、“四·一二”惨案、“马日事变”、“皖南事变”等历史事件的镜头。第二条线是在全剧中起到穿针引线作用的旁白。调动这一叙事手段的原因在于：其一，该剧的时间跨度太长，在近半个世纪的历史中，中国发生过众多的历史事件，而本剧编导只能选择那些与剧中人物有直接联系的重要历史事件，采用旁白的方式就可以跳出众多历史事件顺序的限制，直接交代与剧情相关联的历史事件。其二，由于《宋》剧是一部历史人物传记片，主要以宋庆龄以及与之相关的人物为表现内容，对历史事件的内容只能提及，而不能展开描述，否则就会冗长拖沓、喧宾夺主，削弱人物形象的分量。所以，采用旁白就可以将历史事件的时间、内容及其影响等要素简明扼要地直接加以陈述，使观众一目了然。第三条线是演员表演的剧情，也就是“戏”，这是该剧的主要叙事线。如果说前两条线是解决历史背景的叙事方式的话，那么这一条线的任务就是刻画人物。如在宋庆龄抗婚、第一架军用飞机试飞、庆龄在香港为抗战义卖，以及为了反衬庆龄流亡国外忍受孤独和寂寞的坚强个性而渲染蒋介石和宋美龄结婚的热闹场面等情节中，编导都将主要笔墨用于人物性格的刻画。有时还将笔触深入到人物的内心世界，表现人物的心理活动，如子文到武汉劝降一场戏中，当庆龄发现弟弟已经背叛自己后，姐弟间的那段内心独白，以及庆龄和美龄在大陆解放前夕于父母墓前邂逅，姐妹相见欲言又止，最终竟在沉默中诀别的那场戏，均使观众感受到了人物内心掀起的狂风巨澜，达到了“此时无声胜有声”的艺术效果。

总之，该剧在历史人物传记片叙事结构上所作的可贵探索，在当时应该算是电视剧艺术创作中的一个突破，这无疑是值得肯定的。

2. 演员

《宋》剧的成功，演员阵容的强大是关键因素。三个女主角系由20世纪80年代最具实力的三名优秀女演员李羚、王馥荔和张晓敏担纲。演历史人物的难度在于既要“形”像，更要“神”似。为此，演员不仅要深刻地理解所扮演的人物，同时还要善于捕捉人物从内在性格到外部表现的特征，包括一些动作细节等，最后才能设计出一套完整的表演方案，并体现在镜头前。该剧主人公宋庆龄的扮演者李羚的表演，不仅使宋庆龄这一人物形象得以成功塑造，而且也为中国影视表演艺术宝库提供了很有价值的实践经验。

20世纪80年代开始步入影视表演界的话剧演员李羚，五官长相与宋庆龄较为相似，这些特征为她出演宋庆龄提供了先天条件。曾在多部影片中担任主角，并多次获得过国家级大奖的李羚，在《宋》剧中的表演特色，可以概括为以"静"取胜。这里所说的"静"是相对于过去的一些影视表演中存在的过于夸张或外部动作过多而言，并非是指演员在"入戏"后还"安定不动"，"没有声音"。在这部戏里，李羚在表演宋庆龄感情上的大起大落时，很少以剧烈的外部动作来表现，而是通过平稳而舒缓的一举一动，一颦一笑，将宋庆龄那端庄典雅的气质，平和贤淑的性情，博大深厚的学养，恰如其分地融在一个"静"中展现出来。这种"化动为静，变繁为简"的表演技巧，非有几分功力而难为之。如当庆龄看出弟弟子文背叛自己而投靠蒋介石时，这种复杂的感情实难言表，她用那双噙满泪水的眼睛久久地凝视着弟弟，这其中蕴藏着姐姐对弟弟的怜爱之心和难以诉说的失望、痛苦，以及一位政治家具有的气度——纵有千难万险，都要有必胜的信心；在严峻的情与理搏斗中，理智必须战胜情感，因此，李羚眼中的泪水始终没有流出来。

总之，李羚那充满感情、富于变化、善于传情达意的眼神，在塑造宋庆龄这一极具个性的中国女领袖的过程中，发挥了至关重要的作用，使得剧中主人公宋庆龄的形象成为一个立体饱满、真实感人的典型形象。

3. 道具

一部影视剧如果能使一件外形特征真实可信且富某种象征意义的道具融入进全剧的情节之中，就往往能收到锦上添花的艺术效果。《宋》剧的编导就运用了一支曾在美国"独立战争"中立过"战功"的小号，作为贯穿全剧的一件具有丰富精神内涵的道具，使其在全剧的叙事效果中起到了"四两拨千斤"的作用。

《宋》剧的编导在创作中，调动了"重复"的艺术手段以及虚实结合的表现手法，使宋耀如手中的小号，不仅参与了全剧的叙事，也使它"活"了起来。首先，编导在前三集中采用的是"重复"的手段，三次安排宋耀如演奏小号：第一次是在马车上为两个女儿演奏，第二次是为等待庆龄从日本回来在家中演奏，第三次是庆龄离家出走时又听到了从家中传来的父亲的号声。同一把小号，同一首乐曲，牵动了主人公的万般情思。父亲的三次演奏给庆龄留下深深地印象：第一次是对父亲的敬佩，第二次是感受到父亲的慈爱和家庭的温暖，第三次是对父亲的歉疚。这种道具使用上的"艺术重复"，让人们看到了人物情感发展中渐进积累的过程，无疑起到了深入剖析人物内心世界的作用。其次，从《宋》剧对小号使用的整个过程来看，编导还运用了"虚实结合"的表现手法，使这件物品充满人的情感因素，收到了较好的艺术效果。如前三集中，编导对小号这一道具就采用了“实写”的方法，即这些乐曲全都由宋耀如亲自演奏，这样既让观众看到了小号的演奏者，体现了宋耀如的个人爱好，又通过三次必要的“重复”，加深了观众对这一道具的印象。而在第六集中，庆龄在江边告别母亲，正当母女二人难舍难分时，庆龄说：“真怪？我似乎又听见父亲吹奏的那首乐曲。”母亲会意地说：“是啊，我好像也听见了。”于是，熟悉的号声从远处渐渐传来，伴随着母女依依惜别的镜头。此时，编导对小号这一道具采用的则是“虚写”：一方面表达了女儿对父亲、妻子对丈夫的思念之情，另一方面这号声就像一种无形的力量，给母女两人带来了无穷的勇气和信心。结果，观众随着乐曲的情绪，心灵再一次被震撼。到第七集时，编导对小号又采用了“实写”的方法。即当母亲去世以后，宋家三姐妹向父母的故居告别时，又看见了那把父亲生前吹过的小号。这时的庆龄因与姊妹们的政治立场不同，彼此间早已分道扬镳。此时再一次出现曾经伴随他们成长的小号，无疑在姐妹们难以言表的感情上又添了一笔“伤情”。这种“睹物思情”的艺术匠心是不言而喻的。第十集中，三姐妹在香港宋庆龄的公寓里会面，庆龄请老伯帮助演奏父亲经常演奏的那首乐曲。这时的局势已经发生了转机，自“西安事变”后，国共联合抗日的局面已经形成，宋家三姐妹团结抗战的决心也更加坚定。此时，三姐妹听着老伯演奏的那首熟悉的乐曲，就像听到了父亲深情鼓舞的话语，给了姐妹们战胜困难的勇气和信心；这乐曲“春风化雨”般地温暖了三颗冰冷的心，使她们紧紧地拥抱在一起。此时的小号在观众心中早已不是一个道具、一件物品，而是一种精神、一种灵魂，这种艺术的升华使得全剧有了极强的艺术感染力。尽管小号这个道具是作者虚构的，但编导对它的运用是合理而精当的，是值得学习和借鉴的。

综观《宋》剧的整体构思，有不少创新之处是应该肯定的，鉴于篇幅所限，这里不再一一列举。尽管《宋》剧有些情节的安排还欠合理，某些场次略显拖沓，但终归瑕不掩瑜，总体上是一部成功的作品，为历史人物传记片的创作积累了宝贵的经验。

〔思考题〕

1. 试分析《宋》剧主人公宋庆龄的扮演者李羚的表演特色。

2. 如何理解历史题材影视剧创作中历史真实与艺术真实的关系。

传统道德与电视商业的奇妙结合

——电视连续剧《渴望》读解

阎立峰

1990　50集电视连续剧

北京电视台、北京电视艺术中心录制

策划：陈昌本、郑万隆、王朔、郑晓龙等　编剧：李晓明、王石、郑效农　导演：鲁晓威　主要演员：凯丽（饰刘慧芳）　李雪健（饰宋大成）　黄梅莹（饰王亚茹）　孙松（饰王沪生）　韩影（饰刘母）

本片获第十一届全国电视剧“飞天奖”长篇连续剧一等奖、优秀男配角、优秀音乐；第九届金鹰奖优秀电视连续剧、优秀男主角、优秀女主角、优秀男配角、优秀女配角。

剧情简介：

20世纪60年代中期，王沪生的父亲在运动中被打成反动学术权威，王沪生与其当医生的姐姐王亚茹也受牵连，王家一时陷入困境。王沪生被下放到工厂接受再教育，结识了贤淑、漂亮的姑娘刘慧芳。刘慧芳出于对王沪生处境的同情而接受的王的求婚，同时也拒绝了追求自己多年的宋大成。王亚茹未婚先孕，此时她的未婚夫罗冈却被打成反革命，混乱之中他们刚出生不久的女儿不幸丢失。就在罗冈丢失女儿的同时，刘家也捡到了一个弃婴。慧芳不顾王沪生的反对毅然决定收养这个孩子。“文革”结束，王家又能搬回那座小洋楼了。王亚茹对刘慧芳的工人出身有着深深的偏见，尤其不喜欢慧芳的女儿。昔日恋人肖竹心的出现让王沪生的感情发生变化。和王沪生离婚后，刘慧芳独自一人承担起抚养残疾女儿的责任。历尽艰辛，女儿的身体终于康复，她的生身父母——王亚茹和罗冈——也已找到，谁知就在此时刘慧芳因车祸而致终身残疾。刘慧芳的高尚情操和无私奉献精神教育了王沪生王亚茹等人，生活中的真善美战胜了假丑恶，也给一切善良的人们带来了希望。

一、以传统价值观为导向的劝善歌

《渴望》在中国电视剧发展史上是一部具有里程碑意义的作品。首先，作为一部长篇室内电视连续剧，《渴望》在运用室内剧的制作方式（即室内搭景、多机拍摄、连续表演、现场切换、同期录音，此前蔡晓晴曾于9集电视连续剧《家教》中尝试）上获得了突破。其次，作为中国第一部真正意义上的通俗剧，《渴望》的热播及引发的轰动效应，开启了电视剧商业化之先河。第三，《渴望》的故事结构和人物形象准确地对应了80年代末90年代初的社会心理和政治心理，从而为该剧在民间文化和上层建筑的结合处找到了一片开阔的生存空间。

《渴望》投拍于20世纪80年代末，播放于1990年。20世纪80年代是中国在经济、政治和文化上迅猛变革的时期。市场经济和西化思想一方面带来了物质的丰裕和精神的自由，另一方面，其对中国传统价值理念的冲击也是前所未有的。处于文化转型时期的普通中国人，面对竞争压力、信仰缺失、道德“沦丧”等种种“人心不古”之现象，不免感到困惑、迷茫和无所适从。所以到了1990年前后的改革调整期，整个国家、社会和个人，在心理上都呈现出“渴望”状——渴望有一种精神能填补心灵的空缺，渴望有一种道德能帮助恢复失衡的人际关系；于是向民族传统回归便成为必然选择。儒家礼教特有的对人伦亲情和人际关系的重视，既有利于人心安抚，也有利于社会信仰的重建。

具体到电视剧创作，《渴望》放弃了80年代启蒙主义的精英立场，而自觉向平民价值观倾斜。这表现为，首先在题材上，“启蒙”之类的宏大命题被家长里短之类老百姓自己的故事所替代。《渴望》从北京城里的两个普通家庭讲起，以丢孩子、找孩子、养孩子、还孩子这一事件过程作为情节主线而展开人际关系的纠葛，反映社会变迁和人情冷暖。题材贴近生活，不追求什么大背景、大角度，也没有玩理念、玩哲学、玩深沉。全剧追求一种生活化的艺术风格，叙事平实，人物形象质朴生动，以至于所有观众，几乎都可以从戏里找到自己的影子，在亲人、朋友、邻居、同事中间找到剧中人的影子。其次，该剧所依据的文化观也不再是80年代流行的个性解放、思想自由之类，转而倡导传统的“仁、忍、爱”，呼唤“世道人心”与温柔敦厚的人际关系。剧作者有意识使刘慧芳成为一个传统伦理道德的典型，因而在她身上集中了能够被国人想像得到的一切善良品格——慈母、贤妻、克己、牺牲、忍耐、操守等。王沪生、王亚茹所显露出来的自私、寡恩、庸俗等负面品格，则不仅使他们成为刘慧芳的对立面，更成为传统美德的对立面而受到鞭挞。第三，通俗化、大众化、娱乐化是剧作者自觉的追求目标。80年代的诸多电视剧或多或少都有排斥通俗和无视观众正当之娱乐需求的倾向，高高在上的教化姿态和孤芳自赏的创作心理难免与观众的接受相背离，而将电视剧市场拱手让给港台及海外的一些影视作品。《渴望》一剧成功之处在于，当90年代初期观众心理正“渴望”情感的浇灌之时，它便围绕这个“情”——亲情、人情、爱情——大做文章；当市场经济之“冷酷”一面逐渐显露，民众不安全感顿生之时，它便塑造出刘慧芳、宋大成这样的道德楷模来满足受众精神寄托之需要。由于准确地把握住了受众的这种审美心理并尽力迎合，致使《渴望》虽有

“滥情”之嫌却未显庸俗，虽是以道德教化为目的却仍能被绝大部分观众所欣然接受。最后，《渴望》一剧的文化意义用布里恩·汉德森的话来解释就是：“重要的是讲述神话的年代，而不是神话所讲述的年代。”

二、艺术分析

然而时代背景和观众的审美欣赏心理只是《渴望》一剧成功的社会学前提，换言之,无论是通俗性和娱乐性,还是劝善的道德主题,都必须借助于电视剧的故事情节和人物形象才能得以实现。以下我们将关注点转到《渴望》的文本本身,着重分析其情节编排的技巧,以及这一室内剧的创作模式对中国电视剧发展的影响。

1.《渴望》与室内剧艺术特征

室内剧实质上属“电视话剧”，套用句俗语就是：找间屋子，找个角落儿，把要说的话说完就是了。话虽调侃，但说明，首先，室内剧以室内场景为主，外景至多只是过场戏。外景的取消，限制了题材的范围，一些具有较强外部动作的故事和人物形象显然就不适合用室内剧来表现；室内剧便于也适于表现有关家庭、伦理、道德方面的题材，即所谓“家长里短”、“世道人心”，以在有限的场景和时空内展开生动曲折的故事。另外，室内剧逼近人物、精雕细刻，更加容易把观众带入人物的感情和命运之中。其二，室内剧的场景比较集中。《渴望》一剧的主要场景不过有：刘家、王家、宋大成家、沪生和慧芳住的小平房、医院的办公室、工厂办公室以及小胡同。绝大部分戏剧动作和戏剧冲突都发生在有限的几个场景中。空间的有限，意味着取消了从容叙事的自由，很多的情节，只能在暗场进行，然后通过明场中的人物对话再行交代。第三，据统计，每一集 40 分钟室内剧的剧本要比一般电视剧的剧本多写 5000 字，也就是说剧中人物每分钟大约要讲 100 来个字。语言密度大的原因在于室内剧视觉的有限性和听觉的无限性，即，与剧情有关的信息几乎全靠人物的语言（包括对白、独白）来传达，语言成为室内剧展示情节、推动冲突的主要艺术手段。如《渴望》中王沪生给刘慧芳的求爱信、肖竹心写给王沪生的告别信、罗冈写给王亚茹的绝交信等等，都是用画外音处理，观众听到的是一篇篇文辞优美、感情真挚的“美文”。第四，有限的室内场景，比舞台更狭小的电视屏幕，加上大量的对白，使得室内电视连续剧对演员的要求很高，可以说室内剧的审美愉悦很大程度上来自演员的表演。《渴望》一剧里演员所进行的是一种如话剧般的连贯流畅的表演，同时由于摄像机对于逼真性的要求，这种表演又不能带有剧场演出时的夸张与放大，而必须呈现生活化的自然状态。此外还因为是多机拍摄、当场切换，有时演员的哪个部位进入镜头，成为特写，连他自己都不知道，所以太“温”或太“火”都不行。最后，从拍摄和剪辑的角度看，《渴望》多采用两极镜头与零度剪辑手法。所谓两极镜头是指整体性的全景、中景镜头与局部的近景、特写相交叉；前者用以交代场景、环境及人物的空间关系，后者突出人物表情，起到揭示心理或者抒情的作用。零度剪辑就是叙事性的剪辑，镜头主要用来追踪和还原戏剧行动，展现故事的发展流程，实际操作中采取俗话所说的“谁有戏就把镜头给谁”的手法。

2. 唯情节化与扁平人物

当《渴望》所引发的“热潮”沉寂之后，该剧“为情节而情节”的倾向，以及剧中类型化的人物形象常遭人诟病。站在纯文学的角度，这些的确都是“硬伤”。但问题是，对于如《渴望》这类室内情节剧而言，传奇性的曲折情节以及具有伦理特征的、简单化的人物，恰恰是其审美性和娱乐性之所在。毕竟，刻画具有性格深度和丰富心理内涵的人物超出了通俗剧的艺术能力，另外，也跟其大众化的娱乐宗旨相悖。

《渴望》的情节构思特征一言以蔽之：极端重视情节的曲折和悬念的迭出，讲究用情节抓人。《渴望》一剧的戏剧冲突来自于人和人之间的外在矛盾，而非人物性格的内在矛盾。从人物关系的角度看，《渴望》有一个基本的情节骨架或者叫基本的动作线，这就是小芳的丢失和回归，也因此小芳的身世成为推动全剧情节进展的最大悬念。小芳的这根动作线又导致了若干人物关系上的矛盾和悬念，如刘慧芳和王沪生的婚姻因为小芳的存在而破裂；罗冈与王亚茹的感情因为孩子找寻不到而迟迟不能“破镜重圆”；小芳的亲生母亲王亚茹因为看不惯刘慧芳用全部精力抚养一个捡来的孩子，而一手造成王、刘夫妻关系的破裂等。《渴望》的情节发展过程，就是上述冲突从激化到解决的过程，也是上述悬念从设置到大白的过程。

除了贯穿情节之外，《渴望》的编导们利用节外生枝的办法，设计了许多辅助情节。这些辅助情节其实是或者确有或者并不存在的多角情感关系。如王沪生、肖竹心、刘慧芳算一组，刘慧芳、宋大成、徐月娟算一组，刘慧芳、宋大成、王沪生算一组，罗冈、刘慧芳、王亚茹算一组，罗冈、刘燕、刘慧芳算一组。诸多情感纠葛散布于长达 50 集故事之中，使得几乎每集都能在开头制造冲突，结尾留下悬念，可谓吊足了观众的“胃口”。

下面具体看《渴望》的主、辅情节都是如何向前推进并导致结局的。首先，巧合、误会等偶然因素是剧情之“结”（矛盾冲突）形成的前提。比如王亚茹意外地遗失了孩子，可这孩子偏偏辗转落入弟媳妇手中；这一全剧的核心情节就直接建立在巧合之上。小芳掉进深沟，不幸残疾，还是因为偶然。三角矛盾尤其多由误会引起，如王沪生猜忌大成和慧芳的关系而与大成吵闹，猜忌罗冈和慧芳关系暧昧又到刘家吵闹；慧芳和大成的正当往来却被月娟误会并施以辱骂，导致慧芳精神恍惚惨遭车祸。剧中关键的突转和发现以及新的矛盾的出现，常常也是因为当事人之间的巧遇，刘家门外的小胡同就是发生这些巧遇的固定地点。还如王沪生和他的初恋情人肖竹心单独相处时总能被慧芳撞上，小芳身世的得以澄清，是由于当年包裹她的那条小被子给罗冈偶然看到。其次，《渴望》的编者利用延宕的手法尽量拉长冲突和悬念的解决过程。全剧最大的“结”就是小芳的身世，此“结”一解，不仅罗冈、王亚茹能重归于好，更重要的是慧芳与王氏姐弟之间的善恶对立终可得到“昭彰”。然而当观众已从全知视角获悉小芳身世的真相后，剧中罗冈的犹豫及这样那样的原因，使此戏剧之“解”千呼万唤总难出来。与延宕手法相伴的是穿插一些次要情节，于是观众在对结局的期待中，又看到了罗冈的故事、国强找工作的故事、小燕的故事、刘母大闹王宅、东东丢失等等。（有些故事纯粹是因演员而设戏，这一点下面还要谈到）延宕与穿插的好处，是使故事情节更加曲折，能充分满足观众“听”故事的娱乐心理，但如果分寸把握不当，人为拖沓的痕迹过于明显的话，也会起负面作用。

《渴望》刚构思时所有人物都用代号，如刘慧芳叫“东方女性”，王亚茹叫“恶大姑子”，王沪生是“酸酸的知识分子”，宋大成叫“默默的追求者”。对刘慧芳性格设计的原则是：“让好人好到家，又倒霉到家”。❶ 由观念出发构思人物，致使无论刘慧芳、宋大成，还是王沪生、王亚茹，在性格上都是类型化的、单面的，用英国人福斯特的话讲，皆属“扁平人物”。我们晓得，情节大于性格是情节剧的一般规律，在这个意义上，人物呈现扁平状并不是什么坏事。扁平人物除了具有福斯特所说的“容易记忆”和“容易辨认”等优点外，更重要的，他能严格遵照作者的意图行事，有力地推动情节发展。所以问题不在于是圆形还是扁平，而在于是好的扁平人物还是坏的扁平人物。好的扁平人物，虽然只有单一的性格，但他的全部行动都是以此性格为依据的，因而也就是合情合理的。以刘慧芳为例，剧作者希望她体现出忍辱负重、顾全大局、善解人意等传统女性的美德，就给她设计出符合这种美德的一系列行动，而行动似乎也是她所具有的品德的必然结果。性格与行动相和谐，加之慧芳的美德实质上代表了当时亿万中国人的心声和愿望，这一切，便使得类型化人物刘慧芳（包括宋大成），却有较高的审美价值。相反，坏的扁平人物的问题不在于类型化，而在于创作者也想使其性格有所变化，但这种变化缺乏逻辑根据，往往显得随意而突然，给人感觉，性格完全因故事的需要而变化，由情节牵着人物走。王亚茹就是这样一个角色。在剧中，王亚茹作为刘慧芳的对立面，起着激发戏剧冲突、推动情节进展的重要作用。她拒慧芳母女于门外，拆散慧芳和沪生的婚姻，都是全剧的核心事件。然而仔细想来，编者并没有为她这些行为提供足以服人的理由。《渴望》在开始时似乎是想用女儿丢失、爱人入狱等不幸来为王亚茹的偏执和不可理喻作些铺垫，结果仍然是不成功的。最终在观众的印象里，王亚茹（某种程度上也包括王沪生）完全是为了引发矛盾而人为设计出的一个“麻烦制造者”。剧情需要刘慧芳受难和“倒霉到家”，王亚茹便被挑选出来充当这个“可恶”的施难者。

---

❶ 《〈渴望〉策划人谈〈渴望〉》，《北京青年报》，1990-11-30。

3.“戏”在细部

如果说《渴望》一剧在情节叙事和人物性格上确有可指责之处的话，那么细部的真实以及由此产生的审美愉悦，则对原剧情起到了至关重要的修饰作用。编剧李晓明也承认：“《渴望》这个故事如果写成电影，拷贝可能是零。它像茶叶，只有泡在水里，才能润出滋味。这水就是剧本中大量的、尽可能逼真的生活细节。”❶ 其实远不仅限于剧本。概括起来，《渴望》的细部包括环境、人物言行和小冲突三类。环境如逼真的场景设计：那春夏秋冬的不同景观，那20年间不断变化的室内陈设、穿戴用具、环境音响，无不体现着真实的京城风情和历史的沧桑变革。人物言行指日常的生活行为——做家务、洗衣、做饭，乃至调侃、拌嘴、抬杠、吵架等等（第二十四集刘母使劲敲打冻住的水龙头一场让人印象深刻）。由于这些行为与特定的文化背景（北京地区）和特定的历史背景（那是一个物质匮乏却精神狂热的时期）紧密联系，因此当被再现于荧屏之上时，便必然会触及一个民族的集体记忆，从而使受众对有关的场景产生相当大的情感投入。有趣的是，该审美性几乎为刘家小院所独有，王家小洋楼的生活则因为超出一般民众的情感记忆范围，有时难免显得虚假和做作。《渴望》的人物语言尤其令人称道。一方面是地道的京味（如“甭”、“猫腻”、“念秧儿”），一方面是质朴生动的大众口语（如刘母：“您瞧这孩子，这脸跟门帘子似的，说耷拉就耷拉。”“放你姥姥的狗臭屁”），在帮助弥补情节结构上的疏漏，增强剧情的真实性和感染力方面居功至伟。

小冲突就是前文所讲的穿插性的小故事。它对于整体情节的向前推进一般不起直接作用，编者似乎仅仅满足于制造一个局部的冲突和悬念来娱乐观众。第三十二集刘母大闹王家、第四十六集王沪生大闹刘家，口舌之争中，既有语言的快感（刘母骂王沪生：“你今儿个粗什么，跟谁抖机灵。”），还有情感的快感（刘母痛斥王家姐弟），及正义得到伸张的快感（王父语重心长教育子女）。当然最大的快感是来自演员的表演。可以说，上述穿插故事其实就是编导专门为个别演员量身定制。特别到了20集以后，基本情节上的牵强疏漏之处多多，此时愈发显示出演技这一全剧的又一细部的“化腐朽为神奇”的重要作用。《渴望》剧组最终能一举囊括金鹰奖的全部演员奖项，正说明当年的电视观众对于这拨演员及他们的表演风格的认可程度。

〔思考题〕

1. 试从社会文化心理的角度分析20世纪90年代初期《渴望》一剧“热”遍中国的深层原因。

2. 简述《渴望》对于中国通俗题材电视连续剧叙事模式的影响。

---

❶ 星华：《〈渴望〉之谜》，37页，北京，新华出版社，1991。

从小说到电视剧

——电视连续剧《围城》读解

阎立峰

1990　10集电视连续剧

上海电影制片厂影视艺术部、中央电视台、上海文化发展基金会、厦门音像出版社录制

原著：钱钟书　编剧：孙雄飞、屠传德、黄蜀芹　导演：黄蜀芹　主要演员：陈道明（饰方鸿渐）　吕丽萍（饰孙柔嘉）　李媛媛（饰苏文纨）　史兰芽（饰唐晓芙）　英达（饰赵辛楣）　葛优（饰李梅亭）

本片获得第十一届全国电视剧"飞天奖"长篇电视连续剧二等奖、优秀导演、优秀男主角；第九届金鹰奖优秀电视连续剧。

剧情简介：

《围城》描绘的是抗战时期中上层知识分子的众生相。心肠软、意志弱、略有才学却不能干的方鸿渐在欧洲留学数年，一事无成，于回国前夕，才花钱买了一个子虚乌有的美国"克莱登大学"的博士文凭。此后，方鸿渐分别与鲍小姐、苏文纨、唐晓芙、孙柔嘉产生感情纠葛。方鸿渐对于有着女才子的矜持与娇情的苏文纨敬而远之，却喜欢苏的表妹唐晓芙。恼怒的苏文纨以方鸿渐回国途中跟鲍小姐偷情之事相挑拨，离散了方、唐二人。失恋后的方鸿渐接受了远在湖南乡下的三闾大学的教职聘请，与追求苏文纨而不得的赵辛楣同往，赴校途中又认识了将任中文系主任实为学术骗子的李梅亭和只知拍马的历史系副教授顾尔谦，邂逅了相貌平平却内心精明的女助教孙柔嘉。三闾大学学场赛官场，人事倾轧，相互勾心斗角。方鸿渐在孙柔嘉的精心策划下步步"上套"，浑浑噩噩中与孙订了婚。结婚后的方氏夫妇回到上海，琐碎的日常生计、矛盾、争吵使婚姻的"围城"之相尽露。方、孙两人的婚姻似乎也到了尽头。

一、人生如城与城如人生

1989年9月，正着手将小说《围城》搬上电视屏幕的导演黄蜀芹和编剧孙雄飞专程从上海来北京拜会《围城》的作者、著名学者钱钟书。在谈到《围城》的

主题内涵时，钱夫人杨绛女士特意写下了一段话，要求以字幕方式用在片头。这段话是：

围在城里的想逃出来，
城外的人想冲进去。
对婚姻也罢，职业也罢，
人生的愿望大都如此。

这段提纲挈领的点睛之语后来果真被电视剧的编导们设计到片头里面，同时配上了戏谑揶揄的画外音念白，从而构建起笼罩整部作品的总体意象。

如果说对知识分子群体生存状况的刻意描绘是小说《围城》和电视剧《围城》之最显然层面的内容的话，那么《围城》的深层意蕴则“包涵对人生的讽刺和感伤”（引自小说《围城》的结尾一句）。首先，作品中没有一个英雄，所有的人均是盲目的寻梦者，无奈、孤独，彼此之间又无法沟通。其次，方鸿渐等人不断渴求冲出“围城”，而每一次的走出“围城”又等于落入另一座人生的“围城”中。有论者即指出：“《围城》的这个层面，是与西方现代主义文学中普遍存在的人类困境的感受与精神的孤独感相联系的，整个是一反讽。”❶ 只是如此深邃的哲理思索，繁复生动的象征意象，加之为钱钟书所特有的对人物隐秘心理的精细描绘以及妙趣横生的讽刺、比喻等等，要把这些用电视剧的艺术形式表达出来，难度之大可想而知。因此对于电视剧编导者来说，小说《围城》就先是一座难以冲进的“艺术之城”。

有必要再介绍一下电视剧《围城》的改编拍摄背景。钱钟书的《围城》写就于1946年，1949年前曾多次出版，此后尘封三十余年，直到1980年才由人民文学出版社在大陆再版。《围城》被长期排除于新中国文学史之外不是偶然的，早在该书初版之时，其与“革命”、与“抗战”无关的体裁内容即遭到左翼文艺工作者的批评。但《围城》却受到海外的研究中国文学的学者如夏志清等人的青睐。20世纪80年代随着文化风气的改变，夏志清对《围城》之充分肯定的观点也传回到中国大陆，并引发了“钱钟书热”和“《围城》热”。此时上海的艺术家如电影导演黄蜀芹等人萌生了将这部以30年代上海为故事背景的小说搬上电视荧屏的想法，并得到钱氏夫妇的慨然允诺。黄蜀芹的父亲是著名戏剧家黄佐临，黄佐临也有留学英国的经历，并且钱夫人杨绛创作的第一部喜剧就是被黄佐临导演接受后才得以上演的。以上种种，都是促成电视剧《围城》最终诞生的前提条件。

---

❶ 钱理群等：《中国现代文学三十年》，503页，北京，北京大学出版社，1998。

二、艺术赏析

1. 改编——诗到画的难题

美国艺术理论家布洛克曾断言："不可能把某种媒介或语言表达的概念转化或翻译成另外一种媒介或语言。因为形式和内容是不可分割的，当你改变了表现的形式时（如从绘画形式转变成语言形式），内容也随之改变了。从这意义上说，艺术品是不可翻译的。"❶ 以此语证之于小说《围城》，似乎更有道理。

首先，众所周知小说《围城》的极大魅力来自作家独特的语言风格。书中细腻生动的心理描写以及妙语连珠、富有哲理的比喻都是以文字为媒介的，要把这些精彩文字转化为形象的确相当困难。问题尚不止此。那些无处不在的讽刺、比喻和心理描写都是直接用来写人的，在服务于人物性格的刻画方面，它们所起的作用，丝毫不逊色于人物的动作和对话。比如小说对苏文纨的描写：

> 苏小姐理想的自己是"艳如桃李、冷若冰霜"，让方鸿渐卑逊地仰慕而后屈服地求爱。谁知道气候虽然每天华氏一百度左右，这种又甜又冷的冰淇淋作风全行不通。

作者借助这么一段讽刺比喻兼有的描述性语言，就写活了苏文纨矜持的"女才子"状。但倘若想依据这段语言而设计一个戏剧性的场面，并让演员来表演，显然不可能。即使勉强为之，其对苏文纨性格的揭示效果也远不能与作者的上述精彩概括相比。还如小说写到方鸿渐一行在往三间大学的路上要过一座藤条扎的没有栏杆的长桥，胆小的方鸿渐跟在孙柔嘉后面才勉强过去。到对岸后，小说里描写的情景是这样：

> 辛楣笑说："孙小姐，是你在前面领着他？还是他在后面照顾你？"鸿渐恍然明白，人家未必看出自己的懦怯无用，跟在孙小姐后面可以有两种解释，忙抢说："是孙小姐领我过桥的。"这对孙小姐是老实话，不好辩驳，而旁人听来，只觉得鸿渐在客气。鸿渐的虚荣心支使他把真话来掩饰事实；孙小姐似乎看穿他的用心，只笑笑，不说什么。

电视剧里也有这场过河戏（只是变成了踩石头过河），但效果如何呢？用童道明先生的话说："'孙小姐'在屏幕上可以做到'只是笑笑，不说什么'，但'似乎看穿他的用心'就难以表现了。观众也看不出来'鸿渐'是在'把真话来掩饰事实'，而且这一切还是受'虚荣心的支使'。这样的屏幕展现不能'达标'，我想

❶ H. G. 布洛克：《现代艺术哲学》，滕守尧译，143页，成都，四川人民出版社，1998。

也怨不得电视剧的编、导、演的。如此复杂、细微而又有确定指向的心理状态，很难完满地赋予屏幕的视觉形象。”❶

其次，《围城》从小说到电视剧的困难之处还在于，编导们出于对原著经典性的敬意而要求高度忠实于原著。

按说，当艺术媒介发生转换后，原作品的一部分内容信息会失去，为了弥补损失，强化剩余的内容信息就是必然。具体到电视剧《围城》，与原小说相比，其失去的是人物的心理活动状况和作者以叙述人口吻对人物性格行为所作的展示与评述。比如小说中有这么一个情节，说的是方鸿渐写了一封拒绝信给苏文纨，正沉醉在爱的遐想中的苏文纨收到信后并没有立即拆开，而是打电话给方鸿渐：

> 苏小姐声音很柔软："鸿渐么？我刚收到你的信，还没有拆呢。信里讲些什么？是好话我就看，不是好话我就不看；留着当了你面拆开来羞你。"
>
> 鸿渐吓得头颅几乎下缩齐肩，眉毛上升如发，知道苏小姐误会这是求婚的信，还要撒娇加些波折，忙说："请你快看这信，我求你。"……

小说中的这个打电话场面电视剧全盘搬用——毕竟表现戏剧性的对话是电视剧所长；但钱钟书对于方鸿渐受惊吓的夸张描绘却是无论如何不能原封不动地由演员表演出来——否则就太漫画化。然而作者的这个夸张描绘对于揭示方鸿渐的软弱个性却又很重要，失去了它，电视剧《围城》就得重新设计一些有助于展示方鸿渐软弱性格的动作和对话，来弥补所失掉的信息；必要时甚至可以更改或添加一些小的情节，只要目的是为了准确、全面地传达出原著的艺术精神。可正如前面所说，电视剧《围城》的编导对于原著的敬意阻碍了他们在基于电视剧创作规律之上的自由发挥。于是，高度忠实于原著跟新的艺术媒介、艺术手段的矛盾，便成为电视剧改编的又一个难点。

2. "戴着镣铐跳舞"与小说的电视化

然而无论小说还是电视剧，情节和故事毕竟是第一位的，而且人物故事在语言文字和视觉形象之间是可以通约的。由此意义上讲，小说《围城》中的人物故事才是电视剧创作者关注的焦点。好在《围城》并非是一部纯心理描写的小说，其基本情节具有改编成为电视剧之戏剧结构的良好基础。小说《围城》在结构方式上采用中国传统小说的手法，以方鸿渐的人生旅途为贯穿线索，顺序铺排故事，类似于《西游记》或《弃儿汤姆·琼斯的历史》。电视剧把小说的九章改为十集，每两集一个单元，共五个单元。这五个单元几乎囊括了小说所描写到的一

---

❶ 童道明：《谈〈围城〉的电视剧改编》，解玉璋主编：《围城内外》，135页，北京，世界知识出版社，1991。

切有意义的人和事，导致电视剧《围城》里面有名有姓的人物就有70余个。电视剧编导们对原著情节的忠实程度和充分利用程度可见一斑。由于在情节方面电视剧几乎没有遗漏，读过小说再看电视剧的观众便自然有了后者忠于前者的印象。

基本的戏剧结构有原小说的情节故事作依托，这个问题好解决，但如前所述，承担着揭示全书哲理和制造艺术效果之重任的叙述人的声音及其叙述内容（心理描写、夹叙夹议的比喻和讽刺）又怎么办？遗漏掉叙述人全知全能的声音，肯定会使电视剧《围城》的艺术感染力大打折扣。他们想出的补偿策略有二。一是通过延伸戏中人物的对话，将小说中的妙语和警句尽量自然地化用进去。如小说开头叙述人评点穿着暴露的鲍小姐："有人叫她'熟食铺子'，因为只有熟食店会把那许多颜色暖热的肉公开陈列；又有人叫她'真理'，因为据说'真理是赤裸裸的'。鲍小姐并未一丝不挂，所以他们修正为'局部的真理'。"在电视剧第一集，编导特意设计了三个留学生背后调侃的场景，才将这番机智的"恶嘲"保留下来。其二，也是最有创意之处，即运用"旁白"，使事件展现与画外音叙述相结合。电视剧从小说中选取和改写了共约四十个旁白，分布在每集的首尾及重要的段落之中。电视剧剧情是从回国的轮船上开始的，但此前方鸿渐的克莱登大学假文凭之事却不是用几句人物对话就能交代清楚。编导于是以回溯的方式插入了方鸿渐与爱尔兰人做文凭交易的几个镜头，并配以画外音的解说。解说词中当然包括"这事也许是中国自有外交或订商约以来唯一的胜利"这样的辛辣之语。尤其值得称道的是电视剧第八集对于高松年的旁白处理。高松年唆使汪处厚盘问赵辛楣与汪太太之间"有什么关系"，汪太太回敬高松年道："高校长，你又何必来助兴呢？吃醋也没有你的份儿呀。咱们今天索性打开天窗说亮话，嗯？高先生，好不好？"伴随着高松年尴尬难堪的表情，编导将原小说其他场合的一段议论用作此时的画外音："事实上，一个人的缺点正像猴子的尾巴，猴子蹲在地面的时候，尾巴是看不见的，直到他向树上爬，就把后部供大众瞻仰，可是这红臀长尾巴本来就有，并非地位爬高了的新标识。"这番话既讽刺了高松年，又讽刺了"某一部分社会，某一类人物"。总之画外音的使用，使观众增强了对人物性格和情节寓意的理解。虽是以电视之短攻小说之长时的不得已之举，但用得巧妙，用得适度，在中国电视剧的发展史上，算是有创新意义的。

电视剧的优势是直观的、不需要文字来中介的视听形象。电视剧《围城》的一个突出成就，是把小说中用文字描绘的故事环境复原成为具有较强历史真实感的视觉场面。《围城》编导原来的想法是电影、电视同时拍，后来虽因资金问题使拍电影的计划搁浅，但他们仍把十集电视剧当作五部场景不同的电影来拍。剧中的上海沙龙，旅途中的小旅馆，方鸿渐回家乡做报告大谈梅毒的小学，纽约、柏林等景点，都是在上海的景点实拍的。逃难那场戏据说动用了800多群众演员，却仍能达到较高的细节真实。《围城》剧组还放弃了当时通行的电视拍摄用大平光的做法，严格按照电影的拍摄要求布光，追求环境背景的立体感和厚度。戏要成功，时代感一定要对头。化妆、服装、道具等部门逼真地重现出30年代大上海的社会风貌，从而为演员的表演，也为观众的欣赏创造了一个可信度极高的规定情境。

电视剧《围城》的创新之处，还在于用富有象征涵义的视觉意象来置换原小说中由叙述人的比喻所营造出的文字意象。小说《围城》里有一个穿插情节，讲的是方鸿渐和孙柔嘉夜晚做了相同的一个梦，次日清晨去旅馆边的坟地寻梦，坟地里一个屋身烧掉后的破门框子引发了方鸿渐内心对于三间大学之行的揣测。这段情节的象征意味很浓，它实际上是对全书的主题——人的命运不可知——的阐释。经过电视剧编导们的镜头语言处理，现在展现在荧屏上的场景是这样：幽暗的旅馆里，方鸿渐与孙柔嘉的谈话声渐息，节奏短促并夹杂着怪异之声的画外音乐响起；在持续的音乐声中，画面由黑转亮，镜头切换为缕缕雾霭笼罩下的清晨小树林，音乐的连续与画面的分切，使观众突生一种不知人间天上的紧张感；全景的摇镜头从树林间扫过，方、孙两人从后景走到前景，谈话，神秘的音乐还在响着；赵辛楣喊他们回去；镜头俯拍两排房屋之间的狭窄通道，以及矗立在通道上的破门框；三人走过门框；方鸿渐回望门框的半身特写，旁白："……也许这个破门框倒是好象征，像个进口，背后藏着深宫大厦，原来什么也没有。就是到了学校，又会怎么样呢?"随着旁白念到"门框"，镜头反打门框及其深处；接着机位后移，给出方鸿渐回望门框的全景镜头；方鸿渐出画，只有孤零零的门框，承受着旁白的"数落"。此处电视剧视觉意象的构建既深得原小说的神韵精髓，给予观众的印象又远大于小说中的文字描写。类似的还有方家祖传的那台总会走慢的"老钟"。对于这一象征物，编导数次使其成为剧中人谈论和关注的对象，并让孙柔嘉嗔怪方鸿渐时也讲："你呀，就是那只钟变出的妖精!"这些都为象征意义的最终揭示作铺垫和准备。剧终一场，已是深夜，又饥又寒、脆弱伤感的方鸿渐彳亍在昏暗冷清的街道上；镜头切换到方家屋内，"老钟"下午六点的报时声此刻响起；在"当、当、当"的声音中，画面依次是指针落在"六"上的钟表、方孙两人甜蜜的结婚照、打架摔坏的物品，最后又切回全景的街道，并定格。这一组镜头，既是对小说结尾处叙述人的话语（"这个时间落伍的计时机无意中包含对人生的讽刺和感伤，深于一切语言、一切啼笑"）的电视化再创造，也为全剧哲理内涵的展示起到了一定作用。此外，第三集方鸿渐和苏文纨告别后一个仰拍的大黑门特写，是以同样的手法，暗示了苏文纨在与方鸿渐爱情关系上的一厢情愿。

3. 媒介转换中的遗珠之憾

德国人本雅明在他著名的《机械复制时代的艺术》一文中指出，机械复制艺术（如摄影、电影）与传统艺术的区别在于前者不具有后者的“韵味”（Aura）。小说文本的《围城》属于传统艺术无疑，那么作为“机械复制艺术”的电视剧《围城》，在提供给观众视听愉悦的同时却丧失掉原著的部分文学“韵味”也是情理之中的事情——尽管电视剧的编导们已经充分发挥了他们的聪明才智从而使原著的“韵味”得到了最大程度的保留。

具体而言，电视剧《围城》与原小说比较，其不足之处有以下两点。首先，电视剧《围城》仅仅继承和消化了原小说的情节层面的东西——人和事，其他如作品意境、人物心理以及幽默讽刺比喻等纯文学性的东西则显然难以被电视艺术所消化。其次，按照温儒敏先生的观点，《围城》的丰厚意蕴有三，分别为生活描写层面、文化反思层面和哲理思索层面。现在看起来，电视剧《围城》在生活描写层面做得最好，文化反思层面就力有不逮，而哲理思索上较差。究其原因，非编导们不为也，实乃因为小说与电视剧之间艺术规律不同而不能也。结果，某种意义上电视剧《围城》似乎只是小说《围城》的一个情节故事版本，有时甚至连人物性格的复杂性也难以充分显现——因为原小说对人物性格的刻画基本上靠静态叙述，而不是靠人物的外部动作。

如今将文学名著改编为影视作品渐成热潮，于是便有人出来解释说因为我们遭遇到一个“视觉艺术”的时代。说“视觉艺术”没错，但如果以“视觉艺术”作为“快餐”式作品的遁词的话，电视剧《围城》要么不是“视觉艺术”，要么就是“视觉艺术”中少有的精品。因为别的不说，单单黄蜀芹等人的严肃认真的创作态度，就值得众多名著改编者们好好效仿。同理，在这一意义上，我站在原著角度说什么“遗珠”，就近乎是对电视剧《围城》的苛求了。

〔思考题〕

1. 结合自己阅读小说《围城》的体验，谈谈电视剧《围城》给予你的审美感受有何不同。

2. 你如何理解本雅明所说的“韵味”（Aura），《围城》从小说到电视剧这一过程中有没有“韵味”失去的情况出现。

投入地笑一次

——电视系列剧《编辑部的故事》读解

沈　鲁

1991　25集电视系列剧

北京电视艺术中心录制

编剧：王朔、冯小刚等　导演：赵宝刚、金炎　主要演员：葛优（饰李冬宝）　吕丽萍（饰戈玲）　侯耀华（饰余德利）　童正维（饰牛大姐）　张瞳（饰刘书友）　吕齐（饰陈主编）

本片获第十二届全国电视剧“飞天奖”长篇电视连续剧二等奖、优秀剪辑、优秀音响、优秀女主角；第十届金鹰奖优秀电视连续剧、优秀男主角。

剧情简介：

该剧描写一个叫《人间指南》的杂志编辑部里，六个性格各异却都善解人意、热心助人的编辑之间的交流与碰撞，讲述他们在日常生活与工作中发生的那些形形色色的人生故事。这些故事独立成章，构成一组系列，涉及社会生活的方方面面：为城里人找保姆、托人情发稿子、替大龄青年找对象、公款吃喝、交通协管、家庭纠纷、情感困惑、传播小道消息、减肥、争当主编、为灾区人民捐款捐物等等。故事情节简明流畅，人物语言诙谐幽默，使人捧腹更发人深省。

一、文化读解

1. 文化背景

20世纪90年代以来，由于大众文化在中国的迅猛发展和急速膨胀，世俗化、平民化、娱乐化逐渐成为当代文艺的几个关键词。人们对于平民大众世俗的生活、情感、梦想的兴趣超过了以往对于各类“宏大叙事”的兴趣，为社会大众提供精神上的感性愉悦和心灵上的情感抚慰成为新的文艺潮流。而电视剧更是这股大众文化潮流中最吸引大众视线，最受大众推崇的文艺样式。

大众文化视野中的电视剧，其特点和优势往往就在“通俗”二字。应时而生的《编辑部的故事》是一个典型的大众通俗文化文本。《人间指南》杂志编辑部里的六位编辑作为精英文化的主体——知识分子的代表，却不再具有“人间指南”的启蒙地位，而是作为平民大众阶层的普通一分子走入观众的视线。在第一集《谁主沉浮》里，开篇就点明了这样一个不能回避的现实：《人间指南》杂志陷入困境，面临转型，究竟是做老百姓的“精神导师”还是甘当老百姓的良师益友，这不仅是刊物编辑方针的一次调整，也是知识分子对自身价值的一次重新定位。面对剧烈变化的社会现实，剧中编辑也不禁发出感慨：“咱们自己还没活明白呢!”于是，无论《人间指南》还是《编辑部的故事》都不能不放弃灌输教化的传统姿态，老老实实地讲述好“老百姓自己的故事”。

尽管“编辑部”里的这些“文化人”总是止不住要以一种高瞻远瞩、高屋建瓴的口吻评点社会万象与人生百态，但是他们颇具自嘲和自讽意味的幽默语言又时常解构着他们作为“文化人”的身份和立场。在《侵权之争》一集，一群文化人上了两个江湖骗子的当，前面是余德利怒斥骗子导演：“这就是城外那混混儿，农村的二流子，搓了搓后脖梗子的泥，增白了一下脸蛋，摊上置了身行头，他现在就导演了啊!”言语中充满着不屑和愤恨；后面却是为文化人所不齿的骗子虽被揭穿了真面目但镇定自若，反倒嘲讽这些编辑们“不懂法，还出来混?”。骗子给自以为什么都知道的文化人上了一课，“启蒙者”被“启蒙”，“批判者”被“奚落”，强烈的戏剧反讽效果肢解了传统意识中的“知识分子”形象；还有李冬宝嘲讽诗人：“我当初怎么就没学写诗呢？不难呀。”（《无中生有》）老实巴交、勤俭节约的刘书友在得知有外星球要撞击地球，末日将至时，不无遗憾地反思了自己克勤克俭、小心谨慎的大半辈子，痛下决心道：“红烧肉多少钱一份？我豁出去了，我买它两份。”（《飞来的星星》）还有一稿两投，从中渔利的所谓作家，（《吃不消》）拿着自认为自己的小说是长篇名著，四处托人找关系发表的女文学青年，（《有人好办事》）等等。这些人物形象和人物言语都消解了“知识分子”身上的光环，将知识分子的身份平民化，让文化人的性格弱点和人性缺憾都在各自的行为与话语中一览无余。

小小一个杂志“编辑部”却往往拥有最活泼尖锐的话语、最广泛的读者面，复杂社会里各种微妙的关系都会不经意地呈现于此。电视剧《编辑部的故事》用独特的幽默语言串联起了编辑之间、编辑与读者之间以及编辑部与社会之间的关系。各具神采的人物角色、灵活编织的叙事情节，既委婉含蓄又惟妙惟肖地道出了这个时代与社会的某些“欲说还休”的症候，并展示出某一时期人们普遍的生活状态和精神状态。它的成功正说明电视剧所建构的通俗文艺美学在特定时代的文化语境中获得了一次意外的接纳与认同。通俗的文艺美学加上并不粗俗的主题立意恰恰暗合了社会变迁中的大众心理，《编辑部的故事》为电视剧艺术的平民化、通俗化、娱乐化探索了一条新路。

2. 喜剧观念

在当代中国电视剧创作领域中，喜剧型的电视剧作品作为电视剧艺术的一种形式，一直不是很发达，而广大电视观众对于电视喜剧却又充满着热切的期待。《编辑部的故事》堪称是我国第一部电视系列喜剧。由于这部电视剧独特的喜剧效果和对社会生活热门话题的关注，一播出就立即成为收视热点，观众终于在荧屏前很投入地笑了一次。究其成功的原因，主要有二。

一是承继并合理改造了传统的喜剧观。在传统的喜剧观念中，喜剧艺术作为一种形式活泼、格调轻松的艺术样式，在价值取向上主要还是否定性和批判性的。《编辑部的故事》正是通过剧中人物的调侃、幽默、讽刺、戏谑，追求一种立意上的"浅入深出"，全剧既没有把社会生活庸俗化，又没有一味追求搞笑的低级趣味，而是独辟蹊径，不断用嘲讽和自嘲的心态与口吻在机智幽默的调侃、针尖对麦芒的争辩和琐碎的家长里短之中大胆介入社会现实生活，品评人生滋味，细察人间冷暖，针砭社会时弊，戏谑世相人情，以一种尖锐、生动、戏谑的喜剧风格积极体现正面的思想意义。同时，《编辑部的故事》又没有拘囿于传统喜剧观对于人物的简单的类型化处理，而是始终着眼于挖掘普通人、平凡人性格中的多面性和矛盾性。观众从剧中品味到的是我们共同的生活经验和共享的生活智慧，恰如片尾歌曲中所唱的"在共同的目光里，你中有我，我中有你……"，电视剧所产生的轰动效应正在于此。

二是采用系列剧的方式强化了故事的情节性与相对独立性。剧中的"编辑部"就好比是一个"大家庭"，编导试图通过一系列情节性较强的喜剧故事来渲染一种亲切友好的家庭气氛。《编辑部的故事》每一集都像是一部短小精悍的情景话剧，编导凭借着自己较深厚的生活基础对纷纭复杂的社会生活现象进行细致又敏锐的观察与思考，从普通人的日常生活中挖掘提炼出一个个既具有典型意味又生动活泼的故事。而且整部电视剧没有流于琐屑和堆砌，虽然场景、人物相对单一，但电视剧重视对喜剧因素和戏剧冲突的设置，人物不在多，而贵在精，有限的场景与人物都无一例外地被卷进了看似平淡实则激烈的戏剧冲突中，在冲突中编织情节，在冲突中显现人物的性格。

二、艺术分析

1. 室内情景喜剧

电视系列剧《编辑部的故事》的艺术取景框穿越广阔的社会舞台，直接推向了室内，所有的人物与故事都围绕着《人间指南》杂志编辑部这个有限的场景和时空而展开。这部电视剧的成功为室内情景喜剧的探索和发展提供了可资借鉴的经验。

以"编辑部"为核心的叙事空间的设置，使得电视剧所讲述的故事在结构上都是相对独立的，成一组系列。这一系列始终围绕着"编辑部"这个特定场景而展开，让屏幕前的电视观众逐渐对剧中的人物与环境产生一种熟悉感和亲近感。室内电视剧就如同是在与电视机前的观众进行着亲切的面对面的交流谈心，观众感觉剧中人就是日常生活中随处可见的平常人，他们的行为都是日常生活中的平常事，他们的言语也是那样平易、通俗、直白、俏皮，这种轻松愉悦的观剧氛围使得观众与剧中人物之间的情感沟通也变得更加自然。电视剧以亲切的人物、熟悉的场景和丰富的故事内容与电视观众建立起收视的“约会机制”，编导们总是如约奉献出最精彩的喜剧故事，而观众又总是怀着忠诚的期待如约守候在电视荧屏前。

以“编辑部”作为电视剧故事展开的特定空间，显示了编导者艺术构思的巧妙。因为是室内剧，场景与重要人物都是单一的，而室内剧所讲述的系列故事则必须是丰富多面的，否则故事必然缺乏吸引力。因此，作为戏剧冲突发生、发展、解决的那个“室内场所”必须要有广泛的接触面和较强的拓展能力，从而保证这个特定空间中的人物与事件具有多样性和生动性。“编辑部”无疑就是这样一个有利于故事充分展开的独特空间。在《编辑部的故事》里进进出出的人可谓是形形色色：有投稿的文学青年、嚣张乖戾的小保姆、业余天文爱好者、喜欢散播小道消息的无业游民，还有一稿多投的作家……可以说市井百态、各色人等都在这里粉墨登场，尽情表演。如此众多的来自社会方方面面的人物为故事的编写提供了一个极为广阔的领域。不仅有许多人“走进”编辑部，而且编辑部里的那些编辑们还可以时常“走出去”，去任何一个地方，与各种类型的人物发生着这样那样的关系，这无疑又拓宽了电视剧故事的取材范围。而且《人间指南》这本刊物中包罗万象的内容又进一步拓展了这部电视剧的艺术表现空间。于是，小小一个“编辑部”加上薄薄一本《人间指南》杂志却集中了大千世界里的人间万象以及东西南北方方面面的热点话题，电视剧里所有的具有喜剧色彩的矛盾冲突都在这个特定的叙事空间里发生发展着，编辑部里的人和事成为社会的一个缩影。

由于大部分的戏都是集中在室内完成的，镜头语言的变换相对较少，所有的外景戏几乎都是发挥起承转合的作用或是作为叙事主线的点缀。朴实的镜头、简约的场景、集中的时空，拍摄、录音、切换一次性完成，减少了许多不必要的繁琐的镜头语言，也大大降低了生产制作成本和缩短了拍摄周期。

2. 语言艺术

电视剧《编辑部的故事》最大的艺术魅力在于剧中语言。由于是室内情景喜剧，电视剧的画面语言通常是比较单调的，因此《编辑部的故事》的喜剧效果主要由人物富有动作性的语言来显现。人物的语言为“编辑部”这个特定的叙事空间营造出一种喜剧情境，观众通过荧屏，在这个情境中感受到的是人物内在的智慧和真诚，是荧屏画框之外更加宽广和丰富的世相人情。

人物在语言中闪光。对于室内情景喜剧而言，演员主要凭借语言来塑造人物的个性以及依靠语言用喜剧方式顺利化解戏剧冲突。第九集《一朝权在手》，得知编辑部要抽调一个人协助交警在马路上维持交通秩序，余德利唯恐大热天里自已摊上这样个苦差事，便不遗余力地推荐着别人：

牛大姐合适。责任心强，说翻脸就翻脸，得理不饶人。这要是戴上红箍站马路上，当时就能挑大梁，连训练都不用。

戈玲，小姑娘合适啊，春风似的，跟警察一配合，有唱红脸的，有唱白脸的，那能起到恩威并施的作用。

不能不佩服余德利的口才，他能一口气说出每个人适合做这项工作的理由，人物机智灵活又透着一股子狡黠圆滑的个性跃然于观众的眼前。

在接下来围绕这件事的对话中，不仅显现了人物个性，还微妙地折射出人物间的关系。

李冬宝（李）：什么好事啊？怎么一到这种时候就想不起我来了。

余德利（余）：哟，对了，我怎么把你给忘了。

李：不应该吧！

余：太不应该了，我对不起你，你狠狠地批评我一顿吧。

李：算了，改明儿有机会，我也对不起你一次得了。

余：不过啊，我估计戈玲忘不了你。

戈玲（戈）：冬宝，老陈交给你一个光荣的任务，而且非你莫属。

李：是吗？光荣的任务？不是支边吧？

戈：没那么艰巨，不过这种神圣感一点也不亚于支边。

李：你推荐的我？估计我掉坑里了。

人物对话看似平常，但是由于这平实的对话经过剧中人物个性化的处理而具有了令观众回味的韵味。

在《人工智能人》这一集里，围绕着“蕾丝”究竟会不会是“人”这个疑问，大家进行了一番讨论，讨论又逐渐演变成相互之间的攻讦。

戈玲：我先声明，咱们这次既不是生活检讨也不是斗私批修，而是工作需要，弄清南希的真实属性。不管大家说什么，再不堪入耳，再反动再下流，一不打棍子，二不揪辫子，三不记黑账。

李冬宝：谁打小报告我跟他急！

李冬宝：我看这可以算一条，从不认为自己不好，从不暴露自己的真实思想。

大家面呈尴尬，但都点头：可以算一条。

陈主编：既然都不说，难以开口，就互相揭发，这样准能搞到材料。

李冬宝：这下有说的了吧？说别人总有词儿吧！

牛大姐：我先说吧，我觉得老刘毛病不少，突出的一点就是爱占小便宜。

刘书友：我也说一条，老牛这个人从来都是主观唯心主义对人，辩证唯物主义对己，乌鸦落到猪身上——光看到别人黑。

牛大姐：我觉得老刘这个人心眼儿太小，老虎屁股摸不得，一摸就跳，瞧，又飞到半空中去了吧……小余呢，不客气地讲，那就是低级趣味，对年轻女同志和岁数大点的女同志不能一视同仁。

余德利：我觉得牛大姐还不光是看不到自己黑的问题，她简直把自己看成一朵花儿了，确实属于既不能客观地看待别人也不能客观地看待自己的典型。

戈玲：不要吵不要急，慢慢来，不要人身攻击。

刘书友：戈玲这个人傲慢，好打扮……

牛大姐：打扮得还特俗气。还有，她跟李冬宝到底什么关系？成天嬉皮笑脸，彼此唱和，同入同出，一个编辑部的同志，很不正常！

刘书友：不光是李冬宝，她和谁都打情骂俏，除了我。

戈玲：什么叫不正常？什么叫打情骂俏？我这人天生就是一副笑模样。

李冬宝：无耻！我觉得有的人就是专对桃色事件感兴趣，看似道貌岸然，思想肮脏的很！

陈主编：不要吵，不要吵了！怎么互相攻击起来了？戈玲，刚才大家说的你记上哪条了？

戈玲：哪条也没记，说的都是人话吗？

牛大姐：怎么不是人话？哪条说错你了？身正不怕影斜，你不心虚干什么暴跳如雷？

刘书友：告诉你，我早就对你的做派看不惯了，一直没好意思说。

戈玲：我就这做派，怎么了？明告诉你，我还不改了！看不惯，回家看你老婆去，少在这儿看我！

李冬宝：你们以为你们做派好？全编辑部我顶烦的就是你们俩。工作不见你们抢，算计个谁、议论个谁，回回你们俩冲锋在前。你们说过谁好？

牛大姐：不好就是不好，甭想让我说好！我也告诉你们，牛某人这疾恶如仇的脾气也不打算改了！

在这番激烈的攻讦中，人物的性格昭然若揭。李冬宝的大智若愚、诙谐机灵，戈玲的机智清高，余德利的圆滑精明，还有刘书友的谨慎小心又有点阿谀奉承，牛大姐的“马列主义老太太”形象等都在语言的碰撞中闪现。

幽默智慧的语言在叙事中穿行，不仅凸显了人物性格，使每一个剧中角色都圆满承担起了自己的叙事功能，而且还通过语言独特的含蕴拓展出深邃宽广的反讽美学内涵。反讽式的陈述或者描绘，总是包含着与直接的感知正好相反的含义。在西方文论史上，反讽通常被视为现代艺术的主要特征之一，体现的是现代人对事物的理解和反思能力。

《编辑部的故事》在人物语言上具有鲜明的反讽艺术特征。而这种语言上的反讽色彩又主要表现为对知识分子精英话语和社会主流意识的反讽和消解。

知识分子话语一向被视为“启蒙话语”、“道德话语”、“诗性话语”，然而编辑余德利偏要说：“知识分子在任何时候都得用钱托着，不然，你什么都不是。”（《谁主沉浮》）一句话就消解了知识分子的权威形象。另一位编辑李冬宝在杂志新开辟的旨在倾听读者心声、排解读者烦恼的栏目里扮演着“知心大姐”的启蒙角色，每有读者打来热线电话诉苦时，他就要读上一段“名人名言”，而聪明的读者却用一句“你是抄的吧”就彻底颠覆了文化人“指点人间”的话语立场，李冬宝也只能不无自嘲地一乐，说道“他知道我是抄的”；（《我不是坏女孩》）在《人工智能人》一集里，那位假扮智能机器人热爱文艺的待业女青年终于意识到自己以前特崇拜的这些文化人其实和她一样也是普通人，“一个五脏俱全，讲吃讲穿，虚荣自私，只能听好话，不能听坏话，一般般的一个人”。

在《人工智能人》这一集里，编导还借助一个“机器人”的“程序语言”对所谓的为人处世的社会主流原则进行了尖锐的戏谑。

牛大姐：你这个设计师社会经验一定挺丰富，他还教你什么了？

蕾丝：什么都教了。举例说，刚到一个新环境，一定要先给人一个好印象，干活儿主动点，多受点累，等以后混熟了，情况摸清了，再偷懒也不迟。

蕾丝：还有，跟领导关系要搞好，跟群众关系也要搞好。特别要注意靠拢落后群众，落后群众往往在单位挺有势力，得罪了他们比得罪了领导日子还难过。

蕾丝：你想啊，我要是太能干了，不就把你们比下去了？你们人怎么说的？出头的椽子先烂。设计师不傻，结这怨干嘛？好容易造出来，再让你们七手八脚拆了。中国的英文名字叫什么——拆呐！

在23、24集《娶个什么好》里，有人委屈地哭诉道：

好了让人妒忌，差了遭人瞧不起；忠厚了人家说你呆，精明了人家说你奸；冷淡了人家说你傲，热情了人家又说你浪；走在前头挨闷棍，跟在后头全没份儿。

这语言道出的是观众感同身受的人情百态，在语言的背后潜藏着对人心人性的深刻反讽。

反讽的语言艺术在消解主流意识方面还表现为对以往主流意识形态经常使用的具有宣教色彩的语言风格进行“反其道而用之”的改造。在《谁主沉浮》一集里，李冬宝、戈玲、余德利三个年轻人在“选主编”的会议上，机智灵活地用牛大姐惯用的语言风格“教育”了一番牛大姐。

李冬宝：牛大姐，您要办的是《革命指南》呀还是《人间指南》？要是《革命指南》的话，不是看不起各位，咱们这儿谁能担此重任？……毛主席他老人家还是在黑暗中摸索了好多年才敢应给革命指南的事儿，就凭您背这么两句革命口号，就敢插手中国革命？您要是给几千万党员指歪了方向，担得起这么大的责任吗？……

余德利：像我们仨人儿，生下来就是新中国的红孩子，长在红旗下，生在党怀中，要论对党的感情，我们比您亲，您甭管怎么说，也是在旧社会待过几天的人，从小受的是半封建半殖民地的教育，再怎么改造也不可能比我们正宗的还纯。

戈玲：行啦行啦，哪个同志没有一时糊涂，说句错话的时候，我觉得对牛大姐应该本着帮助挽救，改了还是好同志嘛！我决不同意一棍子打死。

作为电视喜剧艺术的一次可贵尝试，《编辑部的故事》成功地把它所试图反映的社会现实和人性图景转化为具有反讽审美特征的艺术形象，从而使人们内心都明白的、可意会而不可言传的那些事物借助于充满内在张力的人物语言而感性地呈现在电视屏幕上，让观众在会心的一笑中实现了对生活的超越，获得了审美的心理满足。

〔思考题〕

1. 电视剧《编辑部的故事》的人物语言特色是什么？

2. 电视剧《编辑部的故事》的喜剧特色是什么？

生命之旅、思想之旅

——电视剧《南行记》读解

罗　军

1991　6集电视系列剧

四川电视台、中央电视台录制

原著：艾芜　编剧：张鲁、王沛、汤继湘、王江　导演：潘小扬　主要演员：王志文（饰艾芜）　钱冬莉（饰阿月）　许晴（饰野猫子）

本片获第十二届全国电视剧“飞天奖”中篇电视连续剧一等奖、优秀导演奖、优秀摄像奖、演出荣誉奖（艾芜）。

剧情简介：

电视剧《南行记》由三个系列剧组成：《人生哲学的一课》、《边寨人家的历史》和《山峡中》，讲述了艾芜南行漂泊的一些奇遇，颂扬了普通人在艰苦环境中表现出来的坚忍不拔的精神。

一、文化分析

电视系列剧《南行记》改编于中国流浪文学的开拓者艾芜的同名代表作。艾芜原名汤道耕，出生于四川新繁县一个乡村小学教师的家庭。1925年，由于不满守旧的学校教育和反抗封建的包办婚姻，离家出走。他怀着理想，决定靠一双脚板去丈量人生的道路。从此，在整整五六年的时间里，艾芜漂泊于我国西南边境和缅甸、马来亚、新加坡等地，在社会底层过着自食其力的贫困生活。1931年春，因为参加缅甸的革命运动，被英帝国主义遣送回国。在国内，他怀着把他“身经的，看见的，听过的，——一切弱小者被压迫而挣扎起来的悲剧切切实实地绘了出来”的决心，开始从事创作（《南行记·序》）。在漫长的南行途中，艾芜经历了炼狱般的人生苦难，也铸就了他钢铁般的意志，在他饱览南国和异域自然风光的同时，也结识了许许多多最下层的人物：盗马贼、烟贩子、小偷、强盗等等，这些被逼上绝路的小人物，都成了他笔下的主人公。漂泊的经历，为艾芜的创作提供了丰富的素材，而且开拓了中国现代文学反映社会现实的新领域。1932年，艾芜南行的第一个短篇《人生哲学的一课》在上海发表，随后又连续发表了《我的爱人》、《伙伴》、《在茅草地》等作品。1935年，艾芜将8个短篇结集出版，正式起名《南行记》。

艾芜的小说善于将抒情、叙事、写人三者结合起来，作品始终洋溢着乐观的精神，具有浓郁的浪漫主义气息。《南行记》是一部至真至情的作品，是一曲对卑微生命的赞歌。作品融合、升华了作家的生存体验、人生思考和理想追求，具有强烈的自传色彩。对生命的敬仰和对命运不屈的抗争是《南行记》最能打动人的地方。用这样的生命哲学去打量南国边陲和异域之邦最卑贱的人物，艾芜发现了悲惨世界中另一种奇特的生命，这是新文学从来不曾观照过的角落。那些被逼迫铤而走险的强盗和被生活挤压变形的各色小人物，在他人看来是那么野蛮甚至残酷，可艾芜却从他们生命的野性包裹中发现了美丽闪光的人性内核。他在描写那些底层劳动者、流浪汉、少数民族贫苦人民悲惨命运的同时，尽力去挖掘他们身上的真、善、美的品质、"他们性情中的纯金"（艾芜语），让读者清楚地看到扭曲、异化善良人们的就是那个社会。《南行记》是艾芜的处女作，也是他的全部创作中成就最高、影响最大、最有艺术魅力的作品，艾芜因之被誉为"行走文学"和边疆文学的先驱和鼻祖。鲁迅、郭沫若、茅盾等名家以及各类现代文学史著作都给予该作品以很高的评价。在现代文学史上，艾芜最先在《南行记》中以绮丽的西南边塞风光，浓郁的异域情调，写出了一幕幕人间悲剧，刻画了"那些在生活重压下强烈求生的欲望和朦胧反抗的行动"（见《关于小说题材·与鲁迅的通信》）。"南行"，已作为一个特殊的词汇载入中国文学史。1992年12月5日，艾芜走完了他88年富有传奇色彩的人生之旅。

将文学名著搬上屏幕，创作难度很高。电视系列剧《南行记》可以说是电视剧与文学结缘的成功范例。剧中，艾芜也登场表演，让作家本人，讲述其生命之旅、思想之旅。系列剧《南行记》可以说是对电视剧叙事形式的一次大胆尝试。

《人生哲学的一课》：1925年的秋天，用完最后一文钱的"我"来到了云南昆明。在这里，"我"领受了完全陌生的一课，人生哲学的一课。身无长物的"我"最大的愿望就是有东西吃、有地方睡。为了住店，"我"卖掉了身上唯一能卖的草鞋。异乡穷愁无依的"我"，想去当人力车夫，却因没有铺保和保证金而泡汤。"想找到每天还有剩余时间来读书的工作，如今不但全成了泡影，而且连变牛变马的工作也找不到"，命运已经将"我"逼到了绝路。然而这"并不使我丧失了毅力"，"我"更加明白了"奋斗的意义"。"我心里没有悲哀，眼睛里也没有眼泪，只是每一条骨髓中，每一根血管里，每一颗细胞内，都燃烧着一个原始而又单纯的念头——我要活下去。"在客店，与"我"同住的瘦汉望着对面在妓院卖身的妻子，无能为力。两个军阀争夺地盘的仗越打越大，经一个同乡介绍"我"在天主教会的慈善医院找了一个干杂役的差事。伤兵们到医院却不愿治疗，原来是怕治好伤后又被迫去打仗。右手受伤，逢人就用左手敬礼的吴大经，因为营长答应养好伤让他回家，兴奋不已。可两个月后，再次受伤的吴大经又来到了医院。后来，“我”在街边遇到吴大经，他已经失去了右臂，从此只能用左手敬礼了。“辛苦的奔波、惨痛的劳碌、伤心的失望”，这就是“我”与他们共同的生活，这种生活让我“痛切地觉得这样的世界无论如何是应该弄来翻个身了”。《人生哲学的一课》是我对那个悲惨世界的深刻认知，是对昂扬的生命哲学的礼赞。

《边寨人家的历史》：61年“我”再次来到边寨，寻找当年南行时结识的姓钟的一家人。30多年前，“我”流浪在茅草地一家马店当伙计，与赶马人阿安一家结识。妹妹阿星性格豪爽，在她心目中盗马贼是最高贵的英雄。姐姐阿月性格温和，像一只守在火塘边的猫。这一家人待人和善，把“我”当作亲人，是“我”南行生涯中唯一把“我”当作亲人的一家。但是，悲惨的命运降临了钟家。姐姐阿月被恶霸侯德武抢走，弟弟阿宝、哥哥阿安、爸爸钟老伯都被害死，妹妹阿星被迫跟盗马贼逃跑。受不住一个接一个的灾难，妈妈气疯了。在侯德武的打手廖海娃的帮助下，姐姐阿月逃脱了，两人在山沟里的茅草棚里开始了生活，有了孩子。姐姐阿月始终忘不了去找仇人报仇，“她活着整天就是寻思要替钟家报仇雪恨”。海娃教姐姐阿月如何打枪，好去报仇。在一次等候仇家时，姐姐与妹妹遭遇，双方误以为对方是仇人，结果妹妹打死了姐姐的丈夫，姐姐打死了妹妹的丈夫。最后，苦难的姐妹拿起枪一起打死了仇人。这是一个富有传奇色彩的故事，钟家一家人的遭遇是对社会的血泪控诉，姐妹俩不屈的抗争昂扬着人生的姿态，决不向命运低头。

《山峡中》：描写了一般人所不熟悉的生活天地，这是一群被不合理的社会抛出正常生活轨道的人们，他们过着流浪和盗窃的生活。“我”为救因偷窃被打伤的小黑牛而结识了这一群人：老人家、野猫子、鬼冬哥……他们生活在山峡中的破庙里。对这群人来说“打断了腿杆小菜一碟，打破了脑袋家常便饭”，“不怕挨打就是我们的本钱”。老人家冷酷、凶狠，逼着大家练偷东西的技巧，下油锅捞铜板，对小黑牛的惨叫毫不可怜，“天下的人谁可怜过我们……”。女贼野猫子机敏、泼辣，她向往“没有忧、没有愁”的地方。小黑牛伤势越来越重，不停地呻吟“放我一条生路”。一个夜晚，他们以为“我”睡熟了，偷偷将小黑牛抛进了江中。就是这个将小黑牛抛进了江中的老人家，看似冷酷无情，而对不愿入伙的“我”却并不强留，在“我”熟睡后留下三块银圆悄悄地离开了。这让“我”看到老人家尚未泯灭的善的本性。他对小黑牛的冷酷，实在是这个冷酷的环境中不得不采取的自保手段。他们有着不同常人的人生哲学，不信菩萨不信书本，“不怕”和“扯谎”成为他们的人生信条，宁愿铤而走险，在“刀上过日子”，也不愿听任于命运的摆布。他们是不合理的社会制度的产物，是一些性格被扭曲的畸形人物。通过这个人生社会的特殊角落，《山峡中》控诉了旧社会的黑暗和丑恶，同时流露出对弱小人物悲惨命运的同情和叹息。

二、艺术分析

1. 电视剧叙事艺术形态的一种突破——独特的对话结构与多时空结构

在忠实于文学原著的基础上，打破原著的文学思维结构，让作家艾芜与主角王志文在片中进行探讨与交流，通过这种对话结构，很好地发挥了电视的时空优势，起到了沟通历史与现实，深化主题，引导观众欣赏的作用。三个短剧讲述的都是20年代的故事，而其中插入的“我”与作家的对话则发生在80年代，还有“我”60年代返回边寨的情节。主角与作家的对话引导观众在不同的时空中穿梭，绮丽的自然山水、传奇的故事情节和人物命运，与作家艾芜的人生道路相互映衬，大大扩大了叙事抒情的空间，这是该剧突出的特点和风格。

“著名导演潘小扬拍摄艾芜的《南行记》，最让我动心的镜头是艾芜老人自己的出场。老人曾以自己艰辛瑰丽的远行记述震动中国文坛，而在镜头上他已被年岁折磨得满脸憔悴，表情漠然地坐在轮椅上。画面外歌声响起，大意是：妈妈，我还要远行，世上没有比远行更让人销魂。”（余秋雨）

《人生哲学的一课》：在“我”漂泊到了昆明，饥饿地盯着街边卖的锅盔时插入了作家与主角的第一次对话：“一部《南行记》是我在云南、缅甸、马来西亚还有新加坡漂泊的时候把所见所闻和亲身经历的人和事用自传体的小说写出来，而且用第一人称。”“里面的主人公有时候是我，有时候不是我。”既向观众介绍了小说的创作情况，又说明了主人公的身份。在“我”住进客栈，联想到武侠小说的情节时插入了作家与主角的第二次对话，表明了作家想效法《七侠武义》、《小五义》里的英雄的思想。但英雄已经落到与饥饿为伴的地步，哪还有做侠客的心情。在与瘦汉同睡，忍受难闻的脚臭时插入了作家与主角的第三次对话：介绍了艾芜笔名的由来。后来与“我”同住的两位客人偷走了“我”唯一一双破鞋时插入了作家与主角的第四次对话：作家理解并同情苦难的人们。这就让我们不难理解《南行记》为什么能以独特的视觉关注弱小人物的命运。在“我”最后见到断了右臂的吴大经时插入了作家与主角的第五次对话：介绍了作家南行漂泊的原因。受五四运动的影响，我感到要有学问才能救中国，对民族才会有贡献，于是南行，希望能够找到半工半读的道路。南行的经历成了我的财富，这里的人生哲学比书本上得来的真切，所以，我认为漂泊是人生最销魂的事。

《边寨人家的历史》：1961年“我”重回边寨，听到阿星的女儿周全福的一句话：“坏人的坏水都在脑袋瓜里”。这时插入了作家与主角的第一次对话，交代了故事的时间。在阿星嘲笑“我”只能扫马粪时插入了作家与主角的第二次对话，介绍了《南行记》写作与发表的情况，说明《边寨人家的历史》是对历史的老老实实的记录。“我”听说姐姐阿月跟盗马贼跑了，完全不能理解，这时插入了作家与主角的第三次对话，再次表白，漂泊是人生最销魂的事。在海娃向姐姐发誓戒烟时插入了作家与主角的第四次对话：当时的云南许多人都饱受鸦片的毒害。

姐姐阿月问海娃什么时候带她去报仇时插入作家与主角的第五次对话：漂泊中我见到的人总是泪多爱少，但我心里希望人们爱多一些，恨少一些。“我”知道，眼前的老人就是阿月，但她始终没有承认，这时插入了作家与主角的第六次对话，也是整个故事的结尾：过去的永远不会再回来了，所以我更爱南国，更想南行。生命就像流水一样活跃，人应该像河一样不住地向前流着。这是《南行记》对人生的思考和对理想的追求。

《山峡中》：老人家以他的生存哲学告诉“我”，读书没有多大的用处，这时插入作家与主角的第一次对话：我是如何来写这些普普通通的人的。老爷子这批人原来也是一般的人，有善良的一面，也有凶恶的一面。因为生活所迫，才铤而走险。他们原来也是劳动人民，天良未泯，心地里保存了人类性情的纯金。可见《南行记》是以不同一般的角度去观照弱小人物的命运。在集市上野猫子居然大声指出有人偷东西，“我”大为不解，这时分别插入了作家与主角的第二次、第三次对话：野猫子他们的行为，总是出乎别人的意料。但正是她凭直觉揣摩到布贩子的心态，引开了他的注意，同行才得以下手，偷走了布料。野猫子聪明伶俐，随机应变，生活所逼才做了贼。故事是以作家与主角的第四次对话来结尾的：这些人都是被逼做贼，他们的命运让当时的我也感到前途渺茫。鲁迅的思想影响了我，世上本没有路，走的人多了，也便有了路，这条路就是要让这个不公平的世界翻个身。

2. 场景的艺术重复

《南行记》以一个“漂泊者”的眼光讲述了一群人在乱世中艰难求生存的悲剧故事，展现了极富特色的滇陲风情。其中一些场景反复出现，表达出不同的思想与情绪，具有强烈的艺术感染力。《人生哲学的一课》中的“金马”街道，《边寨人家的历史》中山坡上的木桩，《山峡中》的峡谷及木门框，这些反复出现的镜头都是多角度拍摄剪辑出来的。不同的构图，饱满的画面，与人物的命运紧紧相连，一方面展示出边陲迤逦雄伟的自然风貌，另一方面是创造出一种意境，将“我”的思想、情感、体验融会在了里面。

《人生哲学的一课》，“我”刚到云南，走在“金马”街道；为了生存四处寻找工作，走在“金马”街道；继续漂泊，走在“金马”街道。同样的场景，不同的际遇和心情，从刚开始“我”希望能够找到一个“每天还有剩余时间来读书的工作”，到“我”“连变牛变马的工作也找不到”，最后到“我”经历了与他们共同的生活之后，领受了完全陌生的一课，人生哲学的一课。

《边寨人家的历史》中山坡上的木桩是全剧的主要场景之一。20年代，“我”与阿月一家的故事发生在这里，60年代我又回到这里找寻故人的踪迹。山坡上的木桩依旧，但已物是人非。木桩是阿月一家悲惨遭遇的见证，片中反复出现，激起了观众强烈的情感共鸣。

《山峡中》，木门框在峡谷中已显得非常突出，而身穿红色衣服的野猫子怀抱木娃娃坐在门槛上，更是勾画出一种野性的美。这样的场景在片中反复出现，给人以深刻的印象。我们可以看到，野猫子在被生活扭曲变形的性格中的人性美的一面。美丽的景与人，与悲剧故事的展开形成鲜明对比，显示出浓郁的浪漫主义色彩。

〔思考题〕

1. 《南行记》在叙事艺术形态上具有什么特色？
2. 分析《南行记》视听语言的主要特点。

镜子内外的天空

——电视连续剧《外来妹》读解

王卓明

1991　10集电视连续剧

广东省委宣传部、广东电视台电视剧制作中心录制

编剧：谢丽虹、成浩　导演：成浩　主要演员：陈小艺（饰赵小云）　汤镇宗（饰江子庭）

本片获第十二届全国电视剧“飞天奖”长篇电视连续剧一等奖；第十届金鹰奖优秀电视连续剧。

剧情简介：

20世纪90年代初，中国湖南小山村赵家坳的一群青年男女到广东大安乡打工。姑娘们进了康乐电子玩具厂，成了外来妹；“青年突击手”帅小伙志强和金贵却被挡在门外，只好受雇放鸭谋生。工厂里，笨拙的“靓女”赵金玲总是出差错，被“炒鱿鱼”，后来轻生，被人们救起；聪明的小云，很快掌握和适应了工作流程，逐步被提升。后来，康乐厂的总经理、来自香港的年轻人江子庭自立门户成立了建达厂，动员小云跳槽成为建达生产主管。同时，小云也与香港老板江子庭发生了一段“剪不断理还乱”的情感纠葛。外面的生活很精彩却也是残酷的，外来妹们在磨难中逐渐成熟起来，各自选择了自己的路。“靓女”终因伤残而回到了山里；秀英为了赚钱成为陪酒女郎；玉兰与大安乡小食店的老板福生结婚；而回到山里结婚再也不准备外出打工的凤珍，却发现自己已经不属于山里，她又带着一群年轻的小妹，走上了新的打工里程。小云则被大安乡乡政府任命为第一家乡办玩具厂的厂长，开始了她新的生活和事业。赵家坳的姑娘们走出了山坳，走向了现代，还将走向何方？

一、时代镜像中的文化反思

电视连续剧《外来妹》以改革开放时代的湖南赵家坳和广东大安乡为背景，深入而细腻的呈现了以外来妹为核心的一批青年创业者的事业历程和心路里程。“外来妹”这个名字是耐人寻味的。“外”是空间方位概念，一个注明相对位置的

标签，判定地域和心理距离，表明经济、社会、时代的双重属性和多元差别，并由此生成陌生感、社会间离效应和观念冲撞，预示着空间上的惶惑、寻找进而定位的漫长过程；“来”，是一次大胆而直率的行动，意味着开放的心态和坚决的信念，内蕴一种一往无前的气势，涵盖了深长的时间里程和行为体系；妹，是身份弱势的写照，意味着谦逊的姿态、试探的表情、敏锐的感受力、坚忍和纯洁的心灵。

时代更新的时候，我们必须随之更新。处于文化冲突中的女性，在新的时代努力寻找新的命运坐标。立足时代前沿的创业群体，怎样动态把握变革时代的机遇和风险？一次次由外向内的探寻、驻足和投入，是边缘与中心反复进行的多边对话和位势置换，包含着数不清的观念撞碰、情感挣扎和心灵取舍。“外来妹”三个字，在中国改革开放进入深层次的宏大氛围里揭示了一种普遍的时代境遇，指向所有的新移民，乃至所有处在社会主义市场经济浪潮中的现代公民。电视剧由俯拍赵家坳山乡的火把场面开始，穿插切换高楼林立、车水马龙的香港城市画面，以对比鲜明的交叉剪辑勾勒出时代风貌。这是一个改革风起云涌的年代，广州火车站上演的人潮攒动的一幕，指涉着现代中国改革开放列车的启动。来自湖南的外来妹群体，与来自香港、内地的年轻创业者们聚集在广东的乡土，不同的文化背景、生活经历和命运取向相互激荡，共同的生存境遇、事业格局和情感波澜难解难分，交织行过了一段不平凡的里程。

20世纪八九十年代，也是一个事业与生活多向拓展，思维与视域多维延伸，观念与价值多元汇聚的五彩缤纷的时代，社会转型进程中包含了丰富的事件，贯穿着从冲突、分化、无序走向共容、整合、有序的时代脉络，同时也成为这一时期中国电视剧或显或隐的共同主题，《外来妹》正是在这样的背景下应运而生，它以在当下社会中进取和反省的态度追踪着时代最前沿的风云。在今天观看《外来妹》，当年人潮拥挤的火车站、铁丝网格包围的工厂流水线、身穿整齐工装而面孔茫然的打工妹，以及每一个人物在文化冲突中所表现的心理状态，无疑都是对那个年代的最好诠释。《外来妹》的成功之处在于，它不仅展示了改革开放给珠江三角洲带来的经济腾飞，更通过一群青年创业者的故事，揭示了改革开放对人们思想意识和价值观念的冲击与塑造。

1992年，邓小平南巡。也是在这一年，《外来妹》在全国热播。一部酝酿了三年之久的戏，恰好在这样的一个背景下推出，占尽了天时、地利与人和。电视剧中把生产线叫做“拉”，把打工者称作“外来妹”，这些都成为当时的时尚词汇，在大江南北流传。广州话把先生简称为“生”，电视剧中的“江先生”被称作“江生”，很多内地观众都以为男主角江子庭的名字就叫江生。除了对岭南——粤港商业文化气息朴素的展示，《外来妹》更以中立而温情的视角，客观地呈现了港资企业、合资企业和公办企业面貌各异的运营模式、管理方式和经营状况，以及企业之间上演的人才战、服务战、管理战。从康乐电子玩具厂“家族经营模式”的由盛转衰，到现代企业建达电子玩具厂“港英运营模式”在外来妹面前遭遇的管理尴尬；再到乡政府主动因应市场浪潮，终于出台自办企业，并吸引管理精英赵小云和公关能手扬帆的加盟。大安乡、香港人、内地人不约而同地选择创业施展才干的沃土，终于孕育出具有中国本土特色和公立特征的市场运营实体，电视剧以开放式的结尾注入这份希冀，为观众留下了无限的想象空间。

作为中国改革开放的前哨站和试验田，广东历来是多元文化的碰撞与融合之地。在岭南文化、香港文化和中原文化的不同尺度下，分别以资本、金钱、情感、道德四大动机来支撑生活的青年人，演绎着一段悲欢离合而又无悔无憾的故事。电视剧通过这些普通人的命运历程普现一代人的成长轨迹，不露声色地揭示了现代社会演进初始不易觉察的精神危机。导演成浩也曾经谈到，希望这部电视剧能够“像清明上河图一样，不仅具有审美的价值，而且具有社会知识的价值”。一语道破了《外来妹》的艺术魅力和价值取向。当画面中棕褐色的火车车厢在汽笛声中缓缓驶来，车厢里拥挤的打工人群中浮现出几个向外张望的面孔，等待在站台的广州电视台记者对南下民工问道“为什么来广东?”从湖南、河南远道而来的人们回答“赚钱呗”。一句话道出了简洁而又深刻的劳动力流动本质。从金色朝阳下的建筑工地，到辛勤插秧耕作的农民，从高耸入云的脚手架到一望无际的梯田。《外来妹》以朴实无华而又意味深长的画面巧妙的联通了当代社会和公众情感的隐秘脉动。

在生活和工作中一再坚持传统观念和朴素道德评判的凤珍，为了赚钱不惜出卖色相的秀英，大搞感情投资谋求资本增值的江子庭，以独立情感尺度和信念抉择人生的赵小云，这些大同小异的外来境遇，个性迥异的命运流程，使电视剧从人物的复杂性深入到探寻劳动者的复杂性乃至市场经济复杂性的新层次。剧中不时地穿插卡车驶过卷起黄沙，掘进机工作和建筑施工的画面，都提示观众戏剧角色身外的世界和戏剧之外的时空，是一个因市场经济层层推进而生成的日新月异的世界，思想洗礼和观念变革正悄然而又不间断的发生在这世界每一个角落。剧中为企业预设的玩具生产职能，更巧妙地暗示了市场经济在意识形态分野下的双重境界：是资本主义世界里人异化为资本的玩具，还是社会主义特色市场经济中金钱成为人的游戏手段和成长机遇。从这个角度而言，《外来妹》中存有一种敏锐的时代审视，它通过人物命运的变迁生动地揭示了这样一个道理：市场经济以利益为中心，唯利是图是市场经济中企业的行为准则，但并不应该成为个人的生活信条。同时市场经济也应摒弃个人主义，奉行互利原则，在容纳个人奋斗、个人创造力发挥的同时尊重他人的身心权益，力避道德准则位移和极端个人主义恶性膨胀引发的种种生活危机、感情危机、事业危机和社会危机。1995 年第 1 期的美国《读者文摘》写道：“难道我们不应该为骇人听闻的罪行、道德沦丧和公共行为准则江河日下感到羞愧吗？如同人类需要空气一样，自由需要道德。”《明镜》周刊则说：“德国从一个团结的社会走向一个个人主义的社会，团结友爱的精神在衰落，人们在毫无顾忌地满足自己的欲望，几乎不惜任何代价。”今天，信息高速公路的发展又将促成全球范围内的观念碰撞和社会变革。从一个崭新时代的尺度而言，我们每一个人都是“外来妹”。怎样从纷纭复杂的时代浪潮突围，探寻一条理性、建设性之路，是《外来妹》揭示的更为宏大的普遍命题。

二、艺术分析

以赵小云为核心的外来妹群体远走他乡打工谋生，《外来妹》的故事宣告开始。在新的环境里历经磨炼的外来妹们不免一番分化组合，最终纷纷找到属于自己的生活道路：玉兰、秀英以不同的方式留在了异乡，但她们的苦楚还远未结束；志强、金玲回到了大山，他们在心中都珍存而又回避着异乡生活的片断；而最传统的凤珍回到大山后又决定离开；只有赵小云在异乡找到了属于自己的天空。就在赵小云和江子庭分道扬镳而又不期而遇的时刻，《外来妹》的故事戛然而止。在环形的剧作结构里，赵小云的情感经历和命运流程与赵家坳打工姐妹、内地打工妹阿芳、香港创业者江子庭的命运交织在一起，成为推动故事的主线，而玩具市场的行情变化、企业间的复杂竞争和人际纠葛成为另一条情节链。以戏剧人物情感交织为经，以企业间的资本斗争为纬，社会的现实矛盾和利益较量、人们五味杂陈的生存境遇和体验都被淡化为人物的善恶冲突；现实生活中往往不了了之的道德评判被放大成“冲突—解决”的模式化格局；主人公所面临的困境最终或是抵达光明、或是转化为新的困境，最后是一个善恶分明、赏罚公正的结局到来。值得一提的是，《外来妹》的结局十分巧妙而含蓄：江子庭戴上墨镜黯然离开机场，赵小云乘坐的飞机在蓝天翱翔。故事将价值评判不露声色地注入到结局之中，引人深思。

在对穷山沟赵家坳走出的六个女性的命运进行追踪的同时，电视剧涉及到内地、广东沿海、香港三个地域文化层面的描述，通过淡化社会背景，简化商战的复杂性，进而凸现人物各不相同的情感与命运，使得电视剧的叙事进程有条不紊而又入情入理。在序幕中，外来妹赵小云迎着朦胧的晨曦走来，发丝上回旋着朝阳金色的光辉。画面用特写记录了她忧郁而坚定的神情，当一滴泪滑下脸颊的时候，清秀的面容透着一丝迷惑，却没有犹疑。孤独人行在异乡路上，经历多少寂寞与挣扎、异化与绝望、彷徨与沉沦，但是始终保有纯真和坚忍，自信与承担，终于从一个普通的打工妹成长为一个乡镇企业的负责人，实现了自己人生的飞跃。通过巧妙的叙事转换，电视连续剧《外来妹》有效地简化了故事容量，突出了主要人物的命运流程。例如在交代阿芳的命运经历时，剧作安排赵小云对江子庭说“阿芳的孩子死了”、玉兰对凤珍说“阿芳去了假发厂”，以第三者的叙述一笔带过；在故事中，靓妹金玲经常作为意外事件的主人公，她两次上班睡觉和一次意外受伤成为情节转折的一个环节，而她同时也是故事中唯一的喜剧元素承担者，角色兼具悲喜杂陈的特质，有效地平衡了戏剧张力，使故事不疾不徐地展开，颇具一番韵味。但是在对玉兰和福生爱情故事的处理方面与全剧的主线有些脱节。将玉兰结婚和阿芳被抛弃编织到同一场戏中进行对比展示，未免落入俗套。

《外来妹》有意营构了若干富有意味的画面，将人物命运不经意地呈现。当志强、小云一行初到大安乡街头，摩托车频繁来往，发动机声在街头弥散，一辆摩托车驶来将五人冲散，似乎预示了人物各不相同的命运走向。当赵小云姐妹刚进入工厂工作的时候，一辆辆重型大卡车驶进厂门，志强和小云弯下腰在卡车轮胎行进的缝隙中艰难的喊话，为两人日后的情感疏离埋下了伏笔。在赵家坳，秀英家的栅栏式窗格、褪色的门神画、穿着长马褂的老父亲、门前晾晒的老玉米、沧桑而古旧的土坯房，生动地描摹了昨天的时代。秀英踏上打工之路，秀英哥转回头湮没在群山深处，这时候童谣悄然响起，深沉的流云遍布山野之间。让人想到一句古诗：山雨欲来风满楼。令人诚惶诚恐而又意气风发的并不是雨，而是一个“欲”字。从工厂辞职之后，秀英居住的阁楼如同一个碉堡，象征着她孤独而落寞的内心世界；后来秀英故地重游，回到曾经住过的阁楼，画面回荡着一首老歌“一生何求，迷惘里永远看不透，没料到，我所失的，竟已是我的所有”，犹如一段忧郁的散文诗。当被解雇的金玲悲伤的重温妈妈的来信，画面切换为一条裤子在雨中的晾衣绳上孤独的摇曳。《外来妹》中经常能够看到摄像机机位架设在较低位置拍摄的画面，传达出一种细腻感、纵深感和韵律性。办公室的一场戏里，将发生争执的林老板和江子庭置于画面纵深处，前景是一部打字机和嘈杂的打字声，一动一静、一虚一实；争执发生之后，决心独立门户的江子庭在路上等待赵小云，康乐和建达分庭抗礼的局面即将奠定，这时候运动的画面后景闪过一条标语：讲道德、讲秩序。在方寸影像时空内传递无限丰富的信息量，即使在今天而言也是颇为先进的电视剧理念。

《外来妹》还注重通过个性化行为和细节性画面刻画人物。香港来大陆淘金的青年创业者江子庭是留英硕士，将个把英语单词加入到口语中的语言习惯，与他的文化背景和生活经历相吻合。江子庭平时喜欢吸 KENT 牌香烟，与康乐玩具厂的林老板喜欢吸 555 牌香烟构成了性格上的对比。踌躇满志的青年突击队员志强，在变化的世界中找不到自己的位置。当外来妹们第一次领到工资坐摩托车进城的一刻，画面切换为志强用火柴点亮一盏煤油灯。喧闹与寂寥之间，人物命运凝成了鲜明的比照。工厂宿舍里，一双穿着白色袜子的脚在画面左上方晃动，靓女在狭窄的空间被其他打工妹们喝来唤去，直观的揭示出打工妹生活的酸甜苦辣。此外，打工妹们上班前的穿鞋场面，整齐摆放的脸盆、牙缸，车间楼房整齐的灯火，这些有节奏的构图表现出工业化营造出的韵律感和气势美。

《外来妹》的影像风格清新隽永，意味深长。阳光灿烂的日子，苍茫而葱郁的群山，无边的原野上长满浅绿色野山苇，暮霭青岚，野花芬芳，地气袅袅上升，一汪清澈的小溪从地平线深处蜿蜒而来，流光耀金，一片琉璃色的世间，一派朴素与真纯悄然弥漫在空气里，荡漾在天空中，渗透进外来妹们朴实的目光里、随意的服装里，以至匆匆的脚步里。在剧中不时穿插的工地建设场面，既丰富了剧情节奏，又将人物命运的发展和社会发展进程悄然链接，不露声色地暗示出时代给予人们的精神洗礼。广角拍摄的老祠堂，幽暗迷离的光线，仿佛滚动着悠长的岁月烟云，当年轻的人群朝着外面的光亮处涌动，点燃的香火无言的闪烁，仿佛是一种祈愿和企盼。还有老式的煤油灯、现代化的文件柜、细雨下晃动得错落有致的雨伞，蜿蜒的山路，暮天衰草中跋涉的身影，都成为时代的印证。

在台词处理方面，《外来妹》利用人物的对白精确地展示人物性格，别具匠心。例如：

凤珍：我相信好人总是有好报的。

小云：她（凤珍）把我们从赵家坳带出来，可是我们却一个一个地离开了她，错有错的对，对有对的错，我也越来越糊涂了。

江子庭：物竞天择。这是自然的规律，谁都不可以改变。

秀英：小时候给关帝烧香磕头，听戏曲，最恨不忠义的人，可这不是在赵家坳，这里的事儿也早已经不是戏文里唱的事儿了，你想讲情义，机器不跟你讲，你想老板讲情义，市场行情能跟他讲吗？

杨帆：内地每月开76块的工资，上班看报纸喝茶，回家看书听音乐，觉得清苦、没劲。真要扔掉铁饭碗，心里还发虚呢。在这里拿千八百，卡拉OK闹着，总觉得心里寂寞。

广东地处江海要冲，得地理之便，得风气之先，得潮流之顺，早在百多年前就成为中外文化交汇之地，当代又引领中国从农业社会向工业社会转化，以《外来妹》、《情满珠江》等为代表的岭南派电视剧，则鲜明的记录了多元交织的文化形态、浓郁的南国风情、瞬息万变的商业机遇和公众迈向现代化的宏大进程。《外来妹》朴实无华，贴近生活，注重通俗性和真实感，更为可贵的是主创人员具有强烈的改革开放意识，能够与时俱进，把握时代脉搏，高度关注现实、当代、当下民族命运和生存境遇。《外来妹》中的每一个女主人公都有生活中的原型。广州火车站前的一幕，源于导演成浩在衡阳火车站看到的大批南下打工者涌入站台的情形。在当时“三来一补”企业最多的东莞，主创人员曾经在南栅开发区和打工者们一起生活了几个月，睡铁架床、吃食堂。广州话把女工们叫做“捞妹”，而电视剧将“外来妹”的名字传扬到大江南北，当年全国有26家电视台争相播放《外来妹》，形成影视史上的一个热点。

《外来妹》曾经在中国电视史上创下了几个第一：第一部反映打工者生活的电视剧，第一部反映劳资关系的电视剧，第一部聘请香港演员加盟的电视剧。后来《外来妹》又获得了飞天奖。尽管反映了一个变化的年代的故事，但它采用的却是普通人的视角，采用的是平民化的策略。无论多么辉煌的时代，普通人总是时代生活的主角。以《我不想说》表达命运无言的甘苦，用《等你在老地方》陈述心灵不变的守候。除了清徐温婉的主题歌令人难忘之外，《外来妹》恰如其分地运用戏剧性音乐、喜剧音乐元素、轻松的曲风与剧情相互配合，令全剧的意境浑然一体。随着“等你在老地方”的吟唱，全剧落下帷幕，命运仿佛画了一个圆圈又回到原点，所不同的是主人公们都有了一番不平凡的经历。不论是市场经济之于中国，还是中国之于市场经济，都如同外来妹一样，遭遇着一种互相间离的状态。光明说近还远、虽远时近。田园时代已经终结，从现代民间社会、民俗社会到公民社会，从乡土中国、伦理中国到现代中国，淳朴而美好的人们除了养成道德的勇气之外，更要能负起建设的责任。

〔思考题〕

1. 观摩电视连续剧《外来妹》，谈谈你对片名的认识。

2. 将电视连续剧《外来妹》，同电视连续剧《情满珠江》以及当年度任意一部香港都市电视剧进行比较，谈谈你的认识。

问题与戏剧

——电视连续剧《半边楼》读解

阎立峰

1992　22集电视连续剧

中共陕西省委宣传部、陕西电视台录制

编剧：延艺云　导演：苟良、龙图　主要演员：杨立新（饰呼延东）　徐正运（饰黄耕）　王若荔（饰范校长）

本片获第十三届全国电视剧“飞天奖”长篇电视连续剧一等奖、优秀编剧、优秀录音。

剧情简介：

某国家重点大学的一栋已经拆去一半的筒子楼——半边楼里有住户五家，分别为：生物系青年教师呼延东一家三口，生物系中年教师黄耕和女儿小歌，知名女学者范老师和儿子志远，人事处的马科长和老婆马婶、女儿珍珍，给校领导开车的朱师傅和儿子朱二虎。范老师被内定为新一任校长，势利的马婶赶紧让女儿珍珍以补课的名义接近志远。志远在学校读硕士，本来爱着内秀、要强、就要考大学的小歌。不喜学习的珍珍则和干个体、开公司的二虎好。黄老师是高校中年教师的代表——只知奉献，从不索取，50多岁了还是讲师。黄和范是老同学，两人爱慕已久，但门第、等级观念让黄对这份感情总是躲闪。作为黄老师的学生和助手的呼延东是青年教师的代表——事业心重，科研能力强，争取个人权益的意识也强。眼看学校就要开始评职称了，可黄老师不操心怎么出书申请课题，却把全部精力用在科技扶贫上面，以至于有一次下乡时摔伤，多亏被跑生意经过的二虎救起。四个年轻人的情感发生了变化。虽无文化但心地善良为人仗义的二虎赢得了小歌的心，而自负又有点用情不专的志远也暂时和珍珍相好。呼延东的妻子要为出国考试而复习，家务由谁来干，使两人产生矛盾并导致离婚。黄老师和呼延东为仅有的一个副教授名额竞争，黄主动退出。科研经费多次申请不到，不得已呼延东选择去日本进行他的研究工作。马科长工作勤恳，被任命为处长。二虎倒卖彩电受罚，公司破产；但已是大学生的小歌依然爱他。毕业后的志远决心去海南创业，珍珍也愿意同往。黄老师和范老师的爱情终于有了进展。学校新的住宅楼建成了，半边楼的老住户们都要搬走。

一、知识与知识分子的生存困境

按照传统的文艺理论说法，长篇室内电视连续剧《半边楼》，是一部时代色彩鲜明的作品。所谓时代色彩鲜明，是指剧作者所描绘的故事、人物和情感并不具有超时空的普遍性，换言之，其他时空之下的受众倘若不了解“神话所讲述的年代”的历史背景，对于剧情就很难理解，更谈不上与之产生共鸣。

《半边楼》描写的是20世纪90年代初高校知识分子的工作与生活。90年代初期是我国高等教育和高校教师处境较为艰难的时期。一方面，国家对高校的投入明显不足，导致科研经费拮据，教师的工资待遇差，生活比较清贫。另一方面，物质上的贫困也影响到整个社会对知识和知识分子地位的评价，“穷得像教授、傻得像博士”就是当时著名的一句戏谑之语。面对知识贬值的现状，知识分子不免产生一种屈辱和被边缘化的感觉。《半边楼》的剧作者是高校教师（延艺云其时为西北大学历史系教师），剧中的人与事，据说也都有生活基础，因而该剧在某种程度上可以被看作是一部高校教师“不平则鸣”的“谤世”之作。剧作问世后广受知识界的好评，其原因也正在于此。

二、艺术赏析

1. 以问题入剧

问题剧（problem play）是19世纪产生于欧洲的一种戏剧类型。先在法国，由小仲马等人开其端；继而在挪威人易卜生手上臻于成熟；在英国，又有萧伯纳的极力鼓吹。问题剧的根本特征在于它的“问题”。它以现实主义的眼光和方法，观察社会，揭露社会弊端，引起人们的思考与讨论，进而鼓励人们去解决这些关系到人与社会的问题。当然无论是就问题的深刻程度还是就高超的编剧技巧而言，《半边楼》都不能和上述大师们的作品相并提，但就先有问题后有戏剧、以戏剧作为提出问题和探讨问题的方式这一创作特征来讲，《半边楼》倒的确应被归入问题剧一类。《半边楼》中所揭示的问题主要包括，中青年教师工资待遇低、住房拥挤、科研经费拮据、出书难、职称不能及时晋升等等，致使队伍不稳、人才流失。原因在哪里呢？按照剧中观点，在于国家对高教和科研投入不足，整个社会对知识分子重视不够，以及高校内部的某些僵化体制。问题既然是现成的，剧作者便围绕问题构思人物、组织冲突。

先看人物。《半边楼》主要描写了青年和中年两代知识分子的代表：呼延东和黄耕。呼、黄二人都背负着沉重的生活和工作的重担，而重担正源于上述的各种“问题”。室内剧揭示人物和人物关系的主要手段是对话，《半边楼》也不例外。但在可能的情况下，本剧编导还是有意识地选择行动之中的人物而不是静止的对话来向观众传递有关信息。如第一集开头先用一个俯拍整个楼道的全景镜头，镜头下勤快的黄老师为各家打开炉子；杂物堆积的整个楼道是全楼人的大厨房，每家起床的第一件事是去公共水房倒夜壶；接着机位转到楼道的另一头，以平视的全景镜头继续拍摄大家开门后的反应，并适时调整焦距，使前景（一副窥视表情的马婶）和后景（有说有笑的黄、范两家）不断转换，以容纳更多的内容。这一组镜头不禁让我们联想到夏衍著名的报告文学《包身工》里对工厂晨起景象的客观白描。像这样的场景调度和镜头运用在《半边楼》中还是不多，室内剧里对话毕竟是主要的。即使我们现在讨论的这组镜头，也有展示性的对话，如黄老师对范志远说："志远，研究生快毕业了，以后应该少睡点懒觉。"

再看情节层面的行动和冲突。《半边楼》的人物行动和戏剧冲突的原动力是"问题"。这表现为，黄、呼在工作和生活中所面临的种种困难和阻力不是来自其他个人，也不是源于自身性格内部，而是来自不能够理解和尊重知识分子的各种习俗和制度。制度与人的冲突是《半边楼》一剧想要表达的中心主题。由此，创作者开场便设置了学校就要评职称和分房子两大悬念，并以之作为统帅全剧的贯穿情节。应该说选择职称作为故事情节的生发点，显示了创作者的匠心，毕竟职称和房子对于高校教师的重要性不言而喻，由此产生的悬念和兴趣可使观众的期待心理维持相当长时间。不过人的注意力持续时间毕竟是有限度的，尤其观赏的是一部长达 22 集的连续剧。英国戏剧家马丁·艾思林曾指出："只一个主要的悬念因素不足以在整个一出戏的过程中始终抓住观众的注意力。"他举例："当我们的主要兴趣被谁犯了谋杀罪这个问题吸引住时，同时，在一个更短暂的时刻，我们也急切地纳闷：被讯问的园丁当时究竟是否真正看到凶手跳墙逃走了，等等。可以说，在主要悬念因素的背后，附带着次要悬念因素。"❶《半边楼》的编导们当然也明白这个道理。于是我们看到，在全剧的大部分时间里，贯穿情节只处在后景，处在故事前景的，是一系列跟职称、房子有着直接或者间接关系的穿插事件。如黄老师下乡扶贫却不能计入科研成果，意外摔伤后却是住院难、药费报销难；申报职称必须有著作，黄老师又遇到了出书难、卖书难等。呼延这边的麻烦是，科研经费屡次申请不到，他们夫妻两人的事业发生冲突并导致离婚。从观众的接受效果上讲，每个事件的突然出现和最终的解决结果，便构成了《半边楼》剧中的一个"次要悬念因素"，并且由于此类穿插事件直接取材自高校生活，所以剧作者如实写来，还是有很强的现实性和感染力。从以问题入剧的角度看，穿插事件也与贯穿情节一样，是直接服务于揭示主题这个大原则的，——一个个事件，其实就是剧作者想要针砭和"控诉"的一个个问题。（呼延夫妻事业冲突的原因，用追求呼延的女大学生何娜的话说，也是知识分子的生计困境造成的。）总之，问题与主、辅情节高度一致，显示《半边楼》一剧的编剧原则是，以问题来设计故事情节，用故事情节来说明问题。问题剧的创作特征非常明显。

---

❶ 马丁·艾思林：《戏剧剖析》，罗婉华译，39—40 页，北京，中国戏剧出版社，1981。

2. 问题与戏剧

然而问题剧的创作方法存在着艺术上的陷阱，那就是操作不慎的话可能导致有“问题”而无剧，尤其当所讨论的“问题”失去了轰动效应后。戏剧史上这样的例子很多，如“五四”前后胡适谈论妇女解放的《终身大事》。《半边楼》揭示的问题——包括高校教师在内的知识分子的事业生活困境，仅仅过了几年已不再是问题，因此站在今日的角度看，我们不得不承认，《半边楼》在一定程度上也有着“问题”大于戏剧的现象。

我们前面讲到，《半边楼》中冲突主要是制度、观念、习俗与人的冲突，然而《半边楼》所抨击的习俗和制度在剧中并没有被人格化和具体化，而处于比较抽象的状态。什么意思呢？就是说，全剧的主导矛盾和冲突没有融入进人物关系和人物性格的内部。譬如无论是剧中的贯穿情节还是穿插情节，都是将抽象的制度本身作为黄与呼延的对立面。黄老师住院难、药费报销难、出书难以及分房被刁难，责任既不在马科长这样的中层领导，当然也不在勤勉的范校长（她本人还住在破败的半边楼里），更不能怪高教局及省委领导（事实上正是他们的干预才使问题得以解决）。穿插情节如此，贯穿情节如围绕职称的竞争也是如此。尽管编者特意设计了杜老师这一反面角色，让他在黄和呼延之间挑拨和制造矛盾，但“小人作祟”及黄老师和呼延两人的误会，既不是职称冲突的起因，也不是冲突解决的障碍，真正的障碍还是在于国家对知识分子重视不够——“名额太少”。我们可以用易卜生的《娜拉》来进一步说明。《娜拉》一剧中的旧的伦理观念是通过娜拉的丈夫海尔茂的行为和性格体现出来的，正是海尔茂自私和虚荣的性格才是促使娜拉惊醒和出走的对立面力量。《半边楼》里显然不是这样。由于找不到真正的对立面力量，这样的冲突实际上就不能真正深入地进行下去。如在几个穿插情节的设计上，作者的目的仅仅为了提出问题，所以让人感到，一件事（医疗费报销或卖书难）先是被重重提起，当作者旨在揭示问题的意图达到后（证明了高校知识分子的困苦），又轻轻放下（通过呼延向省委领导或新闻媒介告状的方式使问题很快解决）。全剧的贯穿情节——职称，经过前期的积累和铺垫，在第19集的时候本来有可能达到一个高潮。此刻的剧情是，得知黄老师主动退出而把仅有的晋升名额让给自己，一直渴望通过公平竞争取胜的呼延在面子上难以接受，于是提出如果黄耕坚持退出的话，他也要退出。应该说如此的情节构思很好地写出呼延这代知识分子的独有心态——自信好胜又稍嫌敏感。至此已不是“小人作祟”，而是两代知识分子所持价值观的冲突。然而这么有戏的地方，冲突却戛然而止。作者只是让呼延向着志远做一番关于黄老师等中年知识分子为人处世之特征的“宏论”，最后在志远的钦佩声中结束。于是一个本来可以使戏剧大于“问题”，使人物性格更加丰满的冲突，便被编者随手放过，并且，连何娜受杜老师之骗擅自更改课题申报排名从而引起呼延对黄老师品格的怀疑这条重要的

"结"，也就此埋没，直到剧终都没解开。

最后，"问题"大于戏剧也影响到了个别人物——如黄耕父女——的性格化程度。黄老师在剧中的多数场合都是以观念化的面目出现的。他的行为只是为了体现出知识分子具有的忍辱负重、执著奉献的精神。真正属于人物自身的个性化的东西，也许只是在第11集时，当得知女儿的恋爱对象竟然是没有多少文化的二虎后，他所表现出来的痛心和焦急。固然黄老师还是如往常一样用一些大道理来劝说女儿，但观众分明能感觉得出藏在大道理背后的那颗自私的父爱之心。可惜类似的真情实感在黄老师身上还是不够多。莱辛曾提出，在诗里"完善的道德人物至多只能扮演一种次要的角色。如果诗人不幸让这种人物扮演首要的角色"，就会没有"诗意"。[1] 不幸的是，《半边楼》人物的道德色彩都比较浓（除了被作者有意丑化的马婶和杜老师外）。那么编者们又是怎样来提高这部问题剧的观赏性呢？答案是爱情。

3. 爱情与戏剧

当年风靡一时的长篇小说《红旗谱》的作者梁斌谈自己的创作体会时说："书是这样长，都是写的阶级斗争，主题思想是站得住的，但是要让读者从头到尾读下去，就得加强生活的部分，于是安排了运涛和春兰、江涛和严萍的爱情故事，扩充了生活内容"。[2]《半边楼》一剧的创作思想某种程度上与《红旗谱》相通，因为在职称和房子之外，剧作者同样安置了几条爱情线索，它们是：志远、小歌、二虎和珍珍四人感情纠葛，呼延东、妻子、何娜三人感情纠葛，以及黄耕与范老师的相互爱恋。

《半边楼》里的爱情描写在同时期电视剧中是比较成功的。首先，爱情板块与问题板块布局合理、搭配有序。四人感情是全剧描写的重点，它与职称问题平行发展并贯穿剧情始终。具体而言，在15集以前，四人的爱情纠葛是编导关注的重点，因为这时职称一线尚需要时间酝酿和催生，爱情的出现填补了剧情的空缺，反过来也制造了职称情节的延宕。从15集起，职称之争浮向前台，四角感情淡出，但编导们在讨论知识分子的事业、价值等严肃议题时，仍不忘记为主人公呼延东营造"红袖添香"的环境。女大学生何娜给予呼延东以生活上的体贴和事业上的帮助，使男人坎坷的创业之路上，有了缕缕柔情和阵阵香风（如呼延东和何娜下围棋一场就拍得很唯美）。其次，爱情以及恋爱中的人物不是外化于全剧的"问题"，而是与"问题"的诸线索彼此交织、相互呼应。在前剧情时期，有着"知识化"背景的志远和小歌是一对，没有"知识化"背景的珍珍和二虎是

---

[1] 莱辛：《拉奥孔》，朱光潜译，204页，北京，人民文学出版社，1979。

[2] 梁斌：《漫谈〈红旗谱〉的创作》，《梁斌研究专集》，24页，福州，海峡文艺出版社，1985。

一对。但很快这种平衡就被全剧的第一个戏剧行动打破。马婶得知平时她最看不惯的范老师就要升任校长，便迫使女儿珍珍去找范老师的儿子志远补课，想以“美人计”来帮助马科长升迁。原先的感情组合在马婶的搅和下果然出现了危机，这是大人们的“仕途经济”事与孩子们的感情之事的首次碰撞。然而仅有补课这一个外因还不足以使危机变为现实，剧作者又从黄老师扶贫这条线索上借力：一、乡长到半边楼来请黄耕帮助他们那地方脱贫，志远跟小歌开玩笑说她家来了满头高粱花子的亲戚，出身农村的小歌觉得受辱，两人的裂痕加深；二、黄老师摔伤后，仗义的二虎跑前跑后，出钱使力，使困境中的小歌深受感动。至此小歌与二虎的关系遂确定。再看呼延与何娜。呼延是全剧的男一号，因此安排一个痴情的追求者显然是为了塑造这一青年知识分子的“精英”形象。此外何娜的生物系学生身份让半边楼跟校园之间、家长里短与学校的教学科研工作之间有了穿针引线之人。何娜对于呼延的爱还直接造成戏剧之结——何娜为了保护呼延，在抄写项目申报书时将第一主持人由呼延换作黄耕，导致了呼延对黄老师的长时间误解。

最后，却是最重要的一点，如果说《半边楼》一剧揭示出的问题暴露了高校知识分子的屈辱与挫折，那么半边楼人的爱情观念则是对知识分子（包括创作者）自尊心的有力补偿。剧中，何娜甘愿为呼延东付出一切不必说，没有文化的二虎也瞧不上一样没有文化的珍珍，而心仪好学上进的小歌；呼延东念念不忘同为文化人的小歌和志远最合适；贵为一校之长的范老师爱慕除了敬业再一无所有的黄老师。至于珍珍一度成了志远和二虎都往外踢的“皮球”，《半边楼》编者如此构思虽然意图太过直露，但也可见其对爱情与知识相结合的赞美态度。

缺点也有，比如，半边楼人的择偶圈子小了点儿。从来没有见过志远的硕士同学，也没有见过小歌的高中、大学同学。志远的恋爱对象只能是高中生小歌或待业青年珍珍，小歌面对的则除了个体户二虎就是老呆在家的硕士生志远。何娜开始给人的印象是一个为爱情而爱情的摩登大学生，后来又崇高得很，志愿到农村工作，呼延东带她去日本都拒绝。黄、范爱情的行动性最弱，几乎没有参与全局的情节进展之中。编导将他们的关系处理得没有丝毫的世俗味道。也许因为一个有着校长职务的著名女学者，爱上了一个“混得很惨”的男讲师，该题材本身就是非世俗的。结果黄范之爱变成了剧中时隐时现的圣洁的点缀品。

〔思考题〕

1. 请谈一谈《半边楼》中“问题”与“戏剧”的关系。

2. 你是否同意莱辛所说的“完善的道德人物至多只能扮演一种次要的角色”这一观点。

回归个体叙事的一次尝试

——电视连续剧《过把瘾》读解

赵建国

1993　8集电视连续剧

北京文化艺术音像出版社、北京国际广告公司录制

原著：王朔　编剧：李晓明、黑子　导演：赵宝刚　主要演员：王志文（饰方言）　江珊（饰杜梅）　刘蓓（饰贾玲）

本片获第十四届全国电视剧“飞天奖”中篇电视连续剧三等奖、优秀男主角；第十二届金鹰奖最佳电视连续剧、最佳女配角。

剧情简介：

杜梅和方言在一个朋友的葬礼上相识，两个人一见倾心。方言想请杜梅吃饭，但又没带钱，倒是杜梅请了方言。过了几天，方言领同事和其女朋友去杜梅所在的医院看病，由于同事晚到使杜梅产生误会，直到同事赶到，才澄清事实。可没过多久，因为方言没在舞会上请杜梅跳舞，两人又闹了别扭。大年三十的晚上，方言找到杜梅，两人重归于好。在交往中彼此加深了解，并增进了感情，两人走得越来越近。不久，杜梅和方言领了结婚证成为夫妻，但爱情的路还很漫长。正当两人经历了沟沟坎坎、恩恩怨怨、磕磕绊绊，从相识、相爱、相斥、相离、相信，以至到最后再次相聚，准备携手走向幸福的时候，方言却得了一种不治之症。这部电视剧没有太多过于刻意的煽情，没有整天哭哭啼啼，没有在几个人的三角恋之中绕来绕去，没有把婚姻作为爱情的结束。它像极了真实的故事，但却不乏浪漫。

一、文化分析

作为中国电视剧发轫之作的《一口菜饼子》，无意极其恰当地吻合了彼时社会文化氛围：剧中相对简单的人物设置、相对简单的情节展开、相对单纯的叙事动力推进，与当时一切以阶级斗争为纲的政治空气形成了较为恰当的呼应关系。在这种具有浓厚政治色彩的社会文化风气影响之下，影视文化创作也具有了浓重的意识形态特征：平面化脸谱化的人物形象塑造，简单的正反力量对比，惩恶扬

善式的故事结局，等等。尽管这种话语表达是“历史的和具体的”，但是在变换了历史时空里面，这种表达方式仍然受到了人们的诟病和批评。

“文革”结束之后，伴随着整体的社会文化转型，饱受苦难的人们痛定思痛，以一种饱含激情的语式来向昨天的历史进行控诉。客观地讲，这种表达具有相当的历史合理性，他们的出现为人们反思历史、正视历史提供了极具震撼力的文本。但是同样必须指出，这种表达由于政治功利性比较明显，情感力量的蕴含相对比较强烈，因而在艺术表达上与其所批判的对象具有了相似的弊端，那就是：人物形象相对单薄，情节结构相对单一等等。这种情况是耐人寻味的，如果说在文革电视文本中人物及其故事是政治意识形态的扁平符号的话，那么，以批判这种过分浓重的政治意识形态为己任的电视文本不经意间在艺术表达上陷入了同样尴尬的境地，从某种意义上说，二者殊途而又同归。

继之出现了一些较为成功的电视剧作，譬如引起广泛社会反响的《海灯法师》、《乌龙山剿匪记》和《便衣警察》等等。这些电视文本在艺术表达上进行了一些大胆的突破和尝试，取得了相当可观的成就。以《乌龙山剿匪记》为例：该剧讲述了人民解放军的一支部队与当地土匪斗智斗勇的故事。与以往此类型的电视剧作相似的地方是，该剧同样设置了正反力量的较量和斗争作为叙事的主要推动因素，但此剧的编导者们并没有简单地将对立双方的形象加以脸谱化塑造。土匪头子钻山豹虽然刁钻奸诈心狠手辣，但对女匪四小姐钟情有加痴心不改；解放军战士虽然仪表堂堂敢作敢为，但是当自己家人的性命受到威胁（如队长的妻子和孩子被土匪挟为人质的那场戏中）的时候，心中也难免犹豫。类似的地方让上述电视剧作中的叙事方式更为合理，人物形象更加丰满。这种艺术表达创造出了一大批观众耳熟能详的人物形象，譬如：勇搏激流的人民警察、处于风口浪尖的改革家、英勇无畏的解放军战士等等。

在上面粗略勾描的中国电视剧创作的阶段性叙事特征中，实际上暗含着一条不尽明朗但却始终贯穿的线索：在政治气氛浓重的电视文本中，人无疑是作为“历史的人质”而存在的，在宏大社会叙事的遮蔽下，人的存在极其渺小而且无足轻重；继之的“控诉”文本则尝试对这种境况做相当程度的拯救和改变，尽管实际效果另当别论；而后起的一批成功的电视剧作则继续前者的未尽之功，他们试图为“人”找到更为自由而且合理的栖居方式。重要的是，这种努力并没有完结，它仍然处于不断的探索和摸索之中。由此观之，充满了个体化叙事特征的《过把瘾》在中国电视文化视域中的出现也是很自然的事情了。

对于中国而言，20世纪90年代初是一个并不寻常的时代关节点：80年代持续高扬的人文思潮开始回落，取而代之以更为务实和理性的思索与实践；90年代初由执政党在政策和举措方面的大力推动，改革得以向纵深领域迈进和开展；而80年代末令人始料未及的政治风波，显然成为时代变更的重要分隔符。经过短暂的震惊性体验之后，国人被一种历史的巨大惯性挟裹往前，尽管这场征程在开始之时尚且带有多少的惊慌和懵懂，因为这实际上是一种从肉体到心灵的透彻洗礼，是一种从价值观念到生活方式的更新换代。历史的变动，不可避免地引起了人心的浮动，悲伤、欣喜、自豪、沮丧、怯懦、决绝、自信、彷徨……显然，这种新的历史现实需要不同于往昔的文本表达。《过把瘾》在中国电视剧叙事格局中的出现，具有相当程度的里程碑意义。首先，从其讲述故事的方式来看，这种充分关注平常个体情感故事的电视文本在其之前并不多见；其次，从故事讲述的实际内容来看，它充分体现了人们在新的时代所产生的新的情感故事；再次，由这种全新的叙事方式所演绎出来的情绪基调，同样令人耳目一新。

二、艺术分析

1. 真情演绎经典爱情故事

爱情是一个永恒的话题，《过把瘾》通过男女主人公的吵吵闹闹、分分合合再现了这一主题，通过剧中人的言行和心理活动折射出现代都市的男女青年对爱情既渴望又失望，既向往又怀疑的复杂心理，这种对言情剧的现实主义开拓，使《过把瘾》在言情作品中占据独特的地位，更贴近当代人尤其是青年人的婚恋生活，因此得到观众的喜爱。

电视剧一开篇就以餐馆里潘又军向方言述说婚后生活的压抑而提出了问题：什么是爱情，婚姻是否是爱情的坟墓？石静的自杀进一步使问题强化。在这样的背景下，方言和杜梅相识相恋了。尽管潘又军告诫“爱情就是火锅，到时候就等着挨涮”，但方言依然如故：“这年头最不值钱的就是爱情两个字，可我在乎杜梅”。尽管不无矛盾，但爱情的魔力让方言和杜梅义无反顾地走入婚姻的围城。“只要你爱我，有张床就行了。”杜梅欣喜地说。而方言领到结婚证后，却感到一种感情的失落。他问婚姻登记处的人：“就这些了？”登记处的人反问：“你还想要什么？”那么他还需要什么？薄薄的一张结婚证把两个人连在了一起，婚姻的价值就在这张纸上吗？结婚证虽然拉近了两个人的现实距离，但他们感情的距离反而拉大了。也许爱靠得太近就失去了爱的魅力。剧中以方言和杜梅婚后无休止的吵闹来表现常态婚姻中的困惑。其中有一场戏：又一次家庭大战后，杜梅找贾玲哭诉：“你知道我最怕什么吗？就是他在沙发那头看书，我在这头打毛衣，静得像死一样，这时候我就想跳起来喊！”贾玲劝慰杜梅往好处想：“你就想方言人不错，他爱你，又没有外心，你们两个日子过得挺安稳的。婚姻分几个阶段……”杜梅打断贾玲的话：“人为什么不能总在热恋阶段，我什么都给了他，难道我就不能要一点回报吗？”剧中人对“爱情”的不恭与怀疑源于他们内心深处对爱的珍视与渴望，而爱情的极度渴望原本也潜藏着对爱情失望的危机。杜梅惟恐失去爱，她趁方言睡觉之机把方言全身捆住，用菜刀逼迫他说爱她的镜头让人记忆犹新。结果她对方言的真挚的爱变成了束缚方言身心的绳索，最终导致两人分手。离婚证使两个人回到两个独立的世界，远距离的观照让他们有机会重新认识对方。钱康与韩丽婷的出现让爱情在折射中重现光彩，历经波折，方言与杜梅又走到了一起。在他们初次相识的小酒店里，杜梅举杯说："我们浪费的时间太多了。"方言深情地回答："为了今天，值得。"本该是大团圆的结局，剧情到这儿却急转直下，方言不幸患上绝症。面对死亡，爱情得到了升华。为了不拖累杜梅，方言求贾玲帮忙做戏，让杜梅恨他而离开他。杜梅知道真相后，一个人粉刷新房，等着方言回家。在写满"爱"的黑板前，有情人紧紧地拥抱在一起。这时，方言在杜梅的怀中颓然倒下。爱人逝去，爱将永存，写尽了言情片的凄美，让观众在唏嘘不已，泪流不止的同时思索爱情、婚姻的真谛。

二人世界的确是非常私人化的情感交流，编导者通过琐碎的日常生活琐事，营造出真实的家庭氛围和浓郁的生活情趣，让观众从剧中人物的身上看到自己和身边人的影子。那真切的、丝丝入扣的情感心理的展现引起观众的共鸣，每一次情不自禁的笑和流泪都源于那些熟悉的生活和言语情景。

2. 个体叙事的回归

《过把瘾》的男女主人公方言和杜梅都是现代都市里普普通通的青年男女。当我们仔细对电视叙事进行考察的时候，可以发现两者的社会身份其实并不重要，这种社会身份也并没有对电视叙事进行了多少的推动效果。该剧主要讲述的是两个人的情感世界，几乎不存在"事业线"。它没有渲染特殊的历史背景，也没有依托什么突出的事件，而是直接切入他们的爱情故事。他们之间的爱情就是片子的主题，他们的情感纠葛就是故事的主要内容，其他都被淡化了。尽管人物始终离不开特定的生活环境，但本剧中的环境仅仅作为人物活动的场所和故事展开的空间，而不再被赋予更多的内涵和使命。不仅如此，一般的言情片都离不开多"角"关系，婚外情、第三者等都是言情剧的惯用手法。而《过把瘾》始终把"情"聚焦在方言和杜梅这两位男女主人公的身上，剧中其他人物的存在都是过客和陪衬，即便是贾玲。贾玲在全剧中是一个特殊的角色，她以一个知情者的角色出现，是推动剧情发展的线索型人物。尽管她喜欢方言，方言对她也有好感，但剧中没有节外生枝地过多描述她对方言的感情。其他人物更是如此，无论是剧中一开头自杀的石静，还是潘又军、陈雅红，都是为铺垫、烘托、交代男女主角的情感，展示他们内心世界服务的。至于钱康和韩丽婷，用剧中钱康的话来说是被两位主角借来"说事"、制造"距离"的，根本够不上"角"。不靠多"角"，而是向人物的内心深处开掘，揭示常态婚恋中的情感问题，这样纯粹写情、言情的电视剧，在新时期同类题材创作中具有突破性的意义。

作为《过把瘾》文学作品的作者，王朔曾经反复表达过一个意思：人没有崇高不崇高之分，只有真诚与虚伪的不同。此处所谓的"崇高"，在中国的当代文化词汇里面，自然有着不言自明的含义。而"真诚"或者"虚伪"，其实已经开始逼近了人之本身。在《过把瘾》中，无论是态度的真诚还是虚伪，无论是欲望的宣泄或者禁锢，皆如“瘾”一样鲜明而且赤裸地逼近了人之本体。方言在不羁的外表下面拥有一付侠骨柔情的热心肠，杜梅近乎神经质的爱的行为所折射出来的对于情感的忠贞，都是这种人之本性的集中体现。在《过把瘾》中，这种至纯至真的人性和人情，游走在现代都市之间，尽管这是一个被诅咒为“水泥丛林”的地方，这里的人际关系被形容为“残酷冷漠”，然而令人荡气回肠的人物情感故事，却实现了对于上述困境的突围和冲破，并预示着一种新的叙事方式。

在角色身份上，《过把瘾》淡化了人物的社会角色而着重于人物的个性角色；在叙事策略上，人物之间的情感纠葛构成了故事情节的主要推动元素；在人物设置上，摒弃了过于简单的正反人物设置逻辑；在情绪渲染上，青年人潇洒自在的生活状态成为剧中的主导氛围。上述种种，使得《过把瘾》在中国电视剧作品序列中显得比较“另类”。而使其在众多作品中卓尔不群的主要原因，则应该归结为其回归个体叙事的努力。当这种个体叙事在中国陈旧的叙事格局中刚刚开始展露其不凡魅力的时候，赢得观众的喝彩声也就不足为怪。

3. 塑造了极富个性的男女主人公形象

剧中的方言和杜梅都是极富个性的人物。他们生活在改革开放以来成就最为显著的现代城市。但城市对于他们而言其实更多的是一种冰冷的存在物，并没有对他们产生过多的吸引力。而现代城市中相对间离的人际关系，也成为剧中人物“拒斥”现实生活的某种理由。上述种种，造就了电视剧中人物的独特性格特征。方言和他的朋友在很多的时候出言不逊，甚至有的时候看来有点油滑，游戏人生，玩世不恭。然而，如果由此就将剧中人物认定为没落颓废，那么就大错特错了。他骨子里是正直、真诚、善良，对爱情是认真和真诚的。他以一种轻松、玩世、潇洒、游戏的态度看待社会与人生、他人与自己，借幽默和调侃化解个人的压力与苦恼，而在内心底层他拥有自己的追求。然而这一人物形象却也带着浓重的悲剧色彩：在文化馆，他当面顶撞上司并主动辞职；在生意场，他因不懂奸猾之术而把生意做砸；与心爱的人结婚之后，却不能享受生活的快乐与幸福，离婚后才逐渐明白爱的真谛；当与杜梅再次被爱召唤到一起，准备开始新的生活时却又不幸患上不治之症。女主角杜梅同样个性鲜明。她渴望爱，又怀疑、惧怕爱，她性格中的乖张、偏执和自私，既让人颇感诧异，又有其合理性。她性格的形成决定于她所生长的环境。在她的幼年时期，生母便因阻止丈夫移情别恋而被其亲手杀死。这促使杜梅产生了对爱情的长期本能式的恐惧和怀疑。缺少亲人关怀使得她对友情尤为看重。然而就在她认识方言之前，好友石静因婚姻不幸福而跳楼自杀这件事情加重了杜梅心中的阴影，不自觉地再次加强了她那原已很强烈的自我保护意识。于是，把贾玲“介绍”给方言，以此考验自己的意中人，婚礼上一个自己的朋友都没有请，新婚之夜就提自杀的事，没完没了地验证和拷问方言对自己的爱，以至用绳索和利刃逼方言说“我爱你”，以求得心理上的踏实感。杜梅的这种几近不可理喻的情绪变化正充分表现出她对爱的“痴”。杜梅多舛的命运和乖张的性格中似有“当代林黛玉”的影子。但杜梅毕竟不是林黛玉，而是对爱情矢志不渝的现代女性，所以当杜梅得知方言得病的真相后，一个人收拾好准备结婚的新房，等待方言回家。当方言和杜梅揭开蒙在“爱的黑板”上的报纸时，他们紧紧拥抱在一起。方言和杜梅两人众里寻它千百度的情感经历、极具个性的形象足以令人心仪。

4. 简洁明快的视听语言

《过把瘾》只有8集，却引起如此广泛的影响，其中，视听语言的成功运用也功不可没。全剧的镜头和人物语言都简洁明快，几乎每一个镜头和每一句台词都经过精雕细刻，不啰嗦，不拖沓，不沉闷，有时惜墨如金，有时浓墨重彩，在向观众传达丰富内容的同时，又为剧情的发展埋下伏笔。该剧充分调动了画面与声音的叙事、造型以及象征的功能，节奏明快唯美，给人留下了充分的想像空间。以第一集为例：

（画面特写）一只纤细的手打开音响，一曲《秋日私语》响起。音乐声中，手点燃了一支烟。

（镜头拉开）一张女人的脸，然后，（室内全景俯拍）房间里的一角，石静倚靠在沙发上，神情孤独落寞，她在痛苦地想着什么。顺着石静的目光看去，（切入）梳妆台上石静和潘又军的结婚照，照片上一对新人满脸幸福。

开篇这段尽管人物没说一句话，但是通过画面和声音造型（弥漫在室内的《秋日私语》，女人幽怨的神情，婚纱照等），已经向观众传达了潘又军和石静的婚姻出现问题这样一个复杂的内容。接下来画面从婚纱照上潘又军的脸自然转入了另一场景。

（画面）小饭馆里，方言和潘又军边涮火锅边聊，邻桌的一对恋人引起潘又军对婚恋生活失望的一番感慨：“……人呢，死活弄不清什么是爱情。这爱呀，就是这锅子，到时候就要挨涮。”

这一段戏既是对第一场戏的呼应（当婚姻出现问题时，作为观众会关心另一方的状况，这样处理使前面表达的信息更为完整），同时又借潘又军之口提出了贯穿全剧的爱情与婚姻的主题，引出了男主人公的上场。作为言情片，这样简洁直入主题的开场一下子就吸引了观众。结构上的讲究还体现在，剧中方言和杜梅这对男女主人公的爱情故事是电视剧的主线，但开场一大段戏中杜梅并没有出现，这有点像文学中的“比兴”写法。另外，潘又军和石静的婚姻，特别是石静自杀这一激烈情节是为方言和杜梅后面的故事作铺垫的。

（画面）石静坐在梳妆台前化妆，电话铃声响个不停。

（画面）小饭馆里，潘又军还在发着牢骚，方言劝他早点回家，潘又军抱怨婚后生活沉闷："……真静，静得像停尸房，你越跟她在一起……你穿过那种夹克吧，就是那种穿了洗，洗了穿，穿到最后，哎，还翻出一个兜来……石静的兜太多……"。

（画面）石静在喝闷酒，电话铃不断响起。

（画面）小饭馆，方言催潘又军回传呼，潘又军以为是石静呼他，没有看，不耐烦地对方言说："要打电话，你打，我绝不偷听。"

（画面）夜深了，方言打面的送潘又军回家。大街上，霓虹闪烁，流动的车灯闪闪。

（画面）风铃，潘又军的家，玻璃破碎的声音，酒被泼在结婚照上。

（画面）潘又军家的楼下，方言问潘又军："用不用我上楼证明今天晚上你过得很纯洁?"潘又军借酒说疯话："惹急了我，把她从楼上扔下来。"

（画面）受惊酒醒的潘又军惊恐的脸，探身走向前去。

（画面）星空下夜幕中的楼群。

（幻化出）石静年轻的脸。

（镜头拉开）石静的骨灰盒。

这一段戏含蓄而有韵味。镜头中没有出现人物，但通过声音，画面，观众可以猜测石静最终下定决心选择死亡的一幕。在剧中也没有正面描写石静跳楼的场景，而是用——

（画面）一道白影闪过，物体坠落的声音。

（画面）面的司机惊叹。

（画面）星空下夜幕中的楼群。

（幻化出）石静年轻的脸。

（镜头拉开）石静的骨灰盒。

剧中还巧妙地安排了石静不接电话，潘又军不看传呼的情节，展现出石静临死之前万念俱灰的心态和潘又军对婚姻生活的厌倦，同时为女主人公杜梅出现留下伏笔。

（画面）殡仪馆里，杜梅打了潘又军一个耳光，责问他："那天为什么不回传呼?"方言上前替潘又军解释："他不知道是谁。"方言与杜梅相识。

（画面）走出殡仪馆，方言和杜梅谈起石静自杀那天发生的事。杜梅说："石静死的那天去看过我，我们还闲聊了一阵，石静没说什么，只说了句'没劲'，回到宿舍我看见石静送给我的笔什么的，这些小玩意平时都是石静非常喜欢的。我晚上值班，回想白天的事，觉得不对劲，就给石静家里打电话，一直没人接，再呼潘又军，也没有回音，结果石静自杀了，要是潘又军回了电话，回家看看，石静也许就不会死。"

到此，第一段戏结束，方言与杜梅的爱情故事正是在这样一个特定的背景下自然展开。

在全剧中，这种环环相连，丝丝入扣的风格是统一的，甚至那个摇曳的风铃也被作为爱情与情感的象征物在剧中反复出现，唤起人们的联想，烘托主人公的内心世界。

从遮蔽在浓重意识形态下的宏大叙事到向个体叙事的自觉回归，从脸谱化和平面化的人物塑造到富有个性的平常人的最终出场，中国电视剧创作走过了一条并不平坦的路途。如果说早期的政治文本具有鲜明的时代象征色彩的话，那么电视剧《过把瘾》的出现则因为其在一定程度上的“发轫”地位和“寓言”意义，在中国电视剧创作史上具有独特的价值。

〔思考题〕

1. 结合作品分析《过把瘾》在中国情感电视剧中的地位和价值。

2. 试析《过把瘾》中男女主角的表演。

移民命运·文化碰撞·价值立场

——电视连续剧《北京人在纽约》读解

缪　力

1993　21集电视连续剧

北京电视艺术中心、中国电视剧制作中心录制

编剧：曹桂林　导演：郭晓龙、冯小刚　主要演员：姜文（饰王起明）　王姬（饰阿春）　戴博（饰大卫）　严晓蘋（饰郭燕）　马晓晴（饰宁宁）　周丽华（饰秀梅）

本片获第十四届全国电视剧“飞天奖”长篇电视连续剧二等奖、优秀摄像、优秀剪辑；第十二届“金鹰奖”最佳电视连续剧、最佳男主角、最佳女主角。

剧情简介：

美国——对大多数中国人来讲是一个遥远陌生的国度，而在大洋彼岸有人说那里是天堂，有人说那里是地狱。大提琴家王起明和妻子郭燕从肯尼迪机场下机伊始，就陷入了一种可怕的幻灭感中，为了谋生，王起明进餐馆打工，郭燕去工厂干活。在严酷的现实面前，他们放弃了同甘共苦的初衷，走上了一条充满竞争、心酸、冷漠的人生之路。得益于阿春的帮助王起明暴发有了钱，郭燕也与王离婚成立了新家，但都没有获得幸福和安宁。在新的生活波折中，王起明大起大落，一贫如洗，郭燕被逐出家门流落街头，他们的女儿宁宁也离家出走。自由女神依然冷傲地注视着来自世界各地的人们涌入纽约淘金寻梦。又有一批中国人走出肯尼迪机场，看到他们兴奋的面孔，王起明百感交集。

一、东西方文化碰撞中新一代移民的命运

《北京人在纽约》是中国通俗电视剧创作走向成熟的标志性作品。首先，从题材上讲，这是一部描写改革开放后走出国门的新一代移民创业、生活的作品，其新奇的题材于20世纪90年代初期播放时，让绝大多数未能出国的观众耳目一新，大饱“眼福”，充分体现了电视编导对热门话题的敏锐感觉。其次，电视剧对文学原著做出了创造性的改编，使戏剧情节愈加曲折，人物性格愈加鲜明，进而透过人物命运的变迁，生动地凸显文化在这种变迁中的力量，剧中文化意蕴的

开拓，使作品有了一定的深度。再次，该剧在影视结合上做了积极而成功的探索，流畅的叙事，娴熟的技巧，紧扣情节、环境与人物心理的音乐以及蒙太奇手法，使国产电视剧在电视电影化方面迈出了可喜的一步。最后，这部雅俗共赏的电视剧不仅赢得了北京人的青睐，而且各地方台纷纷转播，成了全国亿万观众的热看对象，创造了电视剧收视上的“三高”记录，赢得了专家与广大普通观众的交口称赞。

《北京人在纽约》拍摄于20世纪90年代初期。对于中国，那是个大变革的时代。80年代中后期，国门开放，各种文化水平、从事各种职业的年轻人纷纷走出国门，涌向美国、日本和欧洲，有留学深造的，有打工赚钱的，还有投资经商的，手段、路径虽然各异，但这些“新移民”却都有着相似的历程——奋力拼搏甚至苦苦挣扎，和共同的目标——到异国他乡寻梦以求改写命运的轨迹。

此时在国内，也正经历着社会转型、经济发展以及政治、文化的变革，市场经济提升了人们的物质生活水平，知识与信息的传播和交流促进了思想解放，但，对于大多数中国人来说，出国还是遥远的事情，因此，走出国门的人们的命运，便成为中国老百姓最关注的社会热点之一。

应时而生的电视连续剧《北京人在纽约》，其成功之处就体现在以下几点：

1. 在题材上，像电视剧《渴望》一样，《北京人在纽约》放弃了精英立场，自觉向平民价值观倾斜。它向人们展示的是普通的北京人在美国的生存状态。大提琴手王起明与郭燕初到纽约，被姨妈安置在地下室。他们语言不通、生活无着，经过几番周折，最后寄身于阿春当老板的湘院楼，像机器一样洗碗、洗盘、切菜；一次偶遇好心台湾退役将军，经他介绍进毛衣厂打工，由此开始了异国生涯。这里，我们看到了王起明与大卫在生意上你死我活的竞争；看到了王起明、大卫与郭燕及阿春的感情纠葛；看到了宁宁来纽约后所遭遇的成长苦恼与心灵扭曲；看到了其他北京人在纽约的苟且与死亡……电视剧向我们展现出的王起明一家及在纽约的一群北京人最原始的谋生状态，虽然不能代表现今到西方去的中国知识分子的全部，但却概括了相当一部分人的精神追求和价值取向。这种以通俗化、大众化手法对“洋插队”的描摹，使剧作更贴近生活、贴近时代，满足了广大电视观众的审美需求。

2. 电视剧努力地将镜头推向中美文化的碰撞与交流方面，企图在这种中西方文化的撞击背景下勾勒王起明一家的升沉荣辱，从而加大该剧的文化含量。

剧中主人公王起明在“文革”中接受教育，长大成人；在“改革开放”中成家立业，走出国门。因此，他们的人格底色和文化心理是在两个剧烈冲突的特殊时代，即在“文化断裂期”和“文化转型期”形成的，这就在他们的心灵上烙上了文化心理分裂和双重人格的印记：“一方面，为中国过去的文化自豪，另一方面，又为祖国现实的落后自卑；一方面，嘲笑西方文化的悖谬、西方人的腋臭、多毛、粗大的汗毛孔，另一方面，又把人生的种种美梦（包括娶个洋老婆、或嫁个洋先生）的实现寄予大洋彼岸……厌恶与渴望，鄙视与仰慕，自大与自卑，冷嘲与热讽，这一系列复杂矛盾的心理、感情和观念在这一代人身上交织、奔突。”（吴迪《北京通俗连续剧创作简析》）于是我们在剧中看到了王起明一边借钱当老板，为发财不择手段，甚至不惜以郭燕的人格为赌注，在激烈的商业竞争中迫使大卫破产，并十分得意地对其进行人格侮辱，另一边又向阿春表白，不愿意“良心全让狗吃了”；他一边不忘“对资本主义的仇恨”即“民族仇、阶级仇”，在纽约街头大骂“不就是他妈的美国吗？有什么了不起！美国，你装什么孙子，纽约，今儿我就犯混了，这儿我就是爷！”一边又把女儿接到美国，接受美式教育，享受美国的文明。当他看到女儿嫁给比她大几十岁的同学之父时，又在纽约街头失态地打着自己嘴巴，令美国警察枉然不知所措。一边他拼命工作加班加点，“艰苦奋斗”，另一边却拿着这加班加点挣来的几万美元，在大西洋赌城输个精光，还在返回的路上唱起了“洗衣歌”来安慰自己，甚而向阿春表白，总算“玩了一次让美国老爷也心惊肉跳的牌”，由此逃避灵魂的自醒。王起明身上有着中国传统的阿Q心态，他说过“美国算什么？我们是人的时候，他们还是猴子呢！”他有时妄自尊大，目中无人；有时又自卑自贱，妄自菲薄；有时又自我麻痹，逃避现实。这种断裂的文化心理和分裂的人格特色是社会文化的产物。《北京人在纽约》一剧也描写了美国文化，抨击它的自由、平等、个人至上及“性解放”“教坏”了来纽约的北京人，导致了郭燕的婚变、阿春的官司、宁宁的出走以及大李的死亡……

二、艺术分析

1. 创造性的编剧增加了电视剧的文化含量

小说和电视剧，是两种完全不同的文艺形式。但原创小说又是电视剧的母体。小说《北京人在纽约》是一本带有纪实文学性质的作品，有着作者出国奋斗经历的踪迹。原作在情节上明显地分成两大部分。前一部分是王起明和郭燕的奋斗成功史，后一部分则是写在国内已经变坏的宁宁被接到美国后，她的命运——堕落、死亡，给这个已经发了点财的家庭带来了种种阴影。令人遗憾的是，小说中前后两部分缺乏贯穿始终的矛盾线索，人物关系简单、情节舒缓。

在电视剧《北京人在纽约》中，经过电视剧编导们的精心改编与执导，加上演员们的二度创作，使剧中人物增加了，关系复杂了，情节紧凑而富有色彩，人物性格越加鲜明，人物命运的走向扣人心弦。编导独具匠心地将镜头瞄准中西文化的碰撞、交流，使在纽约的以王起明一家为代表的一群北京人的故事的文化内涵，较之原创小说丰富得多了。正如编导们所言：“打破原先的人物结构和剧情，让王起明夫妇离婚，人物关系发生根本变化，这可好，一下打开了思路……”于是，剧中另一位重要人物大卫出现了。大卫一方面成了王起明在商界的竞争对手，另一方面，又演绎起“夺”王起明之妻的大戏，使小说中稳当王起明老板娘的郭燕与王起明离婚，匆匆嫁给大卫，其后不久，又因为受到美国文化的排斥和良心的谴责，而与大卫离婚，最终返国。这中间，三角恋爱的情感纠葛，王起明与大卫在“情”与“商”两方面的拼死竞争，均开拓了电视剧的故事空间，由此而导致的剧情的跌宕起伏，也吊足了观众的胃口，满足了观众的精神需求。

电视剧的改编过程中，编导特意为阿春安排了一位黄发、蓝眼、白皮肤的前夫——一位地道的美国中产者，让阿春与其有了一个混血男孩，围绕对孩子的看望权和为孩子治病，使两位不同肤色的离异男女虽断犹连。特别是由此引发了种种因中西文化差异所造成的误解、摩擦、反目，甚至法律纠纷，即使观众在生活层面浏览了异国文化，同时也比原创小说有了更大的生活与文化容量。

突破原创小说的局限，电视连续剧还安排了一个细节，那就是女儿宁宁在楼前摆摊为非洲儿童募捐，王起明看到后，深感意外，对宁宁的认真，王起明开始强忍着等待，后来还是按捺不住，理直气壮地对宁宁说：这是美国人吃饱了饭没有事做想出来的花样，不是我们（中国移民）应干的事。该细节揭示出王起明所想、所思、所行与全部的追求，便是个人发财的价值观。剧中一批旅美华人对绿卡的渴望，也同样折射出了他们的价值取向。文化失重、道德失衡的人间百态为电视剧增添了厚重感，也给观众以开阔的想像空间和深层的思考。

2. 电视电影化的成功探索

《北京人在纽约》的编导，不仅对热门题材敏感，对原作做了大胆的改编，同时在艺术手法上，特别是在影视结合上也进行了积极的创新性的探索，使其成为电视电影化的成功之作。

我们知道，中国电视在刚刚诞生的时候是以转播舞台演出作为自己参与艺术活动的主要内容。但它所具备的视听优势使电视剧应运而生。在电视剧发生与发展的过程中不难看出它与戏剧有着千丝万缕的联系，因此直到今天，我们还约定俗成地称它为“剧”，而少提及“片”。20世纪80年代电视剧在电影化道路上曾有过开拓和创新，出现了《红楼梦》、《西游记》等一批称得上是“大片”的电视剧作品。然而90年代初期大型室内剧《渴望》的一炮走红，又引发了电视剧创作上的室内剧热，相继出现的室内剧作品有《编辑部的故事》、《爱你没商量》、《半边楼》等等。在室内剧“大潮”中，北京电视艺术中心的编导们并没有放弃对电视电影化的探索，可称之为“电视电影”的《北京人在纽约》，就是他们的一部标志性作品。

《北京人在纽约》的突出的电影化特征在于其纪实风格。回顾中国电影史的发展历程，我们记得，纪实风格的确立是对电影艺术思维的一次解放。它把电影语言表现的重点放在人与环境一体化的原生态的物质世界中，用真实细节的展示取代了人为的戏剧化情节的描述，的确体现了用“摄影机眼睛”看世界的方式。

这不仅在电影思维上为中国电影的现代变革开启了一条顺畅的通道，而且这种纪实风格升华为一种美学精神，成为电影人的思维方式。

我们从《北京人在纽约》的21集里自始至终都能感受到这种纪实风格。王起明与郭燕从肯尼迪机场下机直至一家人的悲欢离合，都通过越洋摄像机让我们见证了一个真实的世界。在片中，我们不仅看到了一个个真实人物的命运，看到了一个个动人心魄的故事，同时，那璀璨灯火、飞速车流、摩天大楼以及流光溢彩的大都市奇观，在给予观众以强烈的异国情调的撞击的同时，更给故事营造出了逼真的外部环境。电视剧最后，剧中几位重要人物的命运，用字幕形式告诉观众，无疑又加强了故事的真实感，进一步强化了纪实风格，产生了电影化的效果。同样的电影化的手法，还体现于剧中街头反复出现的黑人鼓手的场景。那娴熟的动作、激越的鼓声，不仅敲打着旁观者王起明的心，也向观众传达出了无限的韵味；其中既富有异质文化的风情，又不乏普世价值的人类共鸣，既令人产生飘零感，又令人躁动，从而在鼓声中感悟出一股追寻的意味。

3. 价值立场的褊狭与多元

当然，成熟并不意味着完美。无须讳言，《北京人在纽约》一剧，由于编剧、导演对美国多元文化的体验与认识的局限，使全剧的审美把握以及在社会文化层面的揭示还不够到位。马克思曾分析过，美国是一个移民社会，西方许多国家处于封建状态下时，那些不容于本国封建政体的优秀分子都集中到美国。然而观众从《北京人在纽约》中所看到的，却是该剧的编导对于美国社会和美国文化的一种片面化和情绪化的认识。譬如编导们把王家不幸的责任，全推给了美国和那里的文化——是美国的生活方式刺激了王起明的发财欲望，是美国人的道德破坏了他的家庭（具有讽刺意义的是，原小说曾交代，宁宁的第一次怀孕、流产并非在美国，而是来美国前一年在北京读英文补习学校时发生的）。正是文化理解上的简单与褊狭，才在一定程度上降低了《北京人在纽约》的审美层次和社会文化意义。

〔思考题〕

1. 试分析本剧在中国电视剧发展史上的地位和影响。
2. 你如何看待《北京人在纽约》一剧对美国文化和美国社会的理解与描写。

兴亡千古繁华梦

——电视连续剧《三国演义》读解

赵建国

1994　84集电视连续剧

中央电视台、中国电视剧制作中心录制

原著：罗贯中　编剧：杜家福、朱晓平、刘树生、叶式生、周锴、李一波　导演：王扶林、蔡晓晴、张绍林、沈好放、张中一、孙光明　主要演员：唐国强（饰诸葛亮）　鲍国安（饰曹操）　孙彦君（饰刘备）　李镜飞（饰孙权）　陆树铭（饰关羽）

本片获第十五届全国电视剧“飞天奖”长篇电视连续剧一等奖、优秀美工、优秀男主角；第十三届金鹰奖最佳长篇电视连续剧、最佳男主角。

剧情简介：

东汉末年、三国时期（公元220年到280年），天下大乱，群雄并起，争霸天下。电视连续剧《三国演义》以魏、蜀、吴三国争斗为主线，描述了各个政治集团为争霸而进行的政治的、经济的、军事的、外交的斗争。全剧以刘备、关羽、张飞和诸葛亮为中心人物，把蜀汉当作魏、蜀、吴之间矛盾的主导方面。同时通过这些斗争也揭示了当时社会的腐朽和黑暗，谴责了统治者的残暴和丑恶，寄托了人民渴望明君仁政，反对战争割据，要求和平统一、社会安定的愿望，赞美了重义守信、平等互助的人与人的关系。

一、文化分析

《三国演义》作为“天下第一才子书”，其转化成影视媒介的难度可以想见，然而这部影视剧终究还是与观众见面了。它的诞生，或许并没有避免招致批评的声音，但是欢迎的掌声似乎更为热烈。用编剧刘树生的话说，这种受欢迎的程度“在中国电视史上是空前的”。

从我国的影视文化实践来看，有不计其数的文学作品被改编成影视作品，并且引起了较为强烈的社会反响。如《西游记》，作为一部想像力丰富故事性较强的古典小说，它的影视化展现充满了丰富多彩的人文景观、绮丽神奇的场景布置和多元交汇的文化流派，因而在人们视野中甫一出现，便引起了相当高的艺术评价。而《红楼梦》和《水浒传》同样被多家影视单位以多种多样的影视艺术手段予以呈现——无论是林黛玉的浅吟低唱，还是宋公明的一呼百应，当它们转化为视觉符号而在电视屏幕上出现的时候，都具有了非同寻常的意味。《三国演义》也不例外，数百万言的煌煌文学名著，经过众多制作者的艰辛努力，被转化成了生动可见的视觉形象。所有这些应得益于大众文化时代的到来。

大众文化时代的到来，对于文学作品向影视产品的转化具有非常重要的意义。首先，由于工作习惯和欣赏品性的缘由，越来越多的观众倾向于在一天的劳作之后，安逸地坐在电视机这一信号输出终端前自如地接受信息；文学文本作为一种相对传统的传播介质，在今天正渐渐失却曾经与读者的无间魅力，于是《三国演义》的影碟在书店里与小说原著平起平坐已经是再平常不过的事情。其次，大众化生产制作机制的逐步完善，为文学名著向影视产品的转化提供了充分的可能性。在四大名著被改编成影视产品之前，中国影视传媒从业者数十年的创作历史为名著改编积累了极为丰富的实际经验、工作建制和制作设备，统统这些都为拍摄《三国演义》等鸿篇巨制提供了条件。

同时，必须考虑到的另外一点是：中国古典名著所具有的古典文化意义。伴随着近代中国在现代化路途上的艰难命运，中国古典文化传承的历史性断裂和挫折已经成为毋庸讳言的事实。在今天的“地球村”概念全面推广之下，肯德基、汉堡包、西装礼服正在成为全球人们的共通消费之物；巨细无遗的全球化浪潮的侵蚀中，原来身处不同文化地域的人们正在失却“和而不同”的生存理想。作为古典时代的全景式概括和映射，古典名著代表着文化的一种存在形式。以《三国演义》为例，其中所体现出来的古中国人民的生活习惯、一诺千金敢为知己者死的决绝放达、纵横捭阖谈笑自若的深远谋略等等，无一不是古典文化的现代呈现。所以，古典名著在今天以影视化的手段呈现，有着非常重要而且积极的意义：古典文化一方面能够对外来文化的冲击起到制衡作用，另一方面又能够加强现代人的民族身份认同。

当然，一部文学名著转化成影视产品，还有其他的深层原因，譬如：通过制作一定的影视文本，在文化市场上积极运作，可以取得相当可观的经济效益。就《三国演义》而言，它不仅深受大陆观众的欢迎，而且还远销到新加坡、日本、韩国等地，取得了很好的市场收益。另外，观众对于名著艺术成就的长期体认，也希望看到电视化的古典故事，可以说在《三国演义》影视作品出现之前，观众就形成了比较强烈的期待视野。

二、艺术分析

1. 布局谋篇详略得当，删繁就简

古典名著《三国演义》煌煌百万言，其气势之波澜壮阔，其历史之连绵延

宕，其人物之纷乱复杂，其谋略之深沉长远，其地域之宽广辽阔，在中国文学史乃至世界文学史上并不多见。就时间而言，它讲述了从东汉灵帝到西晋武帝将近一个世纪的历史故事，囊括了近百年的政治斗争和军事斗争的复杂历史景观，其历史场景可谓令人惊心动魄；就地域而言，黄河以北，长江以南，辽阔东海，苍凉西域，几乎整个中华大地的游走驰骋，都被作者笔走龙蛇的诗思所涵盖；就人物关系而言，上至万人之上的一国之君，下至引车卖浆的凡夫俗子，其中引申而出的复杂关系，可谓群雄逐鹿般的变幻莫测；就其冲突激烈程度而言，除却谋士有形无形的游说鼓动，作为冲突的最高形式——战争，在故事中就出现了数百场。这些原著中具有艺术魅力和艺术价值的固有元素为改编者们设置了相当的难题：如何忠实于原著？如何在忠实于原著的基础上进行艺术的再创造？如何将洋洋数百万言的文字转化为形象可感的电视画面？对此，电视连续剧《三国演义》的编导者们首先用布局谋篇上的精巧构思做了回答。

原著共120回，改编后的电视剧是84集。全剧分为群雄逐鹿（1～23集）、赤壁之战（24～47集）、三足鼎立（48～63集）、南征北战（64～77集）、三分归晋（78～84集）五大部分。第一部分以全剧四分之一的篇幅介绍了东汉末年的历史背景，几大政治集团的割据争斗，刘备、曹操、孙权等主要人物的出场和人物之间的关系及较量，这可以说是魏、蜀、吴形成前的序曲。第二、三、四部分（共五十四集）以三分之二的比重，表现诸葛亮出山后“隆中对”策略的具体实施，三足鼎立的形成过程和走向衰败的趋势，这是全剧的华彩篇章。第五部分用七集的篇幅，以简练的手法交代魏、蜀、吴的灭亡和晋国统一的过程。从电视剧的布局谋篇中我们不难看出，编导是用浓墨重彩去表现三国的形成与斗争，表现曹操、刘备、孙权、诸葛亮、关羽、张飞等主要英雄人物在历史舞台上的驰骋纵横。与原著的相应部分相比，编导用历史唯物主义的观点和当代的审美意识展现了这些英雄人物在历史舞台上的“精彩演出”，让原著的精髓得到了强化和升华。如《巧施连环计》、《煮酒论英雄》、《千里走单骑》、《官渡之战》、《三顾茅庐》、《舌战群儒》、《火烧赤壁》、《群英会》、《空城退敌》、《秋风五丈原》等观众熟知的故事在剧中或以磅礴的气势、恢弘的场面，或以抒情的意境、感人的细节充分展现。而原著中那些相对重复、拖沓的内容电视剧则作了删减。比如，东汉末年，帝位更迭频繁，朝政腐败，官逼民反，黄巾军起义等，该剧用画外音配画面的方式寥寥数个镜头，就简洁明快地把这部分作为背景交代，比原著中的相应部分精简很多。再比如，原著中有众多的战争场面的描述，其中，既有千军万马的大会战，也有单刀独斗的激烈厮杀，既有对峙数日的持久战，也有神出鬼没的速决战，大小战役数百场。而电视剧重点表现了其中的重大战役，如赤壁之战，官渡之战，七擒孟获等，突出战役的规模、气势、氛围，一般战争则采取武戏文唱的手法。在重点的战斗中侧重人物心理的揭示和形象的刻画，不管是战役还是战斗，该剧都着意表现战役、战斗在各统治集团的政治较量中所起的作用，展示敌对双方的斗智用谋、调兵遣将以及人物微妙的心理活动。如赤壁之战前，周瑜与主战、主和、中立的三派吴臣的周旋，火烧赤壁前曹操横槊赋诗，夺占西川前诸葛亮与张飞击掌为凭等。这样，电视剧《三国演义》经过对原著的删繁就简，去芜存精，结构上做到了重点突出，详略得当，节奏上做到了紧凑严整，收纵有度。

2. 取原著思想精华，去其糟粕，塑造了一大串鲜活的人物形象

能否把观众所熟悉的，在观众心目中已成审美定势的人物搬上屏幕，不但要求血肉丰满，而且必须为观众认同接受，这是电视剧《三国演义》的又一大难题，也是衡量改编是否成功的一个重要标志。应该说，电视剧给观众留下了一大串鲜活的人物形象：曹操、刘备、孙权、诸葛亮、关羽、张飞、周瑜、黄忠、赵云、姜维等。原著里，作者把一些人物神化、夸张、歪曲，甚至给笼罩上封建迷信色彩，电视剧对此进行了补充、修正，把他们还原成人，使人物变得血肉丰满，更加真实可信。比如在刻画曹操这个人物时，编导没有因为原著尊刘贬曹的倾向，而把这个人物丑化或简单化，相反，在揭示他的心狠手辣、狡诈多疑、自私残忍、狂荡不羁的同时，也表现了曹操雄才大略、审时度势、举贤用能、多谋善断的一面。如发矫诏起兵，挟天子以令诸侯，位居人臣之极却坚不称帝，表现了他政治家的谋略；官渡之战以弱胜强，讨董卓，破吕布，除袁绍，表现了他军事家的胆识；对待关羽封侯赐金，对故交许攸跣足相迎，表现了他的识才爱才。在原著中，周瑜被刻画成气量狭小、嫉贤妒能的人物，而电视剧编导进行了大胆调整，以表现人物的多侧面，还一代儒将之风范。如增加了他和小乔的戏，使周郎变得温情可爱。在“点将”、“苦肉计”等戏中，也都较立体地塑造了人物，譬如“苦肉计”一场。

打之前　营帐　夜：

黄盖见周瑜犹豫，说道：“莫非都督信不过我黄盖?”周瑜深情地说：“非也，曹操乃奸诈之辈，如今反要对他行诈，如不施苦肉之计，他如何肯信? 公覆年迈，万一有些闪失，叫我如何向江东父老交代?”黄盖坚定地说：“为了破曹，为了吴侯霸业，莫说苦肉计，就是粉身碎骨我也心甘情愿。”周瑜：“老将军气概令人敬佩，请受我一拜!”黄盖惊慌失措：“折煞我了!”周瑜跪伏于地：“我替吴侯拜谢老将军!”黄盖急忙抓住周瑜双臂。特写：须鬓皆白的黄盖老泪纵横。

打之时　营帐内：

诸葛亮面无表情地望着周瑜紧抓令牌的手，那手越握越紧，而且每一声惨叫传来，那手便急抖一下。帐外喊：“四十三、四十四……”黄盖惨叫声渐弱。众将又一次跪倒高呼：“都督开恩呐!”周瑜沉默不语。喊声传来：“四十七、四十八……”众将：“都督!”行刑人高喊：“黄盖昏死过去!”周瑜手执令牌微微发

抖，终于将其猛掷于地，高声怒喝：“且记下五十棍，再敢乱言，二罪俱罚!”

打之后　　帐外　　白云：

众将愤然离去。周瑜一个人孤零零站在大帐前。远方传来呼喊声：“老将军不行了!”周瑜身子陡地一颤。镜头猛推至特写：周瑜脸上挂着成串的泪珠……最后再用诸葛亮的嘴总结：“不重责怎能使二蔡相信？……一个愿打一个愿挨，愿挨者痛之于皮肉，愿打者却痛之于心，东吴有如此将帅，何虑曹操大军不破?”孔明望着滚滚长江，思绪万千。滔滔江水，在夕阳的辉映下一片红光。

就这样，电视剧《三国演义》给狭隘、偏执、冷峻的周瑜身上，涂上了一层暖色，使之具备了一代儒将所应有的品质。

3. 发挥电视手段的优势，展现视听艺术的独特魅力

电视剧《三国演义》运用视听语言的优势，大量调动电视技术及艺术手段，如摄像、灯光、特技、舞台美术、服装、化妆、道具、字幕、音乐、音响、剪辑等，为展现情节、塑造人物、营造环境、烘托气氛服务，从而取得了声情并茂、情景交融的艺术效果。同时还借鉴了戏曲及曲艺的艺术手法，来丰富全剧的艺术表现力。原著的几个重要情节，经过电视手段的强化与升华，极富感染力。例如《三顾茅庐》这场戏拍得意境深远，情景交融。“一顾”通过山冈秀雅，小桥流水，松篁交翠，柴门半掩的环境衬托诸葛亮的高雅脱俗；“二顾”借助自然气候渲染诸葛亮的高风亮节：彤云密布，瑞雪霏霏，竹林、小桥都在银装素裹中显得那么洁白宁静，与诸葛亮房中的修身联“淡泊以明志，宁静以致远”相映成趣；“三顾”是通过关羽和张飞的焦躁不安与刘备的侍立等待形成反差，衬托刘备的求贤若渴，为诸葛亮的出山做准备。再例如《卧龙吊孝》这场戏，诸葛亮的大段祭文，不适宜影视表现，易让观众感到枯燥乏味，所以拍摄难度大。导演一方面借鉴了戏曲中的“哭头”和“叫板”的表现手法，让诸葛亮一进灵堂就悲切高呼：“公瑾，我来迟也……”，“公瑾，你慢走，亮来祭你了!”唤起观众的感情共鸣；另一方面是用写着周瑜主要事迹的“非衣”来展示、补充祭文的内容，做到声情并茂，声画相间；最后则用诸葛亮的抚琴断弦和叩棺大哭表现痛失知音的悲痛。演员唐国强大段祭文的诵读，起伏有序，快慢有致，以情传声，声情并茂，颇见功底，这一集可以说拍出了电视的特色。该剧在运用电视的技术手段和造型元素表现恢弘的战争场面也是基本成功的。编导采用独特的镜头运用，色彩渲染，光效烘托，向观众展现了陆战的旷野狼烟，水战的百舸争流，攻坚的千军万马，守城的旌旗长幡，骑兵的铁马金戈，步兵的长啸呐喊等等。

4. 营造了悲剧氛围，凸显了悲剧品格

电视剧《三国演义》的成功还在于营造了悲剧氛围，凸显了悲剧品格。这表现在以下几方面：

一是东汉末年军阀割据、混战的结果造成魏蜀吴三足鼎立的局面，统一已成

为历史的必然要求，然而三方都未能将这一历史必然要求实现，这是三国时代的最大悲剧，该剧着力表现了这一悲剧性。

二是电视剧《三国演义》强化了主要人物的悲剧结局，以此显示三国时代人物性格的悲剧性。以诸葛亮而言，该剧适当地突出了他“知其不可而为之”的个性，“不伐贼，王业亦亡。惟生而待亡，孰与伐之?”于是，他秉承光复汉室的使命，像西绪弗斯一样坚持六出祁山，却劳而无功，最终殒身五丈原，其中渗透着对于大汉江山的忠贞，而这种抱负和忠贞又得不到施展和满足，其出神入化的治国平天下本领，最后又落得个心比天高命比纸薄的归宿，都具有浓重的历史悲剧意味。又如，当刘备为关羽报仇征讨东吴失利，客留白帝城的时候，那种壮志未酬心有不甘的凄苦，舍“大义”顾“小义”而失国家大业的悲剧感，同样具有一种动人心魄的力量。

三是电视剧调动一切艺术手段，强化悲剧品格。如主题歌《滚滚长江东逝水》，从一开始就给观众定下了悲剧的基调，而片尾曲《历史的天空》，更促使观众对悲剧意味进行思考。此外，在表现主要人物的悲剧结局时，通过灯光、美工、化装、摄影等多种艺术手段，强化了该剧的悲剧氛围。如诸葛亮的葬仪拍得催人泪下：大全景，画面中飞扬着如雪花飘落的纸钱，林立的白色“雪柳”和黑黄两色灵幡簇拥着诸葛亮的棺木，中间叠化出刘禅、孟获等君臣百姓痛哭的场面，同时推出呼天抢地、令人潸然泪下的歌声：“苍天那，你为何急匆匆将他交与秋风?!大地呀，你为何急匆匆将他揽入怀中?!鞠躬尽瘁谁能比，一生洁白谁能及。”这如泣如诉的歌声，既宣泄了对诸葛亮逝世的惋惜、哀悼之情，也预示着蜀汉大厦将倾的悲剧。

当然，电视剧《三国演义》在赢得掌声的同时，也有一些批评之声，如是否忠于原著的问题，演员的演技问题，电视手段的运用问题，主题揭示的问题等。但不管怎样，该剧在普及三国文化，高扬爱国主义主旋律，弘扬传统美德等方面都起到了积极的作用。

〔思考题〕

1. 试评述电视剧《三国演义》在改编上的成败得失。

2. 试评述电视剧《三国演义》在主要人物塑造上的艺术成就。

塑造神性与人性兼备的现代英雄

——电视连续剧《英雄无悔》解读

李 君

1995 38集电视连续剧

中共广东省委宣传部、广东省公安厅、广东电视台、中央电视台录制

编剧：章小龙、马卫军 导演：邓原、贺梦凡 主要演员：濮存昕（饰高天） 王玉章（饰胡永煌） 张力维（饰狄美华） 李婷（饰舒月）

本片获得第十六届全国电视剧“飞天奖”长篇电视连续剧一等奖、优秀编剧奖。

剧情简介：

经济飞速发展的广东。南滨市公安局干部高天因受到错误处分被调离公安系统。新上任的郭市长邀请高天返回公安战线工作。高天重新工作后，从整顿社会治安入手，打击黑帮势力，抓捕毒贩，同时着手解决公安干警的待遇问题。他带领公安干警在打击黑帮和犯罪团伙的过程中，积极筹建戒毒所；他一方面采取措施对外来人口租赁房屋进行有效管理，另一方面又为平息股市风波而四处奔波。公安局副局长胡永煌曾是高天的同窗好友，但在名与利的诱惑下最后沦为腐败分子。狄美华原来是受人尊敬的女强人和企业家，但随着商业竞争的加剧和商业利益的诱惑，她最终触犯法律，成为阶下囚。在复杂的矛盾斗争中，在与形形色色的犯罪分子较量中，高天表现出对祖国、对人民和对事业的无限忠诚，表现出一个优秀公安领导干部的大智大勇，最后，在以钟副厅长为代表的党组织支持下，高天和南滨市公安局全体干警排除干扰，周密部署，将以姚一萍为首的制毒贩毒犯罪分子一网打尽，维护了南滨市的治安环境，促进了南滨市的经济发展。

一、文化读解

电视连续剧《英雄无悔》诞生于中国改革开放的深化时期，此时整个中国社会正处于由计划经济向市场经济转型的重要时刻，市场竞争日益加剧，社会矛盾不断出现，各行各业都面临着严峻的考验。面对金钱和物质享受的诱惑，许多人彷徨、困惑、苦闷，经历着内心的挣扎；有些人则沉溺于对金钱的妥协与追逐之

中。《英雄无悔》的故事选择在这样错综复杂的宏大时代背景下，通过塑造一个为保护人民利益而英勇奋斗、不怕牺牲的公安英雄群体形象，展现了中国社会的改革现实和恒久不衰的民族精神。

人类具有与生俱来的英雄情结，它像始自于远古的图腾崇拜一样，始终伴随着人类跨越不同的时代。英雄是人类心灵深处的一种理想存在。在任何危难的时刻，当人们无法战胜面对的敌人，或是面临死亡的时候，都渴望获得拯救。而在这个时刻能够拯救他人的个体或群体，就被视为英雄，因为他的能力是超常的，是具有神性的。在人类历史上，每个国家、每个时代都有自己的民族英雄。英雄所处的时代不同，种族不同，语言不同，但英雄从古至今都具有相同的品质：勇敢、坚强、无私、智慧和侠骨柔情。从希腊神话中盗火的英雄普罗米修斯到13世纪苏格兰的英雄华莱士；从传说中的英雄佐罗到中国柯尔克孜民族的英雄玛纳斯；从美国的巴顿将军到中国的董存瑞、刘胡兰和杨子荣。英雄的故事代代流传，英雄的形象深入人心。

从审美的角度讲，人类的审美天性就是欣赏超常的人和超常的事。英雄的形象是普通大众敬慕和欣赏的，因为英雄身上凝聚着人类世代向往的美好品质，他们是人之精英，是富有神性、超于常人的人。从另一个角度来说，每一个普通人崇尚英雄，希望获得对英雄形象和英雄行为的认同，实际上是在寻找自己生命中的人格理想高度，是在提升自己的人格境界。正因如此，人类的潜意识中才会具有恒久不变的英雄情结。

一个有无数英雄诞生的民族，是值得骄傲的民族。对于中国人来说，从古至今，英雄人物层出不穷，无数的英雄故事广为流传，世世代代的人们心中都有自己的英雄偶像。但是，进入20世纪后期，因为种种原因，许多中国人对英雄的理解和认同发生了很大变化，由于价值观的偏移，人们的精神视野中出现了英雄缺失现象。当不少人在历经艰辛后反复追问自己的生存意义和生存价值的时候，当一些人对激烈的市场竞争感到迷茫无助的时候，他们不仅渴望物质的拯救，而且渴望获得心灵的拯救。在他们的潜意识里，也渴望看到新时代的英雄形象和英雄精神。

38集电视连续剧《英雄无悔》在这样的时代背景下悄然问世，剧中英雄人物经历的惊心动魄的斗争和他们身上显露出来的自然又超然的精神境界，深深吸引了大批的中国观众，使他们看到在和平年代，在中国市场经济社会中的英雄形象。人们在长达一个半月的时间里观看《英雄无悔》，也在不断地议论和评价它，在钦佩公安干警们的英雄行为时，观众心中潜藏的英雄情结被召唤出来，在与英雄认同的过程中，崇高感也油然而生。

《英雄无悔》在中央电视台播出后，在观众中产生了很大反响。《中国电视报》的收视调查表明，《英雄无悔》在中央台同时段的文艺类节目中拥有的观众人数名列首位。其收视率在北京地区达到20.8%，在全国范围内高达15%。它在中央电视台播出时的收视率进入了当年文艺类节目的前五名。当时的轰动效应，应该说是剧中英雄的形象契合了中国人对现代英雄需求心理的结果，是观众被剧中的精彩情节深深吸引、被英雄的行为深深感动的结果。

二、艺术分析

1. 戏剧式结构的情节处理

《英雄无悔》的整体结构设计精巧合理，在宏观与微观表现戏剧冲突方面独具特色。从宏观上看，38集的长篇结构体现出波澜起伏、张弛有致的格局。在微观上看，每一集的情节与人物安排又恰似一座大厦中景致不同的小房间，结构精巧，情感饱满，情节引人入胜。电视连续剧是最适合采用戏剧式结构的艺术品种，精彩迭出的戏剧冲突对吸引观众至关重要。《英雄无悔》的宏观框架中，交错呈现了几个重大案件，如，司徒远东的被绑架案、狄美华制造的股市震荡、胡永煌的受贿案、姚一萍的贩毒案等等。其间又穿插了打击黑社会势力和打击贩毒的行动，这些错综复杂的事件经过编剧的精心构思，按照戏剧式结构被处理得详略得当，精彩纷呈。

戏剧式结构的特点。

戏剧格式的影视剧本，应该服从戏剧结构的法则。所谓冲突律，是指戏剧作品总是以一个主要冲突的迅速发生、发展和解决来完成。按照戏剧冲突律来结构剧本，它就需要形成一条由开端、发展、高潮和结局组成的情节线索。

戏剧结构的最大特点是让观众紧张。因为紧张是抓住观众注意力的最好方法，电视剧尤其如此。优秀电视剧的结构技巧就在于制造紧张，维持紧张，悬置、加剧紧张，然后解除紧张。它需要遵循戏剧结构的连贯性、顺序性和逻辑性规律。连贯性要求在剧本的段落之间和场面之间有着密切的依存关系。每一个情节安排既要发展前面的剧情，又是后来冲突深化的铺垫，并且人物的关系和思想感情的变化不偏离冲突的动作主线，将剧情合乎逻辑地向前推进。比如《英雄无悔》的第二集里，高天带茵茵去南滨，途中茵茵想拍风景，停车后她跑到一处开阔的绿地边上高兴地拍了起来；不料几个歹徒以为茵茵在拍他们，便恶狠狠地围了上来，吓得茵茵大叫，紧张气氛由此产生。这一情节是后来矛盾冲突深化的基础，司徒文彬绑架案的同谋者在这里初次露面，给观众造成紧张的悬念。

戏剧式结构的作用及应用。

戏剧式结构的良好开端应该是在富于动作性的冲突中展开的。任何叙事艺术都以写人为中心，冲突就应该体现为性格的冲突。所以在开端部分，应该交代清楚主要人物之间的性格差异、相互关系和社会性的矛盾冲突。开端是未来情节矛盾的起点，是未来冲突的依据。《英雄无悔》的开端就具有独特性。如司徒文彬打电话；公安局里人心浮动；有人正在做民意调查；表面春风得意的高天和恋人茵茵由一个大厦出来。全剧的中心人物从不同角度渐次亮相，同时也带给观众不少悬念。

戏剧式结构的发展部分将逐步深化在开端里引出的矛盾，将其深化到顶点就是高潮。由于矛盾的不断深化会造成戏剧艺术必须具备的紧张感，并让它不断加强，让观众始终处于紧张状态，获得极大的审美享受。

在戏剧艺术中，逐渐推进、层层加深的过程是靠每段戏里的开端、发展、高潮和结局的小情节来推动大情节不断向前发展的。高潮是结构的顶点，是冲突从量变到质变的结果。《英雄无悔》的高潮设置分为两个层面，一是总结构中第三十七集的大高潮，二是每一集在四分之三处的小高潮；它们的发生位置恰好在故事情节发展的视觉疲惫时间段之前，大量的心理铺垫自然将情节推向顶峰。如在第三十七集里对肖风审讯取得突破才有抓获姚一萍的可能性，所以审讯自然成了高潮的前奏曲。高潮之后是结局，它必须符合主要人物性格发展的必然逻辑。当第三十七集里干警们在海滩上终于将大毒贩姚一萍抓获后，在第三十八集就设计了高天整装出门，到花店为舒月买了一束象征爱情的玫瑰花，然后到医院看望舒月，含泪将她目送进手术室，并一直焦虑地守候在手术室门前。与此同时，高天曾就读的省警校举行毕业典礼，毕业生们身着警服雄赳赳走过主席台的形象充分展示了新一代人民警察的风采。这个结局的设计比较符合高天的性格逻辑：当一切战斗都结束以后，他才想起自己最钟情的人，并决定在她生命最紧要的关头向她表达自己的爱情。

电视连续剧单集与一部电影情节设计的不同之处在于，它的每一集不一定是一个完整的故事情节，有时需要用许多集才能完成一个较大的故事情节，但在一个大情节完成的同时，新的情节又早已进行了一些铺垫。电视连续剧的情节设计在某种程度上与中国古典文学的章回小说相似。

2. 英雄人物的人性化形象塑造

英雄的形象是无法规定的，但不同的时代人们会崇拜不同的英雄形象。在中国古代，人们崇拜关公，因为他仪表堂堂、高大健壮、英勇善战，侠骨衷肠。在人类的生产力相对低下的时代，外观勇武、威猛的英雄格外受人敬仰。历史进入了 20 世纪，人类对英雄的崇拜心理依旧，但对英雄的形象审美却有了一些变化。人们不再只欣赏外形魁梧健壮、擅长战场拼杀的英雄，而是对智慧超群或智勇双全的英雄情有独钟。《英雄无悔》中的男主人公高天是一种现代英雄的形象。他具有英俊挺拔的军人气质，较高的科学文化素养和良好的职业素质，头脑冷静，性格坚毅，智慧超群。这些特点都符合现代受众对现代英雄的心理认同。再者，他的经历曲折坎坷，命运大起大落，感情也颇有不顺，时而显示出普通人的无助与无奈，引起受众的同情。这种将英雄的神性与人性融为一体的塑造方法符合现代人的审美心理，所以高天的英雄形象获得了极大成功。

英雄的情感线。

《英雄无悔》既有完整的情节线，又有完整的情感线。它写出了英雄人物多姿多彩的感情世界。高天对父亲充满信任，对老师徐光大满怀敬意，对战友充满情谊，对恋人一片柔情。剧中最成功的情感描写是他与三位美丽女性之间的感情纠葛，体现出当代三类女性的价值观和人生观的差异。高天有儒将风度，才华横溢，仪表不凡，颇有成熟男子的魅力。但由于他热爱艰险的公安事业，他的优秀也未能挽留住渴望安逸，美丽、聪明而任性的美术设计师吴茵茵，因为他们志向不同；企业家狄美华聪明能干曾对高天一往情深，但高天对她没有爱情；戒毒专家舒月美丽、刚强而温柔，富于牺牲精神，她和高天在共同的事业中产生了真挚的爱情，成为全剧的一大亮点。这组爱情描写让观众产生了浓厚的兴趣。总之对以高天为代表的英雄干警的多层面感情描写为全剧增添了绚丽的人性之光。

英雄的性格线。

黑格尔在论及荷马笔下的古希腊英雄人物时说："每一个英雄人物都是许多性格特征的充满生气的总和……每一个人都是一个整体，本身就是一个世界，每个人都是一个完满的有生气的人，而不是某种孤立的性格特征的寓言式的抽象品。"❶《英雄无悔》中的高天历经磨难，而他坚强无畏的性格也在这些磨难中得到了磨砺和体现。所有的艰难险阻都似乎是为塑造他的性格而设。如他喜爱的恋人吴茵茵不希望他重返公安战线，他为此十分痛苦，但他的坚强性格促使他还是放弃了恋人而去南滨工作；再比如，他受伤住院后收到歹徒寄来的子弹，他毫不畏惧，但考虑到舒月的安危却忍痛拒绝了舒月的真情。紧要关头往往是考验人真正性格的时刻，该剧设计了多处危急的场合与艰难的时刻，对塑造高天坚强、勇敢的英雄性格起到了重要作用。

3. 多种娱乐元素的巧妙运用

该剧善于将主旋律与多样化手法相结合。它融和了警匪较量、侦破、枪战、打斗、言情、商战、青春励志、豪门恩怨等多种娱乐元素。娱乐元素是吸引观众观看电视剧的重要动因，娱乐元素越多，观赏性往往就越强。有些电视剧思想性很好，但表现手法过于单调和严肃，忽略了观赏性，因而收视效果就比较差。《英雄无悔》不但思想性和艺术性都达到了较高的水平，而且也重视娱乐性的渗透，使剧作呈现出多姿多彩的魅力。

警匪较量的娱乐性。

许多观众喜爱公安题材电视剧的一个重要的原因就是其中有警匪较量的娱乐元素。虽然人类都向往和平，但世界上永远都会有正义与邪恶的较量。警匪较量中有枪战和打斗的场面，具有较强的视觉冲击力和刺激性；有斗智的过程，往往

❶ 黑格尔：《美学》，第一卷，朱光潜译，302～303页，北京，商务印书馆，1979。

引导出惊心动魄的情节；有悬念的设置，让观众经历迷惑、好奇、担忧和放松的完整审美体验。比如剧中以高天为首的公安干警与司徒文彬和香港黑社会的生死较量，在破获制毒贩毒案过程中与肖风和姚一萍展开的斗争，其中都有枪战、打斗、追逐和斗智的动态场面。

言情的娱乐性。

爱情是艺术作品的永恒主题。该剧的言情娱乐性表现在主人公高天与三位美丽女性的情感故事上。高天对待爱情的态度和方式不但可以体现出他的世界观、人生观和价值观，而且也造成了故事情节的跌宕起伏。帅男美女的曲折情感线是吸引观众的一个重要因素，因为观众期待看到一个具有优秀品质的男主人公是如何经历爱情的，他们可以通过情感认同而获得审美享受。

商战的娱乐性。

商战是一种隐性的智力斗争，有风险就有刺激，观众在观看商战的过程中，不但获得了由悬念牵引的多重猜测、多重担忧的心理体验，也间接地学习到了许多经济与市场知识。该剧在描写商战的过程中，着重刻画了司徒远东、陈实和狄美华三个具有代表性的现代商人形象，他们之间的较量展现了在中国大陆市场经济制度尚不健全的情况下人们的复杂心态和市场奇观，如南滨市的股市风波、围绕向南滨投资的机遇之争等，这些都给观众带来了丰富的心理感悟。

豪门恩怨的娱乐性。

豪门恩怨也具有经久不衰的娱乐性。由于社会阶层的反差，使富豪家庭的生活对于普通老百姓来说具有一定的神秘感。观众不但在潜意识中期待看到他们的家庭装饰、生活方式、赚钱途径，还喜欢“窥视”其内部复杂、奇特的斗争。富丽堂皇的家庭装饰具有视觉美的特点，与众不同的生活方式具有引领时尚的特点，这些加上内部尖锐激烈的争权夺利斗争，既可以激发观众诸多的想像，也在某种程度上为观众提供一种难以言表的心理平衡。

4. 视听语言的运用

在电视剧中，叙事的基本单元不是传统戏剧式的“场面”，而是“镜头”。电视剧的时空跨度比较大，可以传达给观众复杂多元的信息。《英雄无悔》叙事的基本单元是镜头与镜头组，精心设计的镜头组通过流畅剪辑形成了具有独特风格的视听语言效果。比如第一集中有一组老干警徐光大与香港黑社会分子搏斗、高天开吉普车行驶和警察车队向出事地点飞奔的场景，编导运用蒙太奇的平行交叉剪辑方式，一边是一个对数个歹徒的激烈搏斗，一边是高天的车辆在快速行驶，再一边是数辆警车拉响警笛呼啸而至。三组画面交替出现，营造了一种紧张的视听效果。

与戏剧相比，电视具有时间和空间上的转换自由，电视可以用镜头贴近人物，也可以展现宏大的叙事空间。与电影一样，电视既可以用独特的蒙太奇语言来描绘故事，也可以表达思想和情绪。比如在《英雄无悔》里，片头的画面与音乐组合就充分体现了形式美和意境美。该剧开始，黑场画面，在深沉而凝重的音乐旋律伴随下，从画面左侧飞出一束火焰，在画面中部消失，然后又一束火焰从画面右侧飞出，也在画面中部消失。随之“英雄无悔”四个草书体金红色立体字浮现，醒目而有力。在一个仪仗队半身抬腿迈步的画面之后，是一组组主人公在前景，相关人物在后景的动静相配的重叠特技画面，主题歌缓缓流动，与画面的节奏配合默契。这组画面充分运用了蒙太奇的手段，利用相关画面组合交代了人物关系的可能性和精彩瞬间，以达到吸引观众注意的效果。而主题歌的唱词与旋律也在不断生发着画面的内涵，引起观众丰富的联想。

《英雄无悔》第三十八集同样使用蒙太奇的平行剪辑技巧传达了一种复杂的含义和情绪。一边是高天手捧鲜花进入医院，另一边是省警察学校举行毕业典礼；两组镜头交叉进行，使观众不仅关注高天的行动，为他对舒月的一片真情所感动，而且关注典礼的场面，为雄壮的警察队列所震撼、所鼓舞，意识到千百个高天将从这里走向社会，走向惊心动魄的公安战线。

〔思考题〕

1. 结合有关英雄题材的影视剧，谈谈你对英雄情结的理解。
2. 请分析《英雄无悔》的剧作结构和主要情节的设置与处理。

关于历史的拼图游戏

——电视连续剧《宰相刘罗锅》读解

王卓明

1995　40集电视连续剧

北京成像影视制作公司、北京文化艺术音像出版社、中国经济信息社、北京天寅影视艺术策划中心录制

编剧：秦培春、石零、张锐、白桦　导演：张子恩、韩刚　主要演员：李保田（饰刘墉）　张国立（饰乾隆）　王刚（饰和珅）　邓婕（饰刘墉妻）　李丁（饰六王爷）

本片获第十四届金鹰奖最佳长篇电视连续剧、最佳男主角、最佳男配角、最佳女配角。

剧情简介：

清朝乾隆年间，山东青年刘墉进京赶考，在京城因缘际巧地与皇上乾隆对弈，从此竟与乾隆的宠臣礼部侍郎和珅结下了不解怨恨。因为背负罗锅，刘墉又称"刘罗锅"。在比棋招亲中，刘墉战胜各方棋手，被招为六王爷的女婿，相约状元及第时成婚。后来刘墉果然不负众望高中状元，并被派往江宁任知府，政绩卓著。自从京城结怨之后，和珅念念不忘要致刘墉于死地，利用一切可以利用的机会对刘墉百般刁难。自此，刘墉与和珅在朝廷、在民间，对公事、对私事展开了一系列的斗智斗勇，演绎了一出出啼笑皆非而又发人深思的故事。不是历史，却别具一番深度。

一、生逢其时——大众文化的崛起

1996年开始在中国荧屏上热播的40集电视连续剧《宰相刘罗锅》，获得了包括港台在内的广大观众认可，被评为年度电视金鹰奖最佳长篇电视连续剧，李保田也因在该剧中的出色表演，获得年度金鹰奖最佳男主角。时至今日，《宰相刘罗锅》仍然被各地方电视台重播，接受着时间的考验。

从1990年第一部国产室内电视连续剧《渴望》风靡大江南北开始，通俗电视剧成为中国电视剧主流；

1991年，金庸小说等改编为电视剧，一时成为大众文化消费的热点；

1992年，王朔编剧的轻喜剧《编辑部的故事》，让东宝和戈玲成为中国家喻户晓的人物；

1996年，在大众文化兴起的浪潮中，《宰相刘罗锅》应运而生。

从上面的事件脉络中可以看出，一方面，电视剧领域，原本作为国家意识形态和知识分子精英文化传达并书写的空间，日益遭到一种新兴力量的挑战，不言而喻，这种挑战正是来自市民意识形态或者说来自铺天盖地的大众文化。另一方面，电视作为现代社会最为重要的大众传播媒介和现代人重要的生活方式依托，不仅与时代文化的变迁紧密联动，同时也在很大程度上受到现代技术属性和平民化收视特征的影响。有人曾经说，正因为电视剧出生在寻常百姓家，没有高贵的艺术血统，反而显现出一种坚忍的生命力，所以当好莱坞电影所到之处别国电影纷纷倒下的时候，各国自己生产的电视剧却依然占据着本国荧屏的主角位置。话虽然平淡，但是却有其道理。

在现实电视剧运营中，电视剧生产和收视率/广告价值等一系列数字密切相关。而收视率/广告价值的产生又与电视观众的收视期待紧密挂钩，观众的收视期待很大程度上受制于时代文化氛围，反之亦然。于是，电视剧、观众和时代文化之间就形成一种循环关系：

收视率—观众期待—时代文化—观众期待—收视率

时代文化在电视剧媒介关系结构中居于核心位势。如果抛开电视剧究竟是娱乐消遣，还是叙事艺术这样的争论，在多元文化格局和多边价值取向广为交织的当代社会系统中，时代文化的主流氛围在一定程度上成为电视剧的坐标。处于大众文化的勃兴时期，《宰相刘罗锅》在各种史料、民间故事和单口相声中广泛取材，显现了若干全新的文化征候，这些都源于该剧对于大众文化的感官化、娱乐化、世俗化、平面化等时代文化特征的敏锐把握。

二、艺术分析

1. “不是历史”、“民间故事”——自我定位

《宰相刘罗锅》的片头影像令人印象深刻：紫禁城金碧辉煌的大殿，满园春色宫墙柳，一方镏金大印在画面右侧落下，“不是历史”的印文浮现在画面上，印文左侧，“民间”、“故事”字样出现，然后才是“宰相刘罗锅”的片名。

就历史题材及其处理方式而言，古装电视剧或是不以真实人物为依托地凭空杜撰，或是依据历史人物及其故事的演绎，在一定程度上“严肃”地再现历史故事/环境。而《宰相刘罗锅》的出现，为历史剧创作长期以来“历史真实”与“艺术真实”的争论给出了一种折中的回答。作为虚构叙事艺术，电视剧确实有其自身的规律。《宰相刘罗锅》在片头给出的自白，实际上显示了创作者一种自我解放的姿态：作为大众娱乐样式的电视剧，并不是历史教科书，也不再致力于

承担“文以载道”功能，而是坚持在平面化中寻求纵深度，将娱乐大众视为一种名正言顺而且合情合理的目标。于是，采用通俗情节剧的叙事模式，甚至化入喜剧的类型化手法操作的《宰相刘罗锅》就显得理直气壮。它以人物命运流程为切入点，展示平民化的帝王将相，运用了一系列巧妙的叙事策略。

2. 叙事游戏建构和真实历史解构

电视连续剧《宰相刘罗锅》以刘墉步入官场开始其仕途沉浮作为纵向时间线索，每三四集形成一个故事单元，分别以“大闹贡院”、“夜审皇上”、“官员考核”、“文字狱风波”、“巧取赈灾款”、“真假皇帝”等主题链接情节，展开故事。从上述故事单元的名目来看，都是关乎民生大计的重量级事件，故事的侧重点似乎也和那些以批判主义为重心的历史剧没有什么不同，但是《宰相刘罗锅》却在历史尘封的阁楼中揽得无限烟云。以“真假皇上”这个故事单元为例：

宠爱的妃子不幸故去，乾隆皇帝终日郁郁寡欢，和珅为了讨得皇帝开心，特请宫廷画师郎世宁做名妓赛貂蝉的画像送与乾隆，并设法带乾隆眠花宿柳。为了使乾隆可以尽情享乐，竟不惜贻误朝政，找出一个和乾隆相貌酷似的书生周庆书鱼目混珠，临朝听政以掩众大臣的耳目。

在叙事悬念展开的同时，另一条叙事线索也浮出水面：叛军兵围兰州，在京华任城门官的刘墉被调回京城出谋划策，同时刘墉接到血状，告山西知府桂怀泰贪赃枉法，私杀朝廷官员。刘墉回到京城，官复原职并加太子太保之后，故事便很快转向乾隆在陕西巷青楼与赛貂蝉的纠葛、假皇帝风波和众妃在假皇帝面前争宠等事件，一时此伏彼起，悬念迭出。《宰相刘罗锅》在皇宫、官服等华丽外表的侧面，铺设了一个远离沉重历史的生活舞台，将平民趣味与高居庙堂的历史人物融为一体，成就了别具一格的叙事重心。在淡化和虚化具体历史时空的同时，《宰相刘罗锅》注重创设有意味的历史情境，将大量的声画元素填充进故事的平面世界中。

3. “游戏”的构成——角色及关系设置

历史人物活动的具体时空和复杂历史背景的淡化或者虚化，自然使得电视剧游刃有余地进入了立体化展示人物个性的崭新层面。又例如《宰相刘罗锅》中的一个小插曲：

乾隆贪恋美色不理朝政，刘墉用“圣祖训”劝谏；乾隆竟也主动回击，要测试刘墉的品行，看其是否能“坐怀不乱”。于是乾隆与和珅合谋，派后宫嫔妃春兰、秋月“侍候”连夜办公的刘墉。结果奉旨行事的两位嫔妃果然让刘墉“失足”，并且将事情告知刘墉的夫人，谁知这位六王爷的千金在宫里大闹一场，乾隆偷鸡不成，反蚀一把米。

这样的故事很难被看成是一种“天真”的作为，而更多呈现出的是此类电视剧的“游戏”本质。在叙事游戏中，乾隆皇帝同时作为游戏的裁判和参与者出现，而刘墉与和珅则分别是游戏的正反两方。每一场游戏的规则都由乾隆来制定，并且在一定程度上与和珅达成某种共谋成为挑战方，刘墉则是应战的一方。挑战者拥有的是规则制定者的权威——故事中的皇权，而应战者的资本只有智慧，除此而外，就是刘墉的岳丈这个“老江湖”有时兼任高参。

游戏建构的前提是必须对历史给予解构。除了需要前述提到的“历史锁链”退场——具体历史空间和环境的淡化，还需要做更多的工作。仍以上述这场游戏闹剧为例，游戏各方原本都在规则之内行事，乾隆与和珅设置好游戏的场景及进程脚本，刘墉则试图逃出已经被设置好的圈套，这个游戏的规则之一就是，刘墉不能冒犯皇权，染指皇帝的女人。但是出乎意料的是刘墉失足，游戏规则被破坏了。此时，作为游戏道具的两位嫔妃就成了皇帝恼羞成怒之后的牺牲品。这说明叙事游戏的另一个规则是，除了游戏各方之外，其他人物都只是作为道具出现，在游戏中充当符号或者渲染气氛的砝码——而关于人物本身的一切方面都被虚化、过滤掉了，无论是朝廊上的诸大臣，还是在屡次闹剧中被斩首的人。

于是，《宰相刘罗锅》将历史人物合理转化为戏剧角色，将千丝万缕的利益关系简化为游戏关系，使整个故事在预设的游戏条件下进行，为同类电视剧的制作提供了类型化的摹本。类似的角色和关系设置，在近几年热播的电视连续剧《铁齿铜牙纪晓岚》中，又被再次置入乾隆皇帝、纪晓岚与和珅的君臣游戏之中，只是在娱乐消费更加纯熟的今天，加入了若干新时代的娱乐元素，如所谓的“准父女关系”等。

4.“游戏”的博弈——叙事动力

既然是借用历史舞台进行的“游戏”，那么“游戏”各方主、被动关系此消彼长的变化就成为基本的叙事推力。大多数时候，作为反方的乾隆、和珅同盟总是主动出击，给作为正方的刘墉开出各种难题，处于被动地位的刘墉自然要采取行动，改变自己的劣势。由此，以某种恒定主题或者确定目的作为故事推力的传统叙事方式，已经被分解或者说被彻底颠覆。一个新的游戏样式宣告诞生。在《宰相刘罗锅》中，当游戏各方背离这一基本游戏博弈关系的时候，叙事就显得缺乏动力，甚至似乎因为难以顺利进行而显得有些牵强。

比如，刘墉因为“失足”染指皇帝的女人而触怒乾隆之后，被乾隆一降再降，直降到城门官的职位。尽管故事围绕刘墉还是不断填充了新的信息，比如羞辱用银子捐官职、嚣张跋扈的汪有才，比如与郑板桥之间的趣味故事，再比如私摔官斗为民请命的故事。尽管刘墉这一条线还是充满光彩，但是京城的乾隆和和珅却变得有些“寂寞”，故事只能用乾隆在歌舞升平的间隙和金殿上“天下无事”的寂静中，用自己的絮叨来生硬地把自己置于故事之中。在游戏缺少应战一方的时候，在整个电视剧的叙事链条上，乾隆与和珅不免有被“淘汰出局”的危险。

5. 细节拼贴——人物形象的塑造

虽然《宰相刘罗锅》呈现出诸多大众娱乐特征和新鲜叙事策略模式，但是无论如何，作为一部成功的虚构叙事作品，个性鲜明的人物始终是故事的灵魂和着力点，也是召唤观众的法宝。这里我们要提及的还是细节。通常情况下，由于故事情节已经为人物设定了确定的行动方向，所以宽泛的人物性格也就基本被情节所定位，比如传统叙事模式从道德层面做出善/恶、忠/奸等二元对立的评判。在《宰相刘罗锅》中，诸多有情趣的细节运用犹如画龙点睛，使宽泛意义上的人物性格始终显现出个性和灵性。

例如对刘墉出场的设计就显得别具匠心，先是背对镜头仔细的串山楂，接着就是穿那双很不合脚的靴子，这样一静一动两个细节，使人物质朴仁厚，但是在生活琐节上又略显笨拙的形象自然呈现出来，极具亲和力。同时，穿硌脚的小靴子的细节，颇有为刘墉这个人物的命运定调子的味道：未进官场即得罪和珅，注定要被和珅屡屡穿小鞋，这也预示了我们前面所述的游戏正、反双方将来的争斗。

此类细节在故事中数量浩繁，显示出主创人员深厚的叙事功力。除了驼背、关键时刻耳朵会动这个标志性的生理细节之外，《宰相刘罗锅》还设置了大量生活细节来丰富刘墉的戏剧形象。比如刘墉年迈之后，请辞回乡。在告老还乡的路上，刘墉被一村妇请到家中喝茶，结果发现村妇请这个“背锅儿”老头，只不过是为了用这个实例来教育自己的孩子读书写字要坚持正确的姿势。面对这样的场面，刘墉开玩笑地讲述了背锅儿找媳妇的故事。这里除了表现出人物锋芒不减的机智之外，更多地传达了一种经历岁月磨砺和阅览世事人生之后让人感动的况味：这里有平和，有沧桑，也有不言之喜乐。在游戏之外，诸多类似生活细节的刻画，使《宰相刘罗锅》这部诞生在世纪转型期复杂文化语境中的文本蕴含着丰富的价值取向。

故事是历史的背影，历史在远方。

历史永远是宁静的，人们对已经逝去却依然震撼人心的历史往往很容易动情，因此，每个人在心中都保有一方“昨日的世界”。由于时空的距离，我们的回忆以及对回忆的展现本身也凝成了一隅历史的时空。在片尾曲《故事就是故事》淡淡的哀愁中，历史被拉进我们的心灵深处，在今天思想的河流里不断地旋转，展示它丰富的镜面；旋转，变幻，又使我们从流动的情节中走出来，触摸到生命的本体和历史的奥义。

“宰相＋刘罗锅”，就这样从朦胧而又迷离的历史情境走出来。除了“居庙堂之高而忧其民、处江湖之远而忧其君”的宰相，还有多少平民刘罗锅们，在空旷的厅堂、落寞的小巷、孤寂的书案背后站立。他们也是值得敬重的行者，和历史的守望者。他们心明眼亮，不染尘嚣，一面彻悟人生的本质，一面挥洒生命的性灵，有着强烈的精英意识和忧患精神。虽然时而也被社会不知名的浪潮冲刷到边缘地带，但是他们在尴尬的位置上始终不渝地关注社会的基本精神走向。“宰相刘罗锅”群体在历史上薪火相传，对社会历史进程起到微妙而又强大的制衡作用。

《宰相刘罗锅》并不直面历史上显赫一时的帝王和事件，而是到历史的郊巷村野去寻找与日常人生接轨的精神足迹。在旅程起点上的，是一个以智性怀抱历史的心灵，它不直接投身于时代洪流，又与一切大众文化潮流保持一个距离；它也不是旁观者，而是对于今天的时代始终怀有深沉的关切。以质朴的姿态融入历史和今天的交汇处，从沉重的历史功过是非中超脱而出，将历史巨子还原为个性人物，把平民意趣编织进历史时空，注入今天大众文化的心灵风景线。这如同截取流水中的一瓢品味，而又保持历史河流本身的完好，一任历史悄悄不舍昼夜地流淌。但是，在艺术真实和历史真实的激荡之中，《宰相刘罗锅》更注重结合历史真实和历史规律，把握历史进程中人物的精神世界和心理本质，强调人物精神层面的真实和历史精神的真实。这将启迪真正的历史精神，引导认知复杂的历史人物心理，并生成清醒的反省眼光和批判意识。在这方面，全局的结尾部分强调心灵的真实，尤其精彩。例如在乾隆与刘墉共浴的一场戏中，分明显现出托尔斯泰说过的一句话：“帝王是历史最大的奴隶”。

将沉重“历史”悄然置换为朴实无华的故事体系，平淡入妙，远离了当代中国各种敏感的现实冲突和权益矛盾，拥有了更丰富的文化资源“选择”和更自由的叙事空间，通过对历史的某种抽象、转注来抒写一部心灵的当代史，从而回避对当代本身的质疑。这固然无可厚非，但是未免与影视“面向大众、服务人民”的务实境界大相径庭。尤其是自《宰相刘罗锅》之后，诸如《康熙微服私访》、《布衣知县梵如花》、《铁齿铜牙纪晓岚》等一批类型化作品，在某种程度上制造古代“清官神话”和“好皇帝情结”，这在本质上是一种“子民心态”“臣民意识”的流露。而现代社会是以公民为本的民主与法制社会，从传统社会向现代社会的转变，在很大程度上就是由臣民社会向公民社会的转型。怎样务实地将历史襟怀和现实精神联通今日中国之改革发展，启动历史与今天的多边对话，启迪现代公民的理性、建设性，应该成为历史题材电视剧新的努力方向。

〔思考题〕

1. 观摩《宰相刘罗锅》，试用一句话揭示戏剧人物乾隆、和珅、刘罗锅的相互关系。

2. 请谈谈故事与历史的区别与联系。

信念的美丽

——电视连续剧《党员二愣妈》读解

梁 玖

1996 6 集电视连续剧

中央电视台影视部、内蒙古东禹公司、内蒙古电影制片厂联合录制

编剧：刘彦武 导演：张元龙 主要演员：斯琴高娃（饰二愣妈） 王刚（饰宋乡长） 陈长海（饰余书记） 龚朝辉（饰二愣） 黄华（饰心妹） 俞立文（饰宽老师）

本片获第十七届全国电视剧“飞天奖”中篇电视连续剧一等奖、优秀男配角、评委会特别表演奖；第十六届金鹰奖中篇电视连续剧作品奖、优秀编剧、优秀录音。

剧情简介：

头对沟村的村支部书记、村长、优秀共产党员、劳动模范二愣妈，为改变乡亲们贫穷的生活，为维护乡亲们应有的权利，为捍卫党的圣洁，她率领全村老少执著地、公而忘私地、不遗余力地奔波、抗争、工作。在县委余书记的不断支持下，改善了村里的小学教学条件，为孤寡老人办起了养老院，收回了村里的树林和财产损失费，以她不屈和倔强的意志与作为，谱写了一曲敢于进取、敢于坚守信念、敢于负责、敢于维护党的形象与队伍纯洁、敢于追求生存权利和幸福的人生奋斗之歌。

一、意义化生存的实现文本

电视连续剧《党员二愣妈》，是中国电视剧艺术创作走向多元化变迁时期的作品。既是圆融着体制文化、精英文化和大众文化等多重文化因子的艺术作品，又是具有平民化与写实性、乡土性特征的艺术作品。易言之，作品在揭示奉献精神反对消极腐败的同时，又不断地提示和张扬历史觉悟性、现实批判性与使命感、责任感，以及以人文的视点关注民众生存的意义、生存的方式。

虽说作品并不是反映二愣妈一生的内容，也不是立体地反映二愣妈生活的全部，而是只选择和反映作为“党员”和“村长”这两个社会化角色的二愣妈，但

作品仍然充实饱满，有着较强的可观性和启示教育性。总体说来，电视剧《党员二愣妈》是一个艺术化揭示和诠释如何扮演自己所担负的社会角色、如何完好地履行自己的人生职责、如何神圣地捍卫自己的信仰、如何以自己的智慧和能力去为自己的族群谋取福利的可“读”可“赏”文本。总之，电视连续剧《党员二愣妈》，就是一部关于揭示人生的意义化生存梦想实现的现实文本。

所谓“意义化生存”，是指个人有价值地保存生命成长。一方面，苟活生命，是与意义化生存理念相悖的。个体生命存在的整个过程，不追求有意义的内涵和价值，将是最大的耻辱和反文明的。每一个正常社会化的人，都应该赋予自己生命以价值，让自己的生命存在在不断创生价值的过程中，展示其不平凡、神圣、伟大和不可或缺性的意义内涵。比如：我们从二愣妈独自叹息的内容“唉，众人的娃娃没人疼，众人的老人没人管啦!”，就能明确地知道二愣妈存在与追求的意义内涵。另方面，每一个人都处在成长之中。成长是伴随人的整个生命过程的。成长，不能是没有意义的成长。每一个人格独立的社会人的成长，都应该是有意义的。成长本身，暗含对意义的发现和创造等内涵。比如：从二愣妈当初的“管它了。只要给娃娃们置办上桌椅板凳，我就去坐坐这牢”到“为什么不做，黄土不埋站着的人”的整个过程，就是二愣妈成长的过程。总之，意义化生存，是个体或群体生存和生活的出发点与归宿点。读解电视剧，不论是大众化娱乐性读解，还是专业研究性读解，都要诉求作品蕴含的意味，只是层面不同、读解的程度和要素系数不同。换言之，电视剧的大众化娱乐读解，是指观看主体以娱乐为诉求目标的一种及时性消费享受艺术的方式。这一类观众的要求是：只要觉得某电视剧看起来既不费劲，又有看头——或有故事可看、或有热闹可观、或有歌好听，就会选择观看。尽管如此，对作品的娱乐性意味诉求，却是电视剧守候的底线，否则就没有存在的价值和必要了。电视剧的专业性研究读解，是指观看主体以研究为观看目的的探讨性消费享受艺术的方式。其诉求目标是：探究门道、定格意义、寻求启示、发展学科。尽管对任何一部电视剧的译码读解，都会留下读解者某个此刻意识不到的、但是有意义的“空白”，（这一是因为艺术本身没有标准答案的缘故所致；二是因为电视剧艺术具有声画语言造型组合的时空高度自由运动性特点）但是，只有包含了读解者个人智慧和思想的外化读解文本，才有实在的价值。读解者的“主观读解”，应该是在艺术学科和文化译码的学理范畴内进行。总之，不要盲目地寻求和相信所谓权威的、绝对正确的读解答案文本，而是要最大可能地调动自己所有感知觉能力和悟性、学养，独立地译码读解作品。

作为典型性揭示人生意义化生存梦想实现文本的电视连续剧《党员二愣妈》，其揭示意义化生存理念的内涵，至少有以下几个方面：

首先，坚守正确人生理念。无论从该作品看，还是从“意义化生存”的学理看，有明确而积极的人生存在之道和行为之道，是首先应该具有的观点性内涵。

一个人如果没有明确的人生价值理念，是不会有明确而意义化的行为选择的；同时，有了理念而不坚守，也将不会惠及他人和显现自己的特有价值。电视连续剧《党员二愣妈》，在揭示和阐明个体应努力坚守自己正确人生理念上，做出了鲜明和充分的艺术化展示。无论是二愣妈想办法为村小学置办桌椅板凳的过程中，贸然率领乡亲们砍树的行为，还是发现作为领导干部的林局长私砍树木后找县委余书记说理的行为，都是她坚守的信仰与理念发生的作用。即：自己作为一个共产党员就不能给党丢人。如：二愣妈在县公安局与前去“营救”她的宋乡长争论中说道：“我原来咋说的？我这大半辈子心强命苦脸薄，要文没文，要凭没凭。只有让我长心劲的，就是没有给这个党丢过人！”。因此，二愣妈才会对余书记真诚地说：“咱们党里头的人，说话办事，得不得一碗水端平，得不得人人平等？”所以，当二愣妈因未经允许而砍树后面临坐牢的现实时，她坚定地讲道：“管它了。只要给娃娃们置办上桌椅板凳，我就去坐坐这牢！”。易言之，她因学识不周的原因，为集体办好事而出了错，也是她坚守正确人生理念的结果。也正因如此，她敢于面对那些对自己不利的事情发生或挫折。总之，信念的美丽和魅力，是人赋予的。一个人是因有了和坚守了理念才美丽，理念是因有人坚守才有魅力和价值。

其次，自觉努力履行自己的人生职责。每个人在社会化的过程中，总是会获得一定的身份、扮演一定的角色。那么，能否充分认识清楚自己的身份、能否成功扮演好自己担负的角色，关键是看自己能不能努力履行自己的人生职责、能不能实现和满足他人对自己的角色期待。一个成功的人、一个值得尊敬的人、一个有价值的人，是能够时刻坚持和认真履行自己人生职责的人。事实上，现实中的每一个正常人，不仅都有自己应该和需要履行的职责，而且是应该“不惜一切代价和敢冒一切风险地遵从职责的召唤，这是最高的文明生活的本质体现。”在我们眼中的二愣妈，就是一个不惜一切代价和敢冒一切风险而努力履行自己人生职责的人。换句话说，作为党员的二愣妈，既充分认识到了自己身份的重要性，又认真扮演了自己担负的村长角色，满足了乡亲们对她的角色期待。比如在第四集里，二愣妈在领导乡亲们修建养老院时就说：“哎，大伙听着啊，咱们头对沟今年一定要做到甚啦？做到老人有人养，娃娃们有人教。”当宋乡长批评二愣妈是死脑筋、不懂人情世故之时，二愣妈回敬道：“你喊啥？再大的官，我不怕！”当老支书面对林局长与县委米秘书等人报复头对沟村而停电、不供给农药时，劝二愣妈“算了吧，小胳膊拧不过大腿，认命吧！”二愣妈却坚毅地回答道：“翻不清这个理，我就头朝下。”的确，在二愣妈不断努力下，不仅改善了村里学生的教学条件、修建好了养老院，而且，也解决了停电和买不到农药等现实问题。还把农业局硬性划走的属于村子里的林子，果敢地要了回来，实现了老村长没有能够实现的愿望，保障了村民的利益。总之，电视连续剧《党员二愣妈》，揭示和张扬了一个道理：要使自己活得有意义，唯一而必须的方法与途径是履行好自己的人生职责。

再次，寻求生活的情趣。在人生的途中，生活是不能没有情趣的。意义化生存的必须内涵之一，就是生活要有情趣。否则，生活是会干枯的。没有情趣润泽的干枯生活，会让人生失去意义。《党员二愣妈》第一集出现的一组声画，就很好地反映了生活情趣的内涵场景。即：二愣妈在村广播室里对全村乡亲报告县里将给村里拨希望工程款后，爱着二愣妈的宽老师激动地跑到广播室找二愣妈证实时的喜笑声与情话内容，不小心通过广播让全村人都听到了的声画组接，一是充分地揭示了生活离不开情趣；二是反映了剧主人公二愣妈并不是无情无义的人。工作要讲，情趣也不能少。再如：二愣妈到宋乡长家里，明里是向宋乡长赔不是的，实质是与宋乡长交流思想、讨论和寻求工作支持的。虽是这样简单的剧情，但声画组接表现却很有意味，只见二愣妈主动要来酒与宋乡长两个对饮，时而争吵、时而开怀大笑。这样，既消除了误会、交流了看法、沟通了思想、增强了理解，有利于推动彼此的工作，又赋予他们彼此都是有情有义、有情有趣的鲜活之人的内涵。此外，全片中，表现二愣和心妹的恋爱声画、全村关心二愣妈与宽老师俩的婚恋问题、表现二愣妈因砍树被拘留时乡亲们对她的深情厚爱情景以及二愣妈结束拘留返回村子的那个夜晚，乡亲们为她摆酒宴的庄严、激动、神圣、深情的场景，这些不仅都让观者充分感知到浓浓的人生情趣，而且都让人的心灵获得作品营造的情趣的润泽。既让人热泪盈眶，又让人深受教益。

最后，创造价值。每一个平凡的人，只有对他者、对族群，创造和奉献了自己的才智，才会不平凡，才会被人欣赏、被人敬意。也只有当鲜活的个人，认识到或深深明白自己对于他者的价值，才会更好地谋求创造与智慧化地维护他人和自己生活的美好与可能的幸福。电视连续剧《党员二愣妈》，之所以有看点、之所以经典、之所以值得传播，就在于作品深刻揭示了个人创造和奉献价值的可贵与意义。二愣妈的行为与结果，就是她努力创造价值的行为过程与创造的价值内涵。易言之，二愣妈坚定地维护党的形象与圣洁、艰辛万苦地谋求和维护乡亲的权利与利益，是她作为党员身份与角色的存在价值体现；二愣妈努力改善了村小学教室的条件、建起了养老院，是她创造的价值的实在体现。此外，作品也揭示和诠释了伦理与法制之间的关系，只是力度上还不太够。同时，也力图阐明人情与无情的关系，仍然是表现得不够充分。但有比没有的好。因为，有了这些情节，可以更好地丰富和充实作品的细节内涵和艺术真实。

总之，观看完电视连续剧《党员二愣妈》，观者应该是感知到和确立意义化生存的人生价值理念，应该具有随时欣赏他人、敬意他人的意识与能力。可以说，这也是观看与欣赏电视剧艺术作品的任务目标之一吧。尤其在当下这个人心不古和缺乏亲善情蕴的社会变革时期。

二、艺术分析

艺术的梦想，就是实现创造者自己的意义化生存理念，以及寻求艺术文化对心灵润泽的目的性与可能性。从电视剧艺术的价值体现看，一方面，电视剧艺术是为大众创造性提供精神生活消费的资源；另一方面，是为大众构筑自己的新生活提供可能与帮助。然而，对于电视剧来说，要实现自己存在的任务诉求目标，必须全力着眼于声画的完善性创造与展示。易言之，作品内蕴的意义，只有通过艺术性地充分转换展现为可视可听的感知觉信息符号与音响，才有助于观者对作品全部内涵的感知、认识、欣赏和读解，才有助于促成接受者的态度改变、充实和提升生活、启迪和创造意义。因此，在专业性读解电视剧的过程中，要努力寻求与分析解读作品的声画与声画组接在艺术上的内涵与魅力。统观电视连续剧《党员二愣妈》的声画在艺术上的看点有以下几方面。

首先，是乡土的艺术性深化取向性。乡土，是滋养和洁净人类灵魂的心香之所。“乡土”在汉语里，是指自己生长的“本乡本土”或“原来的生长地”。从某种角度讲，“乡土”就是情爱的代名词。对于独立的个人来说，“乡土”就是个人曾经面对过、经验过、体验过而有感情的本土或地方。现实中的每一个人，不仅在整个圆融性社会化过程中离不开特定乡土雨露的滋养，而且族群的文化模式形成都与各自生长的乡土密切相关。因此，具有多维表现力的电视连续剧，自然少不了对乡土内容的选择和升华性表现。电视连续剧《党员二愣妈》，正是对中国黄土乡土文化的艺术性选择和反映。我们从作品中的声画信息、人物造型、语言音响、行为特征、服饰特征、主观音响、环境细节、造物特性、情感定位、人物关系、民俗习惯等一系列要素内容上可以清楚地看到和听到。

片子整体而艺术化传达给观者的感觉——中国黄河流域的农业文明事象，二愣妈的头巾造型特征——黄土高原民众特有的服饰特征，片中主人公的语言表述——如：“闹甚呢”、“干了哇，高兴哇”、“操它个祖宗，鸟鸟比人还值钱了”、“我日你祖宗”、“瞎操心做甚了”，村民的山歌——陕西特有的信天游的民间音乐调式与音响：“三十里的明沙二十里的水，五十里的路上我来眊妹妹你，半个月眊了你十五回，十五回，就因为眊你我跑成了两根罗圈腿”，手工制陶——老栓爹、二愣子、心妹拉胚制陶烧窑等，褐色亮丽厚重的暖调环境——黄土高坡、村头大树等景别的油画视感觉效果造型，民居建筑——洞穴式建筑，家具造型，村民摆酒举行宴会，生活民俗——遇喜事燃放爆竹、抬花轿、贴剪纸、上坟等等内容与细节，无一不是乡土民俗文化的升华性运用和表现。这也表明，电视剧艺术创作的民族性内涵是不可少的，有了它，可以更好地升华主题、增强视听的细节和亮点。

其次，是艺术表演的真诚性凝结艺术魅力。电视剧的创造是具有长跨度间次性特征的合成形态。“间次性”指电视剧创造外化实现过程由若干个二次创作构成。比如：演员根据编剧和导演的要求与自己理解的表演过程与结果，就恰如音乐演奏者每一次根据曲谱演奏曲目一样，是二次性的创造行为。一部电视连续剧，不是一个编剧或一个导演个体闭合性独立完成的，演员的表演、电视剧美术的设计、电视剧音乐的创造、场面调度、声画调控等等的创造力度与出场关系，都对电视剧的最终创作完成和传播与观看，有重要的影响。

本片的视觉观看亮点，可以说主要是由斯琴高娃扮演的“二愣妈”角色体现的。二愣妈在服饰和道具饰物上的变化，都很少。二愣妈的服饰：深绿色头巾、蓝布衣裤与布鞋，除了上衣变换过，其余都未变；在道具上，始终如一地拎着有补丁的粗布挎包，这些的单一性，为演员的表演增加了难度。然而，该作品令人热泪盈眶的地方，恰恰是演员倾情而真诚表演的地方。也正是由于演员的真诚表演，才凝结了作品的艺术魅力。艺术作品的艺术魅力，是指艺术作品具有和释放出来重重叩击和打动接受者心灵的勾魂性强大力量。比如：在作品的最后一集，表现二愣妈去县公安局探望因调查头对沟村树林被砍伐而被拘留的宋乡长的那一场戏，斯琴高娃的表演，可以说是全片的表演极致性亮点和动作运动高潮。一是，二愣妈在去看望的路上，与以权谋私的林局长的扭打的表演，真情感人。二愣妈疾恶如仇的愤怒感表演——率真、扣人心弦；音响交集——雨声、二愣妈的愤怒声讨声（“你这个没头鬼，打死你！共产党里头没你这样的干部”）、扭打的主观音响声等；画面张力感：人物倒地扭打的运动紧张感、泥浆涂满全身的视觉冲击感、大雨的疾速运动感等，这些都有力地升华了作品揭示的守候人生正确理念的主题。二是，二愣妈在公安局与宋乡长见面时的表演，催人泪下。先是无任何音乐音响的单纯对白音响，紧接着是二愣妈激情悲切的哭诉音响与揪人心的音乐音响交集在一起，此时只见二愣妈于心急悲苦中自然地流着鼻涕、长泪不止。这样的声画可以说是看不出演员是在演戏，仿佛就是演员自己在现实中遭遇的真实反映。演员自然的哭、自然的急、自然的悲，活脱脱地把善良、爱憎分明、爽快、实在、意志坚强、平凡、崇高的二愣妈形象呈现给了观众。让人可信、可亲、可爱、可敬。面对这样的剧中声画情景与表演，有良心的人都会热泪盈眶的。

总之，虽然全片的剧情不曲折、不复杂、时间跨度不大，但由于主要演员的精到表演，奠定了作品的艺术品位，凝结了作品的艺术魅力，使之可观、可赏、可品、可游。

再次，是色彩的润饰表意性定格。作为以视觉观看接受为主的电视剧，色彩的设计与塑造外化画面展示，对作品的艺术性高低和观看吸引度，是既有重要的影响，又是不可忽视的因素。本片成功的色彩润饰表意性定格，是作品可观、可赏的重要构成因素之一。

《党员二愣妈》整部片子的色调，是厚重的暖色亮调，这一方面是为揭示和升华作品的主题；二方面是细化表现人物生活环境场；三方面是增强了视觉张力度和观看提示性。总之，色彩元素在片中具有较强的表意性内涵。无论是片子中不断出现的有棵大树的村头风景，还是多次展现的手工制陶院落色彩调子，以及长镜头表现的黄河与黄土高坡和山川的风景色彩、有阳光感的窑洞民居强视觉对比调子、二愣妈给她丈夫老刘上坟的厚重色彩影调、二愣妈和宽老师在干梁上等县里来人时呈现出的浓重苍茫惨烈的夜色、有鸟鸣声的清新鲜亮色调的树林景色、摆酒晚餐场景色调、人物衣着的单纯色彩和主人公生活环境的环境色彩等等，都具有较强的表意性定格。如：二愣妈为给村小学置办桌椅板凳违法砍树而被拘留处理后重新回到村里，村民们摆酒庆贺的晚宴场景的色彩与色调，就有鲜明的意义指向性。由玉米、辣椒、篝火等暖色铺就成的朴实凝重深沉的暗褐色大色调，寓示村民为二愣妈的无罪释放而高兴，只不过这种高兴，多少包含了村民的苦涩性与坚毅性内涵。不断在画面主要位置或特写镜头出现的色彩明度极高的、具有阳光感和金子般透亮的熊熊火焰，以及内切分蒙太奇运动镜头抓取反映的在火光映照下呈暗暖色调的村民们的脸，都寓示着二愣妈和村民坦坦荡荡的品质与情怀。严重偏色的橙黄色暖调的二愣妈的脸，随同她衣服的紫蓝色调和头巾的饱和度极高的绿色，共同塑造展示和烘托了二愣妈的纯美、苍茫、蹉跎、坚毅、果敢、倔强、朴实、忠厚、希望的人物性格和强烈的视觉张力感。

总之，作品的色彩表意性定格设计与运用，对加强剧情和反映人物心理，增强暗示观看和调控声画节奏，都起到了良好的效果。

最后，是选择艺术的润泽。任何艺术作品的创作都是有具体任务目标诉求的。电视连续剧《党员二愣妈》也不例外，而且是以此作为中心性重要诉求目标的。换言之，该作品不是言情性通俗作品，不是武侠式纯粹消遣作品，而是具有明确明晰事理、观念传导、价值确立、教育校正、品质涵育、升华人生等诉求任务目标和价值内涵。“不给党丢人”，虽然是二愣妈一句朴实的大实话，可它却是全片要传达的核心理念与价值内涵。为什么二愣妈那么执著、那么倔强、那么不惜牺牲自己的利益（如：为给学校置办桌椅板凳而卖自家的猪和羊）为民众办事、为信念而奋斗，就是担心自己不小心给党丢了脸。如：第二集里，二愣妈由公安局返回村子后在树林里伤心痛哭的原因，不是别的，就是她自己说的“真是丢死人了”。而所谓的“丢死人”，不是作为女性身份的二愣妈个体的脸丢失了，而是指作为党员的群体之脸。当宋乡长去公安局接二愣妈时，二愣妈不走。这时他们之间的对话，也集中地揭示和诠释了作品创作与传播的主题和价值理念。即：宋乡长对二愣妈说：“走哇!”二愣妈说：“是不是还惦记着处分我呢?”宋乡长回答说：“处分？通报全县，批评！党内记过处分。”话音刚落，二愣妈激动地对宋乡长吼道：“敢!”继而说道：“我告诉你，我宁愿坐这班房。我就不能在这个党里头丢人！告诉你!”看到这里，观者的心里是会不自觉地产生敬意的。再如：二愣妈之所以产生和坚持“再穷，也不能误了孩子们的前途”的理念与行为，就是她坚守的信仰与理念发生的作用——自己作为一个党员就不能给党丢人。其实，我们从县委佘书记支持二愣妈为民众谋福利的一系列言行中，也是能够清楚地认识作品诉求的任务与要传导和确立的理念。事实上，本片是艺术化地实现了这一目标。易言之，凡看过这个作品的人，都认为作品主题是深刻的、传达是自然而然的，发挥了艺术的教育作用。

总之，读解本片，如看不到创造者选择艺术外化人生正确理念来润泽心灵的内涵，不能算是全面读解了作品。同时，值得注意的是，我们不能以作品表现和传达了一些思想主题鲜明的内容，就忽视它或抛弃它。而是应该积极正确地全面认识它、分析它，这样才有助于观者在全面社会化的过程中，培育和增进自己的全面学养。

此外，作品在声画的组接调控处理上、在片头与片尾的设计上、在画内音响与画外音响的整合上、在预设给观众的观看节奏上、在一些刻画人物性格的细节设计上……都有匠心独到的设计与运用。比如：公安人员到头对沟村里拘捕二愣妈时的声画组接以及带走二愣妈时，立体反映二愣妈矛盾心情、乡亲们眷恋之情、二愣子惊愕之情的蒙太奇镜头之声画组接，不仅都是具有较强视觉冲击力和观看性的，而且是有效调控到了让观看者热泪盈眶的效果。不过，作品也有一些粗糙不周的地方。如：宋乡长这一角色，自始至终都穿一条臀部补了两个大补丁的裤子，这有简单化和失真倾向；县委秘书小米的角色塑造也比较概念化和脸谱化；有关理念的声画外化表达还不够充分。尽管如此，《党员二愣妈》还是瑕不掩瑜的具有可观、可赏、可品、可游的艺术内涵。

〔思考题〕

1. 如何学术性地评价具有较强思想主题内涵的电视艺术作品？并举例诠释之。

2. 你认为特定族群的乡土民俗在电视剧创作上有哪些价值？

千秋功罪且凭说

——电视连续剧《雍正王朝》读解

赵建国

1998　44集电视连续剧

长沙电视台、中央电视台影视部、北京同道文化发展有限公司录制

原著：二月河　编剧：刘和平（执笔）、罗强烈　导演：胡玫　主要演员：唐国强（饰雍正）　焦晃（饰康熙）

本片获第十九届全国电视剧“飞天奖”长篇电视剧一等奖、优秀编剧、优秀美术、优秀音乐、优秀男演员；第十七届金鹰奖长篇电视剧作品奖、最佳编剧、最佳剪辑、最佳美术、最佳音乐。

剧情简介：

康熙皇帝驾崩后，天下百姓都关注其继任者。然而最终继位的既不是当了近40年太子的二阿哥，也不是精通经史的三阿哥，也不是贤名远扬的八阿哥，更不是深受康熙钟爱的大将军十四阿哥，却是当初并不被朝野上下看好、素有“冷面王”之称的四阿哥胤禛。在当政后出现的山西诺敏案、科场舞弊案中，雍正杀了一批牵扯进去的朝廷中枢重臣。西北用兵、数省天灾，急需军费和赈灾，他下令查抄贪官污吏的家财，解决急需。而后的“摊丁入亩、火耗归公”、“士绅一体当差、一体纳粮”、“河南罢考案”、“铁帽子亲王大殿发难逼宫”、“含泪杀亲子”等一系列旨在推行新政、抑制官绅敛财和宫廷内部党争的历史事件贯穿雍正的一生和雍正王朝。公元1735年，雍正暴猝在自己的御案旁。之后，开始了60年的乾隆盛世。

一、文化分析

1999年的中国电视荧屏上，一位着装严整全身透着一股凛然正气的帝王形象出现了，这便是在中国帝王影视剧历史上有着重要影响的《雍正王朝》的出场。作为一部标新立异的电视剧，《雍正王朝》在帝王题材的影视剧作中取得了多重的突破；作为一部具有深刻社会内涵的电视文本，它又仿佛在不期然间成为具体社会历史的一个注脚。

中国是一个封建历史传统比较悠久的国家，从嬴政登位到清朝末代皇帝溥仪下台，数千年的历史中间，先后有数百位皇帝登上了中华文化的历史舞台，并且演绎了纷纷扬扬或悲切或滑稽的历史故事。皇帝“万人之上”的天下唯我独尊地位，那种“普天之下，莫非王土；率土之滨，莫非王臣”的巨大财富占有，那种三宫六院七十二妃子的毫无争议的特权享受，那种所到之处无不君临天下藐视一切的极高社会地位，无疑在千万布衣百姓中间有着极为风光的文化想像，以致当年项羽在寻常巷陌中见到秦王的时候就断言：“彼可取而代之”。但是同时，过于集中的皇家权力，相对落后的管理体制，以及人民反抗力量的永恒存在，导致历史上的封建王朝屡次遭受败落的命运。唐后主李煜将对家国的怀念写就为一阕阕惋伤的词令，崇祯皇帝则在无奈尽诛家人之后挂在了树梢头上，因此民间也有言：“生女莫入帝王家”。一方面是对皇帝身份的极端崇拜，一方面又是对皇权遭际的深深畏惧，于是在中国文化历史上关乎帝王的文字记录，因此也丰富多样，关于帝王的各种传闻秘史，更是数不胜数。

新中国成立以来，由于特定的原因，文化建制始终和国家的整个意识形态保持着密切的联系，而“文化革命”这样一种实践更是非常态文化发展的一个典型例子。在这样一个背景之下，关乎封建帝王的影视剧成为一个禁区，即使偶尔有所表现，也是以相对较强的批判色彩呈现的，相关题材被命名为“封建残余”而等待着历史幕布的再次拉开与展现。时空转换至 20 世纪末——一个“视觉文化”的时代，随着港台电视剧如《戏说慈禧》、《戏说乾隆》进入大陆市场，封建帝王的影视题材开始出现一线转机，相当多的封建帝王电视剧被制作完成。如《还珠格格》、《宰相刘罗锅》和《康熙微服私访记》等。但是这种制作是别有情状的：从美学风格上来说，它们多采用谐趣搞笑的游戏演绎，而决然没有对待历史文化的严肃情态；从故事情节上来看，它们多采用大量的虚构和虚拟，而从来不以历史的真实为圭臬；从其功能品质而言，它们大多为大众文化的消费品，而不承载宣扬家国使命等社会责任。这种类型的电视剧在一段时间内曾经拥有广泛的市场，但同时，从文化发展的基本逻辑上来看，这种电视剧类型在客观上也需要进行一定的突破和革新。在《雍正王朝》出现之后，人们发现电视剧中的帝王具有了相对宏大的政治抱负，人物命运具有一定的悲剧风格，在整体氛围上也具有相对比较严肃的基调，一种全新的帝王题材的影视作品出现了。这是顺应文化逻辑的必然产物，它与之前的帝王题材影视剧形成了一定的反差，并在某种程度上预示了另外一种电视类型的发展。

二、艺术分析

1. 帝王历史的“正剧”式叙述

在一个“视觉文化”的时代，在“娱乐”服务观念的指引下，较长一段时间关于中国帝王的影视作品常以“戏说”的形式出现，如《戏说乾隆》、《康熙微服私访记》、《戏说慈禧》、《还珠格格》等。《雍正王朝》却打破了人们对“戏说”历史剧的收视惯性，标志着对帝王历史的“正剧”式叙述的影视作品出现了。

作为一部以“正剧”方式出现的影视作品，《雍正王朝》甫一出现在人们的视野之中，就面临着是否符合“历史事实”的名分问题。作为公众约定俗成的提法，“尊重历史”、“再现历史”、“历史真实”并不构成问题的主要方面，重要的是，究竟什么是真正的历史？其实这是一个并不难于回答的问题：作为最本真而且客观意义上的概念而言，历史仅仅是一次已经完成的事件，而这种事件由于其在时间和空间意义上的特殊性，从它发生的那一刻起就永远的不可以再次重复。从这个意义上也可以认定，“再现历史”仅仅是一种带有强烈主观色彩的理想，主观愿望和客观现实之间正如两条渐近线，可以永恒接近但却绝对不可能重合或者相交。而且就历史的叙述者和叙述语境而言，人们在描述历史现象的时候，也总是不可避免地受到所处时代政治、社会、文化因素及个人修养、观念、喜好、趣味、角度的影响，因而也就永远不可能“客观真实”。无论如何，对于《雍正王朝》是否符合“历史事实”的责难都是一种较为牵强的提法。其实，与那些无厘头噱头搞笑的帝王戏相似，电视剧《雍正王朝》的出现仅仅代表着“雍正王朝”的一种书写和表达方式，这种书写和表达尽管与历史上流传的雍正故事并不完全相同，但是它却有其相对独到的魅力，这种独到的魅力来源于制作者精致的艺术表达。编剧刘和平在谈创作体会时曾说过“想把《雍正王朝》写成传神史剧”，“传历史之神，追求历史文化、精神文化的真实”[1]。该剧导演也说：“我就是要调动各种艺术手法，展示坚忍不拔的雍正皇帝所经历的一条困难重重的改革之路！”[2] 为此，编导对二月河的小说《雍正皇帝》进行了“放手大胆的再创作”，突出了雍正呕心沥血、励精图治、勤政廉洁、忧国忧民的方面，塑造了一个理想的帝王形象，给全剧定下了“国家至上”的主题基调。

2. 注重设置悬念，结构紧凑严密

一部好的电视剧，必须具备一定的可视性，才能在同一时间内广泛地吸引观众的眼球。如何增加可视性，《雍正王朝》采用的是设置悬念，铺排故事，使情节不断向前发展。如全剧第一集就以交叉蒙太奇的手法将观众引入悬念，一边是黄河决口，康熙招王公大臣议事，另一边是太子胤礽与贵妃郑春花偷欢，这就形成了黄河决口朝廷如何处理，与太子失德失职命运将会怎样的交叉悬念，将观众吸引到剧情中来，去感受紧张的情节气氛。而后，两个悬念通过裂变，又衍生出新的悬念：四阿哥奉命赈灾，八阿哥从中作梗，赈灾能否成功，四阿哥、十三阿哥的命运如何？其后，四阿哥智取盐商，整治十阿哥门人任伯安，完成赈灾任

[1] 《〈雍正王朝〉编剧刘和平访谈录》，《中国电视》，1999 (11)。

[2] 《南方周末》，1999-02-19。

务，这个悬念暂时解决，但四阿哥因此得罪了“八爷党”，新的悬念又出现，赈灾过程中暴露出户部亏空，引出如何清理亏空的悬念，四阿哥主动请缨清理欠款，逼死魏东庭，悬念又生。就这样，悬念犹如一根链条，环环相扣，在悬念的生成和解决的过程中，一个个故事铺排展现出来，推动着情节不断向前发展。

该剧的结构设计精细紧凑，比如围绕杀年羹尧，兵分几路，把所有有关的人都结构起来。这边年羹尧被贬十八级，那边文官集团设灵堂祭奠孙嘉诚，太后之死也被结构在这里，同时把年秋月的命运也结构其中，太后重病时曾对秋月喝道：“你出去，我不想再见年家的人”，太后殡天时，纳拉氏对年秋月说：“你出去吧，太后生前有话，你回避一下”，这样戏一路下去，如行云流水，又充满了大信息量。

3. 注重刻画人物形象，性格中见真性情

对于一部影视作品，其可能给观众留下最为深刻感受的将是人物的形象，而人物形象的最核心因素又该归结为人物的性格。人物的性格构成了文本叙事的重要推动因素，同时也集中体现着文本的思想内容和主体蕴涵。正如黄会林先生所说：“人是艺术的核心，一部戏剧要有故事情节，要有矛盾冲突，但戏的核心在于‘人’。‘以人为本’也许就是《雍正王朝》成功的规律所在。该剧最‘抓人’的地方正在挖掘摹写人的‘核’。”❶ 在《雍正王朝》里面，创作者塑造了一批性格鲜明，各具魅力的形象。由于王、侯、将、相、奴都被刻画得特点鲜明，独具个性魅力，所以尽管该剧男性角色占了绝对优势，却并不显得单调枯燥。如康熙的老谋深算，雍正的鞠躬尽瘁，邬思道的神机妙算，八王爷的隐忍老辣，年羹尧的依仗权势、刚愎自用，张廷玉的谨小慎微、力挽狂澜，还有那言听计从、百依百顺的大内奴才。对于雍正性格的塑造更是精心打造，别具匠心。该剧重点突出了雍正的勤政为国，锐意改革，知难而上，宵衣旰食。在塑造人物时，把人物与情节融合在一起，在动态中刻画人物，在人物的发展中构造情节。如26集的结尾有这样一组镜头，登上皇位不久的雍正急于选拔人才，在殿试考场上为夜幕中仍在答卷的最后一位举子亲自秉烛，使那位举子感动得泪落纸上。这个细节生动形象地表达出雍正上任之初急纳贤才的心情。再比如为表现雍正的勤勉，剧中多次出现雍正挑灯批阅奏章通宵达旦的镜头：夜已经很深，整个内院都休息了，只有皇上还带着老花镜全神贯注地批阅奏章，唯有一盏孤灯相伴……不知不觉间天明了，城门打开，王公大臣的孩子们也上学了，老太监来到御案边把灯拿走，皇上这时才抬起头来往窗外一看，天已经大亮了。还有，李卫与皇上一起用餐，看到皇上吃的很少，便问皇上平时吃几碗米饭，当皇上说只吃半碗米饭时，李卫跪倒在地，哭求皇上为江山社稷保重“龙体”。剧中还用细节表现雍正的朴素节俭，

❶ 黄会林：《人是文化的核心》，《现代传播》，1999 (2)。

如雍正将洒落的米粒捡起吃。为整顿吏治，推行新政，雍正知难而进，大刀阔斧，甚至不惜采取严厉和严酷的手段，以致得罪了各个阶层的不少人，为此留下"滚滚骂名"。对此，该剧设计了他杀诺敏、张廷璐、年羹尧，甚至将卖题受贿、阴谋篡权、不堪继位的亲生儿子斩首等情节。对兄弟之情，该剧也不惜笔墨。比如，雍正继位之初，当九阿哥在朝廷上大放厥词，对皇上大不敬时，他虽一怒而起，但看到御案上"戒急用忍"四个字，又想起父亲临终时要求他善待兄弟的遗言，手里不断捻动着康熙留给他的那串佛珠，压住了火气。对于处心积虑与他作对的十四阿哥，他一忍再忍，不轻易加罪。雍正和侍女乔引娣的情感纠葛，该剧一改过去帝王美人的惯常手法，把它演绎得朦胧，含蓄，纯洁。他与乔引娣从怨恨到相知，从相斥到相亲，尽管互相欣赏、互相爱慕，但始终保持着一种若即若离的关系，同时也不断产生着心灵的碰撞，进行着心灵交流。他们这种双向含蓄的"神交"，使两个人物都脱离了凡尘意味，添加了神圣的光环，同时这种心灵对话式的表达，较之浅露直白的感情戏更耐人寻味。当然，他的性格有的时候显得暴躁、焦虑、严厉，但是作为一国之君他自有其道理：以雷霆手段，行菩萨心肠，"愿以一人治天下，不以天下奉一人"。当为政为民的主导价值追求开始成为行动者目标的时候，他苛刻严厉的办事作风就被体恤民情关心国务的品质所冲淡和取代。在谈到电视剧《雍正王朝》创作构想的时候，编剧刘和平曾经有言："我对历史有这样一个感情倾向：一部人类历史就是人类不断完善自我的过程……以雍正来讲，他是作为皇帝这一极具政治人格的符号出现的，从他自身所处的这个皇帝的典型位置上看，他是起了积极的自我完善的作用。"❶ 可见，作者一方面肯定历史的"向善"发展轨迹，这对其创作来说是一个基本的定调；另一方面作者从唯物史观出发，具体而且历史地考察了雍正的功过是非，并且做出了相对全面的评价。

4. 民心向背塑造新式"家国观念"

中国古典文化中关于皇权的主流观念认为："普天之下，莫非王土；率土之滨，莫非王臣"。这种家国同构的文化渊源，使得千百年来的皇权意识极为膨胀，由之带来的往往是对社会弱势群体利益和需求的忽视，臣民仅仅是皇家财产中的一个极小部分而已。在权利和义务关系上，皇帝无可置疑地享有绝对的权利，而臣民必须对皇上尽无穷无尽的义务。皇上对于子民的体恤被称作"皇恩浩荡"，而子民对义务的忠实履行则是天经地义的戒条。

当然，虽然在中国历史上皇帝之于臣民具有无可争议的绝对权力，但是历代王朝一次次的兴亡更替，反抗力量出乎意料的强大，让统治者也不得不考虑"天下"、"民心"的重要作用。这方面中国历史上同样有着许多精彩的论述："水能

❶ 《〈雍正王朝〉编剧刘和平访谈录》，《中国电视》，1999 (11)。

载舟，亦能覆舟”、“取之于民，还之于民”等等。可以说，“民心”和“天下”观念在民族潜意识文化积淀中成为制衡皇权的另一概念，尽管这个概念在具体的实践中或许显得有些抽象和模糊，但是历代王朝并没有对之掉以轻心。“民心”和“皇权”观念的权衡，因此也成为帝王影视剧创作中一个重要把握标尺。在电视剧《雍正王朝》里面，我们却看到了一种新的历史维度浓墨重彩式的表现：这位皇帝为了百姓生活的幸福，呕心沥血励精图治，甚至于以牺牲自己“家”的利益为代价。剧中有这样一句台词：“当年文觉太师对朕说过‘有国无家’，这话直到今天朕才真正领悟了”。电视制作者以雍正的言行，来对历史上的家国观念进行新的改写。可以说在电视剧中，家与国之间的天平其实已经明显地倾斜于“国运”之昌盛。这与历史上真实的雍正皇帝并非完全吻合，但在帝王电视剧创作的叙事格局中却显得出手不凡，而且这种故事演绎中所体现出来的思想内容极富现代气息。

5. 影视剧的现实潜文本映照

一部影视作品，作为对现实情状的独到把握和细致模拟，总是和自己所处的社会历史现实有着多重的“隐喻”关系。这种隐喻关系体现着创作者对某些现实问题的思考。20世纪的转折点前夕，是中国改革开放向纵深进展的一个重要阶段。在此阶段，对国有资产的改造持续深入，中国企业面临着与国际水准的全面接轨；体制改革继续推进，政府向着高效廉洁的道路稳步向前；社会其他各项事业同样面临着一种脱胎换骨式的转换。与此相应，改革也出现了一些不可避免的问题，譬如：下岗职工急剧增多，社会保障体系尚不完善，产业结构需要继续调整，等等。

这样的一种社会状况，客观上形成了一种既欣喜又有所失落、既感到希望又多少有些渺茫的社会情绪，这种情绪需要通过一定的途径来引导、寄托和释放。在电视文本中，这种情绪更多的体现为对改革实践者的一种希望和期待——人们需要一位睿智并且坚强的领导者带领他们走过这一并不寻常的阶段。无论是雍正对于民心的体恤，对儿子的惩罚，还是他大刀阔斧地改革旧制推行新政等，都有较为强烈的历史隐喻色彩。电视观众通过屏幕上的故事，了解到改革者在实践过程中所遭受的多方面阻力，心中的某些郁结也得到相应缓解，这是电视剧《雍正王朝》的艺术魅力在社会层面上所起到的积极效果。

〔思考题〕

1. 请谈谈电视剧《雍正王朝》在帝王题材影视作品中的地位及价值。

2. 与历史上的雍正相比，电视剧中的雍正显然被电视编导们人为地“拔高”了。你对此如何评价。

人生的意义与意义的呈现

——电视连续剧《钢铁是怎样炼成的》读解

李　君

1999　20集电视连续剧

中共深圳市委宣传部、中国国际电视总公司、中央电视台影视部录制

原著：奥斯特洛夫斯基　编剧：梁晓声、万方、周大新　导演：韩刚、嘉娜·沙哈提　主要演员：安德烈·撒米宁（饰保尔·柯察金）　尼克莱·布克莱（饰朱赫来）　蕾霞·萨玛叶娃（饰冬妮娅）　斯维达·波鲁丝（饰丽达）

本片获第二十届全国电视剧“飞天奖”长篇电视剧特别奖、优秀导演、优秀摄像、评委会特别美术奖、优秀照明、优秀音乐、评委会特别奖（演员：安德烈·撒米宁）；第十八届金鹰奖长篇电视剧最佳奖、最佳导演、特别美术奖。

剧情简介：

保尔·柯察金出生在乌克兰的小镇舍佩托夫卡。由于家中生活贫困，他被迫在面包房和火车站的饭馆做童工，受尽老板欺凌。沙皇被推翻，红军来到他的家乡，他结识了老布尔什维克朱赫来，在他影响下走上革命道路，参加了红军。他在著名的布琼尼骑兵部队英勇战斗，后来因伤回地方工作，担任共青团干部。他在寒冷的西伯利亚修铁路时得了伤寒，出院后身体状况越来越差，最后双目失明。但他不肯向命运低头，在病床上以惊人的意志写作，回顾自己的一生，以激励后人。他的书终于出版并轰动全国，他也被授予苏联的国家最高荣誉——列宁勋章。

一、文化解读

1. 时代背景

20世纪五六十年代的中国，刚刚摆脱了战争的阴影，百废待兴，经济基础薄弱，物质相对匮乏。但是已站起来的中国人怀着对新中国的满腔热情，积极投身国家建设。当时的青年人除了敬仰在抗日战争和解放战争中涌现出来的许多英雄人物外，还崇拜一位苏联英雄，他就是保尔·柯察金——苏联著名作家奥斯特洛夫斯基的名著《钢铁是怎样炼成的》一书的主人公。当时几乎每个中国青年都能

背诵保尔·柯察金的名言："人最宝贵的是生命。这生命给予我们每个人只有一次。人的一生应当这样度过：当他回首往事的时候，不因虚度年华而悔恨，也不因碌碌无为而羞耻。这样，在临死的时候，他可以说，我的整个生命和全部精力，都已经献给了世界上最壮丽的事业——为全人类的解放而斗争!"

关于人为什么活着这个哲学命题，不止是现代人才开始思索，古今中外无数的哲人贤士都曾思考过它。但是，只有保尔的这段名言成了一代中国人的座右铭，它激励无数中国青年为祖国建设披肝沥胆，奋斗不息。在保尔精神的感召下，青年们听从党的召唤奔赴大江南北，到祖国最需要、最艰苦的地方去实现青春的理想。可以说，当年的保尔就是中国青年的一个偶像。

2. 保尔精神的价值

人是需要有一种精神的。一种信仰、一种理想都可以是人的精神寄托。为了实现理想、维护信仰，许多人为之历经艰辛、不屈不挠，甚至不惜付出生命的代价。一个没有高尚信仰和理想的人只能把目光和全部精力投向物质与金钱，投向庸俗的生活。但是，人类发展社会进步是靠大批有理想、有毅力、有真才实学的人来推动的，有崇高理想的人的精神世界是充实的，生活是有意义的，所以说，人在青年时代为自己树立一个理想，一种志向是至关重要的。

保尔精神的实质是，他始终处于苦难命运的漩流中，却始终坚强不屈。为了实现革命的理想，他将生死置之度外去获取敌人的情报，以坚强的毅力忍耐筑路劳动的艰辛与生活条件的恶劣。尤其是忍受病痛的折磨坚持写完自传体小说《钢铁是怎样炼成的》，这期间，他经历了许多的希望与失望、痛苦与绝望。几乎所有的读者在被他感动的同时，也获得了一种自我精神的升华，获得了一种支撑自己人生的强大精神力量。

3. 保尔精神的现实意义

今天的中国社会已经与20世纪五六十年代大不相同，今天的青年人生长在改革开放的年代里，从小享受到了他们的父辈不曾享受的丰裕的物质生活。他们大多数虽然接受了多于他们父母数倍的科学文化知识，但由于生活舒适而未能培养起对于艰苦生活和各种困难的承受能力以及克制无止境享乐欲望的毅力。其实，在精神上与懒惰、自私以及懦弱抗争就是一种培养坚强意志的途径；具有坚强意志的人是任何时代都迫切需要的。通过观看电视剧《钢铁是怎样炼成的》，青少年如果产生培养理想和毅力的意识，认识到人的价值是用知识与才能为社会发展服务，是用教养、学养和修养来赢得他人的尊重，该剧的意义也就得到了实现。保尔的精神是人类在追求完善高尚人格的过程中共同需要的精神，每个人努力的程度不同，达到的境界也不同，但拥有健康而丰富的精神世界毕竟是一种幸福。

二、艺术分析

1. 结构特点

电视剧的结构类型主要有五种：戏剧式、散文式、心理结构式、诗歌式、混合式。电视剧的时空叙事主要有三种方式：顺叙、倒叙和交叉混合式。

《钢铁是怎样炼成的》主要采用了心理结构和戏剧式结构。它的整体结构是这样的，第一集到第五集的开头和结尾都是 1931 年的哈尔科夫外科医院，保尔身穿病号服在那里接受治疗，而中心内容则是 1918 年保尔在故乡舍佩托夫卡的生活；第六集到第十一集的首尾内容是保尔 1931 年在基辅的生活，中间又插入了对 1921 年战争生活的回忆；第十二集到第十八集的开头和结尾都是保尔在黑海疗养院的生活，中间插入了对 1921 年战争生活的回忆；第十九集是保尔在基辅的真实生活；第二十集是保尔回到故乡舍佩托夫卡的真实生活。该剧的心理结构主要表现在每一集的开头和结尾的倒叙部分和内心独白，由内心独白引出对往事的回忆。比如在第一集的开始，保尔躺在手术台上，脸上渗出了汗珠，他的主观视点是仰视手术台周围的医生和护士，他的内心独白是：人的一生应该怎样度过。这一段心理活动引出了他对自己人生历程的回顾，少年时代的故事浮现出来。这一集的结尾又是保尔坐在病床边，他的内心独白是想写一本书的心理活动。

心理结构的一种重要表现形式是用回忆的方式倒叙故事，让过去的情景在现实情景里出现，用历史的反差对观众产生心灵震撼。倒叙的优越性有：引起观众的悬念；通过较大的时空跨越制造沧桑感和历史感；节约篇幅，压缩漫长过程，展现最重要的内容等。心理结构还经常要采用内心独白式的表现方式，目的是从主人公的视角来观察分析周围的人和事，以及自我的思想意识和思想活动。

心理结构是根据剧中主人公的思想活动来结构篇章，它的目的是展现人物的内在情感和思想变化过程，立体塑造人物形象。我们不妨作一个对比，如果按照纯戏剧的结构模式，《钢铁》一剧的第一集开头就应该是保尔少年时代的生活，直到第十九集才是他住院治疗、开始写书的情节。这样的结构可能会让观众对保尔的一生有较清晰的了解，但观众对保尔精神与命运的关注程度就远不及现在的心理结构。观看现在的结构和情节发展，观众从第一集就产生了悬念，为保尔的健康担忧，在与保尔一起回忆往事的过程中，不时地回到现实，对它的书稿完成产生期待。而且，从第二集开始，观众就看到了保尔开始与疾病抗争，对他的同情、钦佩和感动一直伴随到第二十集。对观众产生的这种心理效应是纯戏剧式结构做不到的。

电视剧的情节设计与呈现是关系到整个剧作成败的关键。目前中国电视剧还很少使用心理结构，使用最多的是戏剧式，因为中国观众千百年来看惯了地方戏曲，听惯了说书形式，接受戏剧式结构的表达最容易，戏剧式结构中的冲突、悬念与跌宕起伏的故事也符合大多数观众的审美习惯。《钢铁》一剧的戏剧式结构主要体现在回忆的内容里，这其中几乎没有使用内心独白，而是紧凑的戏剧式情节段落。比如第四集的情节安排：开头是1931年的哈尔科夫外科医院，保尔身穿病号服拄着拐杖和哥哥站在医院的台阶上，哥哥告诉他冬妮娅回到舍佩托夫卡了。哥哥走后，保尔上台阶不慎摔倒。这时镜头切回到了1918年的舍佩托夫卡，冬妮娅走进保尔家的院子，说父亲让她来照顾保尔的伤口，保尔误会了她，将她赶走。接着是朱赫来进来与保尔谈话。镜头又切到冬妮娅家里，她在床上痛哭。镜头又回到保尔和朱赫来的谈话场景。接着是保尔走到冬妮娅家门口，按门铃，冬妮娅不开门，她父亲进去后与母亲谈话。院子外面，保尔仍然在等候；来了一群富家子弟，嘲笑保尔，他们在冬妮娅家的小花园里说笑、朗诵诗。下一组镜头是朱赫来与保尔拳击，有人报信说出事了。镜头切到树林里，几个青年人在开会。镜头又切到了小河边，冬妮娅在看书，保尔在钓鱼，维克多过来调戏冬尼娅，被保尔揍了一顿，冬妮娅与保尔和好了，他俩在树林里追闹。最后镜头又回到了1931年的哈尔科夫外科医院，保尔正在写他与冬妮娅的爱情段落。在这一集里的回忆部分，充分运用了戏剧式结构情节的手法，将保尔与冬妮娅的恋情处理得起伏有致。它的主线围绕这几个关键词：误会、痛哭、不开门、救援、和好，符合戏剧式结构按时间顺序展开的开端、发展、高潮、结局的规律，情节完整，段落分明。该剧每一集的中心内容都是运用戏剧式结构来展现情节的。

《钢铁》一剧的时空营造有自己的独特性。比如第一集到第五集，开头和结尾的哈尔科夫外科医院的时空镜头组以白色调为主，呈现和平、宁静、纯洁的氛围，医生们冷静的神态、理性的语言与保尔激动的表情、感性的语言形成反差，使观众感受到情节内容的张力；中间部分对故乡和战争的回忆则采用橙黄色调，制造历史的沧桑感，并形成时空反差，使观众感受到历史与现实的区别。第十九集和二十集属于现实时空，因而使用明朗的色调，表现和平环境的安宁与清静。

最后来看节奏。节奏是电视剧音乐感的体现方式，画面与情节的长与短、快与慢、停顿与重复、变化与过渡的使用将决定整个剧作的合理性表达。节奏是根据剧情的需要来设计的，也是根据观众的心理特点来设计的，它与电视剧的其他元素相互配合以呈现情节和塑造人物形象。《钢铁》一剧的节奏把握比较准确，它在许多地方巧妙地使用了停顿、变化、过渡的节奏处理方式。如第一集保尔躺在手术台上的一段内心独白就是一种明显的时空假定，造成了叙事节奏上的延时和停顿，体现出他的内心痛苦。再比如第十集中保尔两次读丽达的来信，是一种重复手段的运用，每次读信都引出一段对1921年红军时期战斗生活的回忆。剧中情节段落的转场不仅是为了过渡和延续故事，有时还是为了造成延宕的过渡效果。比如，在第五集中，彼得留夫匪帮与德国军队发生混战，血肉横飞，杀声一片，紧接着是保尔走进家里，笑着把工钱交给了妈妈，并要求妈妈允许他买件新衬衣。这一段是让观众从紧张的厮杀气氛中暂时解脱一会儿，达到一种缓冲过渡的效果。

2. 人物形象

电视剧的主要功能是讲故事，而故事必须由人的行动来完成，所以说人物塑造是电视剧的重要职能。主要人物形象的真实与虚假、立体与平面将是衡量一部电视剧质量好坏的关键。

人物形象的塑造包括外部形象与内部形象的双重刻画。外部形象是直观的，包括面貌、体型与动作姿态；内部形象包括思想意识、性格意志与情感情绪。人物的内部形象是通过外部形象体现出来的，只有内部形象的丰富与合理，才能使外部形象生动逼真。如果剧作者缺乏生活阅历和心理学知识，就无法塑造出真实、立体的人物形象。

电视剧人物的外部形象是通过外部造型手段完成的。它首先根据剧本提供的人物肖像特征来确定电视剧人物的立体肖像，由此反映出人物的身份、职业、社会地位、生活状态等特点。人物的外部造型包括不同场合的化妆、服装和道具设计。化妆、服装和道具的特殊性和协调性将使人物趋近真实，增加观众的信任度。《钢铁》一剧对主人公保尔的外部造型在片头就已进行了多侧面的呈现，但还只是类似于彩色剪影的平面形象，立体肖像的完成是在情节进展中以动态的形式展现的，比如人物的表情变化与言谈举止，动作幅度与姿态特征等等。这些设计都要服从内容的需要并符合人物心理与行为逻辑，否则将给观众造成虚假的感觉。保尔的表情、语言与动作具有个性化特征，比如，他很少笑，也不太爱说话，往往在愤怒的眼神之后，很快出现打斗动作，以此表现他的正直、大胆和血气方刚的青春特点。

人物的内部形象塑造包括思想意识、性格意志及情感情绪的表现，而这一切又主要是由人物的成长环境所造成的。在设计人物的内部形象时，不能凭空捏造，要将天赋遗传与社会环境结合起来考虑。

对于保尔多样性格的塑造，剧作通过保尔的语言方式、行动方式进行了全方位的表现，而且他的行为都是在特定的环境中进行的。比如对保尔嫉恶如仇的性格在三个地方进行了表现，第一次是第二集保尔在饭馆的厨房干活，他始终没有说话，但他注视老板的目光却反映出他的愤怒与倔强，这种愤怒在老板训斥女佣人的过程中不断积累加剧，直到最后他看到老板欺负伏罗霞才骤然爆发，将一桶开水泼到了老板身上；第二次是第四集保尔在河边钓鱼，看到市长的儿子维克多对冬妮娅非礼，便飞奔过来，将这个坏小子暴打一顿；第三次是在红军营地的一个晚上，战士们都围着篝火唱歌，团政委喝醉了酒闯进丽达的屋子欲污辱丽达，保尔发现后将其打翻在地并赶了出去。

保尔善良的性格也有较多的表现。比如他在第三集里救跳河的伏罗霞，救被德国人追赶的乡亲；第十集在德国人追赶他时，不肯丢下受重伤的朋友谢廖沙等等。保尔坚强的性格在他受伤住院期间表现得最充分。第二十集里，当他得知自己的生命只有半年时间，还可能失明，并且他的后半部分书稿已经丢失，他痛苦至极，在大海边企图用手枪了结自己的生命；最后经过激烈的思想斗争，他终于战胜了自己，决定继续忍受病痛的折磨，为完成书稿而奋斗。

3. 视听语言

电视剧的视听语言是独特的。它充分运用视觉的镜头组与听觉的语言来描述情节，表达情绪，揭示主题。视觉语言中的镜头相当于词组，镜头组相当于意群段落，不同的镜头组通过逻辑性衔接形成连续的画面，表达特定的主题，讲述特定的故事；听觉语言是声音的组合形式，人物对白、现场声音和音乐经过不同的组合表达不同的内容与情绪；蒙太奇是艺术组合的意思，镜头的艺术组合、声音的艺术组合、画面与声音的艺术组合等都是蒙太奇语言的组合形式，也是电视剧艺术的主要表现手法。

《钢铁》一剧的主体部分没有大量使用复杂的蒙太奇手段，而是用最基本的蒙太奇手法表达深厚的思想和情感，营造朴实、凝重、优美的影像语言风格。它遵循流畅剪辑规律，以累积法的镜头处理使之形成一个闭合体系，将观众引入一个年代久远的时空情境之中。它的片头和片尾使用了抒情蒙太奇的手法，镜头语言相对复杂而富有诗意。比如它的开头：黑场画面的中心位置渐显出八个红色黑体大字“钢铁是怎样炼成的”，同时响起浑厚的男中音朗诵经典名言“人最宝贵的是生命……”；随之在片名的上方和下方渐显出两行略小的黄色黑体字，上方是“20集电视连续剧”，下方是“根据奥斯特洛夫斯基的同名小说改编”；紧接着片名消失，男声合唱渐起，画面的黄金位置上出现了保尔的红军战士彩色剪影形象，肩扛铁锄，向左站立，面色严峻，背景画面是深黄色调的沙地上一群穿深色衣服的人拿着不同的工具并排从地平线向镜头走来；之后，转换成保尔向右站立的形象，背景画面是工地上人们劳动的近景；名言朗诵完毕，低缓的男声合唱声音渐强，画面上的保尔形象转变为少年模样，向左站立，面带微笑，背景画面是金色的树林与小河；既而转成青年保尔的形象，依旧面带微笑，向右站立，背景是他穿黄色衣裤走向一座美丽的小屋；男声合唱此刻变得慷慨而雄壮，保尔又转化为红军战士形象，向左侧站立，手持长枪，面容严肃，背景是硝烟弥漫的战场；最后在这组画面的左下角和右上方，缓缓出现主创人员的名字。

这个片头的蒙太奇组合有三重含意：首先从保尔外部形象的变化展现他的人生经历；其次每个保尔形象的背景画面都是他生活过的最有代表性的环境；第三，名言朗诵、男声合唱配合动静组合的画面，营造出一种俄罗斯情调的艺术氛围。

还有一组典型的蒙太奇处理是在第二十集里，保尔因为病痛的折磨和死亡的威胁，加上半部书稿丢失，使他万念俱灰，企图用手枪自杀。这时幻觉中出现了红军形象的保尔，也是代表坚强意志的另一个他，说："保尔，你不要胡来，要想干掉自己，什么时候都来得及。"要自杀的保尔说："我再活下去有什么意义?"红军保尔说："想不到，你这么脆弱，你竭尽全力了吗?"自杀保尔说："可是现在……"红军保尔说："要证明你是真的勇士，你应该奋斗到生命的最后一刻。"自杀保尔问："谁能相信？我能做到吗?"他握手枪的手渐渐松开。在这组画面里，两个保尔形象交替出现，既反映出他内心激烈的思想斗争，又较艺术地展现了保尔潜意识中的坚强意志。他内心的冲突构成了全剧的一次高潮，也是他人生中最痛苦的一次灵魂拷问。

〔思考题〕

1. 保尔精神的可贵之处在哪里？该剧对今天社会有什么现实意义？
2. 试分析第二十集的情节安排、节奏和视听语言特色。

唯美诗意的历史

——电视连续剧《大明宫词》读解

周雯

1999 40集电视连续剧

无锡中视影视基地股份有限公司、中央电视台影视部、中视冠华公司、北京荣信达影视艺术中心录制

编剧：郑重、王要 导演：李少红、曾念平 主要演员：归亚蕾（饰武则天） 陈红（饰中年太平公主） 赵文瑄（饰薛绍） 傅彪（饰武攸嗣） 申军谊（饰武三思） 郭冬临（饰太子显） 周迅（饰少年太平公主） 贾妮（饰韦氏）

本片获第二十一届“飞天奖”长篇电视剧三等奖、优秀美术；第十八届金鹰奖长篇电视剧优秀奖、最佳摄像、最佳照明、观众最喜爱的男配角、观众最喜爱的女配角。

剧情简介：

长安城被连绵阴雨笼罩。在皇宫深处，怀胎12个月而无法临盆的皇后武则天却被比天气还阴晦的心情笼罩着。当唐军将士大胜突厥的喜讯传来，公主终于降生在朝堂之上。这奇异的经历使高宗皇帝李治认定女儿的降世为天下带来了好运，当场赐名太平公主。太平公主从降世就体验着皇室所能给予一个女人的全部荣誉、美好和高傲，而她一生的悲剧也就在这幸福的童年中埋下了深深的祸根。14岁的太平第一次出宫就在上元灯节的假面狂欢之夜邂逅英俊武士薛绍，而坠入少女的初恋。武则天出于对女儿的溺爱，掩盖薛绍已婚的事实，暗中赐死了薛绍的结发妻子惠娘。经过几年痛苦的婚姻生活，薛绍怀着对爱情忠贞不渝的决心以及对太平不可抗拒的尊敬和好感迎向太平手中的利剑。薛绍死后，为了对抗母亲，太平嫁给了善良、鲁钝而无能的武攸嗣。武攸嗣因研制春药有功得到武则天的宠信，也因为春药的缘故意外发生婚外情，自觉有愧于太平而自杀。两次婚姻的失败让太平心灰意冷，遂把热情转移到皇朝的政务之上。在经历了与母后武则天、皇嫂韦氏、中宗皇帝李显及侄子李隆基等几十年的恩怨及权力争斗后，太平“接受”了李隆基赐予的一尺白绫悬梁自尽，孤独地死在大明宫深处。

一、文化解析

《大明宫词》这部大型古装历史剧与我们以往看过的历史剧迥然不同。它并不是一部以客观再现历史真实为指归的历史正剧，历史在剧中只是作为一种承载现代人文精神的载体而出现。这种独特的话语方式使得该剧一经播出，就引起了广泛的争议。争议的焦点集中在它用这种现代性的方式来演绎历史故事是否合适。不过争议归争议，无论如何我们得承认，正是现代性的灌注才使得这个已经被多次利用的历史题材重新焕发出新的光彩并具有了新的审美价值。

本剧在结构上虽仍采用传统的在时间的推进中讲述故事的线性方式，但它的侧重点不是历史事件的本身，而是处于权力斗争中心的个人。20 世纪 40 年代的美国影片《公民凯恩》以超越叙事的对人物性格的全面表现，而被誉为开现代电影之先河。与《公民凯恩》相仿佛，《大明宫词》对人物内心世界的关注，也正是其现代性最突出的表现。在本剧中，主旨不再是对历史进行是非判断，惩恶扬善；人物也不再是类型化的社会道德意义上的好人与坏人，而是在主流意识形态话语方式之外，以个人的人生观、价值观，对人物做出了划分。综观全剧，依据各自的价值观，主要人物可以划分为爱情至上、权力至上和淡泊世事三种类型。爱情至上者以太平公主为最主要代表，围绕在她周围的则是薛绍、武攸嗣，以及后来的崔缇。单从故事的发展来看，这几个人之间似乎只是“我爱他（她），他（她）却不爱我”的关系，但却不落通俗剧多角恋爱的窠臼，究其原因，大概是因为他们各自的情敌，与他们自己从来没有出现在同一时空内。从太平爱上薛绍开始，一场旷日持久的超越时空的爱恋就主宰了这几个人的命运。薛绍心属慧娘，慧娘却被太平对薛绍的一往情深逼上绝路；尽管薛绍后来也终于为太平的善良、纯洁和忠诚所打动，但他自己关于爱情的信念却不允许他接受除慧娘之外的另一份感情，在极度的痛苦中他选择死亡来逃避。武攸嗣在与太平的婚姻生活中，就如同太平在和薛绍的婚姻中一样，饱受太平对薛绍的怀念和内疚的折磨，一失足将自己推向了绝路。而最后导致崔缇死亡的刺杀，与其说是他对于权力的争夺，还不如说是受了他对太平近乎乱伦的爱恋的驱使。我们不难看出，《大明宫词》里强调的是一种永恒的爱情，无论生与死，无论拒绝或接受，都以生命的代价去坚守那份感情。不可否认，很少有过哪一部影视作品将爱情演绎得如此动人心魄、感人肺腑。当然这更得益于作者将这种爱情构架在一个巍峨强大的帝国、华丽庄严的宫廷之上，于是使它具有了天然的不可抗拒的敌人——权力。

权力至上的人物，在《大明宫词》里首当其冲的是武则天，而韦氏、安乐公主、贺兰氏、张易之、李隆基等都可以看作是步其后尘者。武则天对于权力的攫取在一般人看来都是出于她过于旺盛的野心。本剧中却没有这样简单地评价她。她刚开始“二圣临朝”站到权力的巅峰是出于形势所迫，是出于男性的邀请，甚至当她想做一个称职的母亲而在朝政和太平之间偏向太平时，还遭到了李治的质问。她后来滥用权力有时是出于习惯，有时是出于对亲情的过度重视，当然更多时候是出于“人在江湖，身不由己”的无奈。但无论如何，当她最后获得最高权力的时候，与使用权力时的满足感与幸福感同期而至的，是众叛亲离的悲哀和午夜梦回时挥之不去的噩梦。相比之下，韦氏这个人物的设置更具有大众性和现代性。她既有传统、善良的一面，又有冷酷、贪婪的另一面。她在被发配的清苦日子里，尽心尽力做一位称职的主妇，她回宫以后的奢华，也不是她生性刁钻刻薄所致，而是一个长期受压抑终于得志的女人的正常反应。对她很难用“好”与“坏”来概括，但她聪明过人，却难得到命运恩宠的际遇，确实容易引起人们的共鸣。深想起来，其实韦氏和太平都一样：她们想得到她们的出生地位所不允许或很难得到的东西——对韦氏是权力，对太平是爱情；只不过太平的攫取因其优厚的背景而有着一种优雅和大气，韦氏却因身份的低微而显得急切和浅薄。两人的结局也一样：眼睁睁地看着自己最想得到的东西从自己指尖轻轻滑走，而且为那停留的一瞬付出了一生乃至生命的代价。

在眼见或亲历对权力和爱情的追逐之后，在大明宫的深处，还有像李治、李显、李旦这样看透红尘、淡泊世事的一群人，但他们的淡泊世事并未换来自己一生的宁静，在权力斗争的中心，他们对自己皇族身份的消极抗拒，除了带给他们一厢情愿的短暂轻松之外，就只有难以逃避的灭顶之灾了。

综观全剧，我们不难发现，剧中的58个主要角色，从某种意义上来说，都是失败者。他们或者在追逐爱和理想的过程中饱受挫折，最终命丧黄泉，或者在不顾一切达到自己的目的之后，却发现为此付出的代价是生命中不能承受之痛。如果他们侥幸在残酷的权力斗争中生存下来，余生也只能纠缠在得到的满足与失去的遗憾中不知所终。这样一种在是非善恶的社会道德标准之外对人类终极命运的关怀，使得这部古装电视剧具有了后现代的精神气质。

而在表现形式上，这部剧作采用了在中国电视剧甚至是在中国电影里都很少见的“莎士比亚式对白”——华丽的词藻和铿锵的语气，并以此取代细节动作、故事发展等传统手法，作为表现人物内心活动和性格的最主要手段，这也是该剧最具争议性的地方。对于我们这个有着五千年源远流长的文明史的民族而言，内敛、含蓄、重实干而不尚空谈是我们的传统。我们不习惯在大庭广众之下宣讲自己的人生观和价值观。《大明宫词》的编导却敢于让锦衣华服的剧中人滔滔不绝地倾诉：“你的错误就是美若天仙，你婀娜的身姿让我的手不听使唤，你蓬松的长发涨满了我的眼帘，看不见道路山川，只是漆黑一片；你明艳的面颊让我胯下的这头畜生倾倒，竟忘记了他的主人是多么威严。”——如此优美的词句，对所有的文学爱好者来说都是一种不可抗拒的诱惑。还有：“我从未见过如此明亮的面孔，以及在他刚毅面颊上徐徐绽放的柔和笑容。我十四年的生命所孕育的全部向往终于第一次拥有了一个清晰可见的形象。我目瞪口呆，仿佛面对的是整个幽深的男人世界。”如果说前面那段对爱人的描述在《大明宫词》里也显得过于文学化，而只能被当作皮影戏的台词，那后面一段的少女情怀的袒露就是触摸到每个人心中最柔软角落的关于爱情的美好憧憬。“其实巾帼哪里斗得过须眉！所谓一两个女中豪杰，只不过是男人为了满足宽容大度的好心情说着好听罢了。我媚娘能有今天，八成靠运气，加上遇上的男人也大都心情不错，哪儿称得上什么豪杰，也确实没什么骄傲的，庆幸倒是有几分。所以我担心太平！我希望她能活得像个真正的女人，有个真心爱她的丈夫，哪怕普普通通，却像花儿那样被男人捧着。”——男权社会中求生的女人心底最深处的悲哀，被武则天描画得入木三分。“我凝视着广场上凯旋的战士们那一张张还隐隐浮动着战争烟云的刚强面孔，聆听着自己嘹亮的喉音如展翅腾飞的云雀刺穿头顶瓦蓝的天空。我终于开始领悟到我的哥哥，父亲，包括我的母亲那永远晦疑莫测的表情之后深刻的背景，开始理解这让世人前仆后继，宁可舍去生命亲情也要夺取的绝对幸福。权力，这是你我生命中的永恒主题，是隐藏在你高贵血统之中挥之不去的神的印记!”在这样的娓娓道来中，所有的血痕、所有的阴谋都有了它最为浪漫的理由。

众多人物的语言中，太平公主的旁白，算是全剧的点睛之笔。以第一人称绵长、谦和的语气，来叙述一个发生在自己身边的、绝对个人隐私又与家庭秘史相关的故事，首先在这一点上，《大明宫词》就打破了一般历史剧冷静的全知视角，让人产生了一种亲切感。而旁白又提纲挈领，每一集的内容和情绪都在旁白里被提示和总结，作者对各种人生观和价值观的评价和态度也都蕴含其中。

二、艺术分析

《大明宫词》是唯美而诗意的，人物的台词、华美飘逸的人物造型以及华丽的影像都体现了这一点。其实，李少红的电视剧创作一贯追求强烈的色彩表现和华丽的人物造型，在《大明宫词》中这种理念更是被发挥到了极致。曾经以《卧虎藏龙》获得奥斯卡最佳艺术指导和英国电影金像奖最佳服装设计的叶锦添被邀请担任《大明宫词》的人物造型设计。《大明宫词》的人物服装，既有唐代服装的风格，又糅进现代时装的韵味，华丽而飘逸，营造出梦幻般繁荣浮华的大唐盛世。太平的服装色彩从儿时活泼可爱的粉红，到少年时轻盈单纯的嫩黄和浅蓝，到中年时浓烈艳丽的赭红，再到老年时沉稳庄严的褐色和黑色，映射出太平从单纯快乐的小女孩到成熟伤感的镇国公主的性格变化。此外韦氏、张易之、安乐公主等的服装也都准确地外化了人物身份和精神状态。

《大明宫词》美轮美奂的画面是该片唯美诗意的最直观体现，这包括讲究的构图、精到的用光和贴切的机器运动。李少红导演与曾念平——生活中的亲密搭档和工作中的最佳合作者，也是该片的另一个导演和摄影师——共同创造了这诗化的风格和唯美的画面。整部影片影调从明亮到阴暗，色彩从鲜艳到晦暗，光线从柔和到阴霾，开篇喜庆的暖红色调也渐渐地变成了伤感的灰褐色调。画面蕴含着淡淡忧伤和浓重的怀旧气息。

《大明宫词》的外景拍摄主要是在无锡和涿州，内景拍摄则是在北京完成的。为逼真再现唐王朝宫殿厚重恢弘的气势，满足大景深镜头的拍摄及数字摄像机高解像力的需要，剧组斥巨资在北京电影制片厂最大的摄影棚里搭建了蔚为壮观的皇宫大殿、帝后和公主的寝宫，置景足以达到电影拍摄的要求。同时，对道具的选择也精益求精。剧中用的项链、首饰多来自云南大理等地；专门订做的几十面铜镜货真价实；张昌宗为讨好武后吹笛子坐的那只仙鹤，虽只出现很短的时间，却耗资上千元。连戏里的刀枪剑戟，也为了体现真实的重量感和质感，全都是硬金属的“真家伙”。

影片气氛的营造是成功的，无论是薰风殿里的诡秘，或是春绣坊中的柔媚，或是感业寺中的明净，还是长安月下的清幽都给我们留下如此深刻的印象。片中时而出现的闪电更是营造气氛的点睛之笔。薛绍死后太平晋见母后，她缓缓地穿过宫门和宫院向我们走来，大声质问大殿中冷漠的武则天，一道道强烈的闪电打在太平的身上，激发着她彻骨的激愤与懊悔，也震动着整个宫殿，武则天在闪电中也被剥离了冷漠。风和水是营造气氛和丰富画面的另两个重要手段。即使在内景，也时常有微微的清风吹起，荡起质地轻柔的彩色薄纱，画面马上灵动起来，乌丝轻扬，衣裙飘飞。再看水。不管是沐浴温泉的太平，还是沉溺湖底的贺兰，闪动荡漾的水映射在身上的光是那么的美。不同的是白色的纱衣随着太平的舒展轻旋在水中飘舞旋转，光线是柔和而灵动的；而同样深蓝的水中，贺兰玫瑰红和紫色的彩衣在水中飘舞，光线射进深蓝的水中，气泡随着人的下沉而徐徐上升，虚幻的光影在贺兰的身上流动，就像同样虚幻而飘忽不定的生命，让人感到一种无法言喻的凄美和对这种美走向灭亡的痛惜。

大景深镜头、纵深调度的运用是该片影像的又一特点，而这无疑是以加大搭景和布光难度为代价的。太平公主觐见父皇一场，从宫门、天井、大殿直到皇榻，摄像机跟随太平穿过三个不同光线气氛和反差的空间，跨越不同光区，整个镜头一气呵成，难度很大。胜利庆典后，皇帝和贺兰氏见面一场，开头横移镜头，大殿回廊尽收眼帘，光效整体统一而又富含变化，颇见布光功力与技巧。

《大明宫词》是传统创作手段与现代数字科技相融合的产物。影片由数字化摄像机拍摄，影像色彩鲜艳，层次丰富。为了完成一些高难度镜头和营造浓郁气氛，后期又运用了大量数字特技手段。如男宠薛怀义发狂之后放火烧殿的那场戏是分两次拍摄的。剧组先在涿州影视基地找来一些废旧的柱子、房梁，拍出了火烧宫殿的场面；为避免寒冷天气影响衣着单薄的演员的发挥，剧组又到无锡拍摄了混乱人群的场面；之后将两次拍摄的画面抠像合成。类似这样的特技片中还有很多，如薛绍死时外边乌云翻滚、暴雨倾盆；武后睡觉时突然一个妃子怀抱黑猫坐在她的床边；还有武三思坐在高阶上，看到已去世的李治、几位太子和薛绍从天梯上缓缓走来，身后飘着一片乌云等等，这些场面都是电脑特技的杰作。片中梦境和幻觉空间的拍摄和制作更是大量运用数字特技合成技术，避免了运用传统拍法造成的现实与梦幻的生硬分离，使画面亦真亦幻，虚实相生，给人一种阴阳生息的寓意和新奇的视觉感受，大大丰富了作品的艺术表现力。

的确，《大明宫词》有着张扬独特的风格和博大恢弘的气势，但毕竟离纯熟、完美还有距离。华丽的台词有它单薄的一面，甚至在某些段落，我们更多看到的是作者而不是人物，在玩弄辞藻。武攸嗣的人物设计也过于平民化，脱离开了影片的整体风格。另外，《大明宫词》里的情节也与历史有很大出入。但历史剧毕竟不是历史书，更何况历史书也都是由人编写的。有很多近在眼前的事件我们也未必能明了真相，更何况是千年前的悬案呢。本来借古就是为了喻今，还是让我们从艺术创造的自身出发对《大明宫词》做一点公允的评说吧。

〔思考题〕

1. 列举几个给你留下深刻印象的古装电视剧的台词片断，并分析其特点和差异。

2. 找出《大明宫词》一剧中你认为最唯美的段落，并分析之。

真实演绎哀泪笑洒的世俗生活

——电视连续剧《贫嘴张大民的幸福生活》读解

李　君

2000　20集电视连续剧

北京电视台、北京电视艺术中心录制

原著、编剧：刘恒　导演：沈好放　主要演员：梁冠华（饰张大民）　朱媛媛（饰李云芳）　徐秀林（饰张大妈）

本片获第二十一届全国电视剧“飞天奖”长篇电视剧二等奖、优秀编剧、优秀男演员；第十八届金鹰奖长篇电视剧优秀奖、最佳编剧、最佳美术、观众最喜爱的女主角、观众最喜爱的女配角。

剧情简介：

工人张大民和母亲、两个弟弟、两个妹妹住在北京的一个大杂院里。张大民一直喜欢邻居姑娘李云芳，但云芳没看上他。云芳的男朋友去美国后抛弃了她，大民凭一张巧嘴和一颗真诚的心，说服并感动了悲痛欲绝的云芳，不久，云芳成了他的妻子。大民家本来就十分拥挤，全家六口人只有两间屋子，大民结婚后住进了里屋，弟弟大军结婚也住了进来，屋子就更加拥挤，家庭矛盾此起彼伏。大民为了家庭的安宁与和睦日夜操劳，费尽心机，后来终于在院里盖了一间小房，因为有一棵树不能砍，他只好将树也盖进了屋里。儿子出生后，为了纪念，他给儿子取名“树儿”。最后，大民下岗了，更加艰辛的生活在等着他，但是大民始终保持着乐观主义的心态，脚踏实地地生活，认认真真地做人。

一、文化读解

《贫嘴张大民的幸福生活》是一部典型的京派风格的电视剧，它的关注点是北京老百姓的日常生活和世态人情。在貌似客观的日常生活状态呈现中，折射出中国改革开放年代处于社会转型期的各种矛盾。它体现了现实主义的美学特色，以深刻的人物心理洞察力叙述平凡的故事，以冷静的镜像语言传达世俗的温情，以直面现实的勇气进行文化品格的锻造。它以最大众化的方式讲述了个人和社会命运的主题。剧中主人公张大民是一个生活在社会工薪阶层的小人物，他非常清楚自己的需求与能力，小心谨慎地做人，踏踏实实地做事。他在时代的潮流中奋力挣扎，却因自己的能力有限而被卷进了下岗的行列。该剧是一部新写实主义的作品，在对现实的客观展现中透出了一种对小人物的深厚的人文关怀。作品通过展示平民百姓的生活来反映社会现实，表达一种人生态度。在观看的过程中，观众可以体会到平民生活的辛苦中所透出的温馨与美好。剧中没有真正意义上的反面人物，也没有大起大落的矛盾冲突，生活像一条缓缓流动的大河，只是不时地涌起一些波澜，溅起一些浪花。但是，这样一部缺乏时尚美女、爱情多角纠葛、警匪追逐、豪华生活等元素的电视剧为什么会吸引人呢？究其根本，是作品有思想，有感情，它在引导观众关注一种真实的人生之美、人性之美。张大民长得不英俊，但他心地善良，乐于助人，诙谐风趣，性格温和，有时还有一点虚荣、嫉妒和占小便宜的心理。这些特点的反映使他的形象就更加真实可信，也有点可爱。比如他帮邻居刷房子，一定是尽义务不收钱的；他真诚地、智慧地对精神失常的云芳做思想工作，帮她摆脱痛苦，重新面对生活；他看到家里出现矛盾，总是采取忍让和用幽默的语言化解的方式；他不忍心让小徒弟去喷漆车间工作，让一个小姑娘整天身上充满油漆味，便自告奋勇去了喷漆车间，还对伤心的妻子说油漆味好闻；他为了在自己院里盖小房，便去建筑工地偷沙料；他嫉妒云芳昔日的男朋友，让云芳伤心等等。这些日常生活的小事是每个观众都熟悉的，但将它们这样组合在一起就产生了奇妙的效果，不仅不乏味，而且越琢磨越有味。该剧看似一部表现百姓生活的通俗剧，实际上却是一部很有文化品位的高雅剧。

通俗剧有一定的标准模式，如错综复杂的情节，激烈的矛盾冲突，离奇动人的故事，美女俊男的爱情纠葛以及时尚豪华的生活方式等。高雅剧一般不具备这些元素，而注重在作品深度上下工夫，让观众看完以后有所思所想，有对人生的感悟、对社会的认识和对历史的透视。题材不是鉴别通俗剧与高雅剧的标准。通俗剧的目的是利用大众的本能心理用大众喜闻乐见的内容形式构筑情节，博得大众一乐，然后制作方获得经济效益。它可以瞎编乱造，没有思想内涵，甚至不合生活逻辑。但是，高雅剧提供给观众的不仅是消磨时光的影像，而且是思考人生的媒介，只不过要在考虑受众心理的基础上让自己的思想意图更隐蔽、更艺术而已。

电视剧的创作者和观众都是电视剧的审美主体，他们都从自己的心理需要去感知审美客体，也就是电视剧本身。如果一部电视剧的审美主体双方都获得了理想的审美享受，这样的作品就是具有较高审美价值的作品。该剧作为一部现实主义作品，以独特的艺术语言建立了自己独特的美学品格。它无论是在镜头处理、视听语言造型、光影、声音还是整体的影像风格方面，都达到了一定的美学高度；在文化内涵、哲学思想和艺术观念上也都对自己的美学品位进行了提升。它以通俗的故事形式实现了高雅剧的艺术追求。

二、艺术分析

1. 散文式结构

散文式结构的电视剧以散点式情节展示生活的横断面，但形散而神不散，细腻缓慢地展现人物情感、人物关系及变化过程。综观《贫嘴张大民的幸福生活》全剧，它犹如一篇意境优美的散文，看似随意的镜头与人物的随意动态，却蕴涵着深刻的含义与丰富的情感内容。它以一个家庭的生活变迁来反映整个社会风貌，表达含而不露，只留给观众无限的回味和思考。该剧属于散文式结构，全剧没有环环相扣的戏剧性矛盾冲突，只关注人物思想感情的细微变化与日常生活的过程展示，在看似平常的叙事中，却处处显露出人物内心的矛盾与斗争。无论是全剧的结构，还是每一集的结构，都以大民的动态为内容主线，而不是以事件情节为主线。比如第三集，时间是晚上，云芳和大民坐在床边，屋外母亲起来察看两个女儿的睡眠情况；里屋，大民听到外屋有响动，出来发现是母亲在找东西；他问找什么？母亲回答，席梦思床太软了，睡得不舒服，老梦见大民死去的爸爸，她想找一个硬板类的东西垫在床垫上；接下来的镜头是云芳回到了娘家，向妈妈讲述她的心事；之后又是云芳回到了婆家，与大姑子大雨产生了一点矛盾等等。每一组镜头看起来都是琐碎的，没有太大意义，互相之间也没有内在的情节逻辑联系。但只有将这许多散点镜头组合在一起之后其内涵才能让人体会出来。它犹如一副串珠，一个珠子好像没有意义，只有许多珠子串在一起后才发现一种别样的美。它隐含了这样一种生活哲理，生活的味道是品出来的，平平淡淡的生活中有生命的流动，有真实的魅力，平淡也是人生不可缺少的组成部分。散文式结构有利于用理性的眼光看待社会与人生，透析生活的本质，抒发细腻的情感。

2. 人物塑造

张大民是一个富有个性魅力与光彩的人物形象，从宏观上看，他是全剧情节的主线，是观众的欲望客体，他的作为在不同意义上成为观众心灵的象征，观众通过观看剧中的他来观照自己的心灵秘密，满足自己的内心需要。张大民身上既负载了中国百姓的传统美德与民族精神，又显现出独特的个性特色。他的言行、情感实现了与中国观众的情感、价值的同构，因而引起共鸣。从微观上看，他的形象塑造实现了外部造型与内部造型的完美统一。他在外部造型上是一个圆胖脸，时常微笑，身材敦实，行动较为缓慢。中国有句话来形容这类人叫心宽体胖。同时，按中国人的传统观念，比较胖的人一般比较善良、和蔼。在第十集中，云芳的妈妈对张大民的评价最简洁、中肯："除了胖点，挣钱少点，其他的，大民没挑"。

张大民的内部造型相对较为复杂，他的性格、情感、思想意识、世界观、价值观等等都通过许多行为和他富于特色的语言表现出来。作为生活在普通百姓群体中的张大民，又是长子，他必然具备一些长子的特质，如，顾全大局、忍辱负重、吃苦耐劳等。

真正优秀的影视作品都是成功刻画细节的典范，因为只有细节才是人物的独特之处，只有细节的真实才能打动观众。该剧突破了二元模式，用细节塑造出大民复杂多元的性格，增强了人性内在的丰厚性。

比如在第四集里，大军将一个双人床搬进里屋，摞在大民的双人床上，两兄弟一个在床上，一个在床下。大军面对镜头趴在上面的双人床上，广角镜头使他的脸变形；大民在下面的床后，站起又蹲下，左看右看，好像很忙碌。这一组镜头没有对话，但大民在后景镜头里的动作细节却透出他的不安与焦虑，而大军的变形面孔则反映出他的心理已经变形。因为住房困难，两对夫妻将住在一间屋子，双人床还要摞起来，兄弟俩的动作所透出的含意让观众感受到了难言的苦涩与辛酸，也反映出现实的环境是一个让人难以忍耐的生存空间。

再比如第五集里，大民找刘大爷商量想在院里盖一个小屋，刘大爷不同意，并且说院里的树不能砍。他从绿化办咨询出来以后非常沮丧，独自走在林阴道上；忽然，他冲到一棵树前用脚踢树，发泄他的怨恨，结果用劲过猛，脚被树碰疼了，他捂着一只脚原地跳了一圈，然后又向前走；后来他站在自家的院墙外看露出围墙的树冠，思考了一会儿，又回到林阴道上，这时他不再踢树，而是一只手搂着一棵树转圈，表明他已经有了好办法。这一段配有轻快、幽默的音乐，表现出大民企图在院里为自己盖一间小房的思想过程，没有一句对白，却将他的聪明、童心、烦恼和快乐都通过一系列的细节画面展现出来，让人同情和感慨。

3. 视听语言

(1) 视觉语言

该剧的画面构图简洁，色调处理以冷色调为主，剪辑流畅，少有奇异的视角和隔离感画面，形成了全剧朴素的影像风格。简洁构图与流畅剪辑是为了让观众沉浸在流动的画面里，享受画面所带来的信息内容；冷色调是为了表达该剧的苦涩内涵，表现张大民式的小人物在狭窄的社会空间和生活空间里的挣扎心理。

空间危机是该剧的主题。该剧的空间环境以一个大杂院和大民的家为主，以此来反映一部分城市居民的生存状况。人的生活空间分为具象的居住空间和抽象社会空间两种。剧中大民一家正因为居住的狭窄空间才造就了生活在其中的人物的压抑心理和生活矛盾，如大雨的焦躁、大雪的忧郁、大国的怨恨、大军的惰性以及因为空间狭窄而在大民结婚的住处问题上的矛盾和大军结婚所遇到的尴尬等。剧中是这样通过视听语言来表现空间狭窄的。在第二集里，大民已决定与云芳结婚，向全家人通报。一个中景是屋子周围摆满了床和橱柜类的家具，大家坐在一起商议对策。近景是大民说话，建议自己与云芳住在里屋，剩下的人全住外屋，并建议两个妹妹和两个弟弟都睡上下铺，让母亲睡在四个柜子拼起来的床上，上面放一个席梦思床垫。他表示自己花钱给母亲买床垫。弟弟妹妹们没有表示反对，每个人的近景都反映出他们无奈和表示理解的表情。大民近景，他说自己对每样家具的摆放已琢磨很久了，并掏出一把软尺，中景，他在屋里走来走去，边量几个家具的尺寸边说服大家。这一段的景别只有近景和中景，但已把一个家庭中的空间危机和人物之间的关系淋漓尽致地表现出来。一群已成年的儿女和一个母亲住在两间狭小的房间里，长子结婚需要独立空间，大家都只好搬到外屋。那么，以后其他人结婚怎么办呢？由空间危机而营造的心理危机也显现出来，为以后的剧情发展埋下了伏笔。

该剧的视听语言在表现人物关系、心理和情感方面还有许多可取之处。比如第五集里，大民在院里搬梯子准备盖房一段，采用了慢镜头与慢速音乐来表现他的复杂心情；第六集大民与云芳在新盖的小屋里抱着床边的树起床的画面，表达了一种苦涩的愉快情绪等等。

(2) 听觉语言

该剧在塑造张大民的性格时，将特色语言作为他的形象符号。大民的语言具有典型的北京人特点，幽默、诙谐、充满智慧。剧中多处精彩的对白本身就是戏剧动作的一种形式，它准确、深刻地展示了张大民的机智、灵活与复杂的内心世界。大民许多语言的内在张力有力地推动了故事情节的发展，给观众留下了无限的回味空间。语言有时候是人物思想忠实的传达者，但更多时候，人物的语言又难以反映他内心深处的奥秘；因为人是复杂的，在不同的情景中会因各种顾虑而说言不由衷的话，这才是真实的人物语言。

第九集里，云芳说大民身上有油漆味，他回答："其实油漆味没什么可怕的，真的，闻惯了一点事都没有。漆呀，有的有股苹果味儿，有的吧，还有栗子味儿，闻惯了不闻还真不行。过两天，我拿洗衣粉洗洗头试试，有人说用碱也行，你说行吗？我记得蒸窝头才用碱呢！云芳，你爱吃棒子面吗？我就特爱吃棒子面。"大民的语言透出了他的忍耐和无奈。

还如第二十集张大民推销暖瓶被人骂过，坐在住宅楼的楼梯上吃馒头，看到另一个推销员下楼，他问："有人骂你滚没有？"回答说，哪天不得七八滚。大民说，"对，越滚越想滚，越滚越爱滚，不滚都得滚，对不对？得，你先滚，你滚完了我跟着你滚。"

他见到云芳以前的男朋友徐万君后问："在美国没少刷盘子吧？"回答："那当然，怎么？你奇怪吗？"大民说："不奇怪，全世界都知道，咱中国人爱刷盘子。哎，对了，我听说这个英文管中国叫瓷器，是吗？哎哟，这也太孙子了，咱们管美国叫美国，国就完了吧，还美，忒抬举他们了，他们管咱们叫瓷器，咱们应该管美国叫盘子，赶明儿，咱多派点中国人过去，好好地刷刷他们。徐先生，到了美国常联系，得了艾滋病也没关系，当然，您是得不了，我就说万一得了，别紧张，回来赶紧找我，我认识一个老头，拿这膏药贴在肚脐眼上，什么病都治。”看到徐坐车走了，他挥挥手说：“别了，司徒雷登!”。这些语言中都蕴涵着丰富的潜台词，表达了大民复杂的心情和他的个性，为剧情增色不少。

该剧在多处使用了欢快中透着沉重的主题音乐，以渲染人物的情绪，烘托主题和制造幽默。比如第一集中大民失恋了，在全家的饭桌上讥讽他的对象，然后吃香蕉，这时轻快的音乐响起，表现一种幽默效果；之后大民替邻居家刷房子，小提琴音乐为之伴奏，表现一种貌似轻松的情绪；再往后云芳失恋了，在房间里砸东西，摔照片框，大哭，这时舒缓的音乐响起，表现她的悲痛与绝望。该剧在某种程度上说有一些轻喜剧的味道，将生活的酸甜苦辣交织在一起呈现出来，在日常生活的流动中，揭示生活的自然本质。音乐的多次使用，正是为了强化一种滋味复杂的生活内涵，强调一种轻喜剧效果。

《贫嘴张大民的幸福生活》是一部现实主义的优秀作品。它借助于张大民和他全家的生活来反映一个特定的历史阶段里中国人的精神实质，体现一种坚忍的力量，体现一种超然的生活态度。人和人之间的社会地位是有差异的，但社会地位并不是生活幸福与否的绝对理由。每个人都会在人生的旅途中遇到艰难困苦，悲哀与无奈，但是，当人无法改变现实的时候，人可以改变自己的心态，以务实的精神做好该做的事，以超然的视角来看待世俗的得失，人就会获得一种精神上的解脱，幸福感也就会油然而生。这就是该剧留给我们的启迪与思考，也是该剧的独特价值之所在。

〔思考题〕

1. 张大民的语言特色是什么？试举例说明。

2. 什么是现实主义美学特色？该剧是如何体现的？

多重主题的变奏

——电视连续剧《激情燃烧的岁月》读解

马 药

2001 22集电视连续剧

西安长安影视制作有限责任公司、解放军总政治部话剧团、沈阳军区话剧团录制

原著：石钟山 编剧：陈枰 导演：康洪雷 主要演员：孙海英（饰石光荣） 吕丽萍（饰褚琴） 黄海波（饰石林） 陈丽娜（饰石晶） 唐波（饰石海） 吕晓禾（饰师长）

本片获第二十二届全国电视剧“飞天奖”长篇电视剧一等奖、优秀男演员；第二十届金鹰奖长篇电视剧优秀作品奖、最佳美术奖、最佳录音奖、观众最喜爱的男演员奖、观众最喜爱的女演员奖。

剧情简介：

36岁的战斗英雄石光荣率领183团结束锦州战事开往“东辽城”驻扎。在欢迎解放军进城的秧歌队中，石光荣被年轻姑娘褚琴的美貌吸引，心中泛起了多年没有过的爱的波澜。对于这位一直在枪林弹雨中出生入死的中年军官来讲，进城之后娶老婆成了他的头等大事。在组织的帮助下，石光荣终于如愿以偿，与19岁的文工团演员褚琴闪电般地结了婚。不料在结婚的那天夜里，才华横溢的文工团乐队指挥谢枫却要开枪打死新郎官石光荣，这使在场的人感到十分蹊跷。原来谢枫和褚琴彼此早有好感，只是还没等他们相互表白，石光荣就捷足先登将褚琴娶回了家。这一结局不仅让谢枫万分伤心，也使褚琴心中一直对谢枫怀着一种莫名的歉疚。在石光荣和褚琴的婚后生活中，由于两人的人生理想、文化水平、性格修养、兴趣爱好、生活习惯等方面的差异，一系列家庭矛盾不可避免地出现了：在对子女的教育问题上、在大儿子石林是考大学还是参军的问题上、在石林的工作调动问题上、在对待家乡人的态度问题上等等，使得石光荣和褚琴长年陷于无休无止的纷争之中。随着儿女长大成人，步入老年的石光荣和褚琴在战友的开导下，双方才开始珍惜起这来之不易的感情，于是他们的生活渐渐发生了改变……。

一、多重主题的变奏

根据石钟山的中篇小说《父亲进城》改编的二十二集电视连续剧《激情燃烧的岁月》，讲述的是战斗英雄石光荣与部队文工团员褚琴之间的婚姻故事。它生动地刻画了一位革命军人石光荣的形象，并对其家庭生活进行了深入细致的描写，是一部具有鲜明时代特征且内涵丰富的电视艺术作品。该剧播出后受到广泛欢迎，虽经多次重播，观众仍意犹未尽。《激》剧之所以能得到各个层面的观众的喜爱，重要的原因在于它不是一部单一主题的电视剧，而是一部多重主题的、能带给观众多重审美感受的成功艺术作品。

1. “英雄”母题的诠释

英雄是推动人类历史发展的中流砥柱，在人们心目中具有强大的感召力，是人们崇拜的对象，学习的楷模。古今中外，以颂扬英雄为主题的文学作品不胜枚举。《激》剧所歌颂的是经受过抗日战争、解放战争和朝鲜战争的生死考验、荣立过赫赫战功的英雄石光荣。八岁就死了爹娘靠吃百家饭长大的石光荣，能够成为一名光荣的革命战士是他一生的骄傲和自豪，而成为一名战斗英雄更是他一生的追求。在战争年代，打仗是他生活的全部；为了当英雄，他不顾个人安危，“打起仗来像疯子”；为了当英雄，在他的183团和胡毅的186团为争夺战俘发生矛盾时，他巧妙地利用心理战术将战功揽下，为全团赢得了荣誉。在和平年代他也始终不忘自己的“英雄梦”，处处都要显示出一个战斗英雄的“素养”。训练场上，他与新战士摔跤、掰手腕，从不示弱；射击场上，技高一筹的他总能获得胜利。就是追求心爱的女人时，他也将此当成一场战役，在战略、战术上精心策划，只能胜利，不能失败。当他误以为胡毅是自己的竞争对手时，“好战”的本能一下子凸显出来；他当众出胡毅的洋相，与胡较劲拼吃土豆。全国胜利了，没有仗打的他也要在“作战室”里“演阵操兵”，重温自己的战争梦想。离休后他依然不愿放弃对英雄的追求，决心要在他的“老本行”——种菜上弄出点名堂。观其一生，石光荣有着深深的“英雄情结”。也许，正由于“英雄情结”是潜藏于人类心灵深处的一种有利于人们进行自我塑造、自我完善，进而能使人们的自身价值得到充分体现的心理动因和力量源泉，《激》剧编导才在当今这个缺少英雄和英雄精神的时代里，选择石光荣这样一位极具典型意义的战斗英雄作为全剧的叙事主体并予以全方位展现，其目的不仅在于通过对英雄的颂扬，引起人们对那个崇拜英雄的年代的美好回忆，还在于依托人们心中普遍存在的对崇高美的渴望，而对人类社会发展进程中弥足珍贵的英雄精神发出急切深沉的呼唤。

2. “爱情”母题的反思

爱情作为人类最美好的情感，总是令人心向神往，魂牵梦绕；无论是幸福得使人快乐的爱情，还是痛苦得让人悲伤的爱情，对过来人说，都是一段刻骨铭心的感情经历。《激》剧中石光荣与褚琴的爱情故事，让我们领略了一段极具个性色彩的战斗英雄的情感历程，向我们诠释了产生于特殊年代里的特殊爱情的定义。应该说，战斗英雄石光荣和文工团员褚琴的婚姻是一段革命战争年代特有的、与后来建立在“自由恋爱”基础上的婚姻大相径庭的“革命婚姻”。石光荣和褚琴之间既没有恋爱的过程，更没有恋爱的自由，有的只是组织的安排和石光荣的“猛烈进攻”。正如剧中表现的那样，尽管年方十九、情窦初开的褚琴与风华正茂、才华横溢的乐队指挥谢枫间产生了爱的萌芽，但当石光荣这个大英雄出现的时候，没有任何爱情经历的褚琴，面对石光荣急切而真诚的追求，在组织的安排和父亲的极力劝说下，最终被英雄事迹所感召，并充满激情、倍感光荣地嫁给了战斗英雄石光荣，而本应该属于她与谢枫的“理想情缘”，自然就在不知不觉中失去了存在的领地。尽管，谢枫见到已经结婚的褚琴时，绝望的他曾对这种婚姻痛心疾首地喊出“悲剧啊，悲剧!”但是，石光荣和褚琴这对在家庭出身、理想追求、性格爱好、生活习惯等多方面都存有较大差异的夫妻，依然在婚后亦喜亦忧、纷争不断的家庭生活中，苦心维系那种并非理想的婚姻，生儿育女，相携相伴，磕磕碰碰地度过了他们的一生。在那个特殊年代里，只强调婚姻的社会功能漠视婚姻的爱情内涵的“英雄爱情”，压倒自由恋爱的“小资爱情”，是注定的和不由分说的。编导将这样一种婚姻模式再现于荧屏，目的并非是要在对它进行一番赞美之后，让今天的后辈去追随、去效法。这种喜忧掺半、苦中有乐的婚姻肯定不是人们理想中最为美满的婚姻，然而作为特定历史时期集体无意识的产物，却又是人们不能不面对的事实。因此我们必须用历史的眼光去审视之、关照之，否则就会混淆观众的审美标准，最终导致误读或曲解《激》剧的审美内涵。

3.“成长”母题的追忆

什么是成长？成长是指向成熟的阶段发展。每一个人都须经历婴儿、童年、少年、青年等时期，最终走向成熟。同时人们还会时常追忆起自己曾经历的或美好或艰辛的成长历程，从中体味那些曾给人们带来过或欣喜或忧伤的人生岁月，以满足人类与生俱来的怀旧心理。对于此，我们从《激》剧编导的良苦用心中可以得到证实。《激》剧主人公石光荣的儿子石林，是20世纪50年代出生于军人家庭并生活在“军队大院”这个典型环境中的一批军队“干子”的典型代表。由于“反右”、“文革”等政治运动对军队的冲击较小，所以相对独立且受到保护的“军队大院”就为石林这样一批军人后代创造了一个相对稳定的生活和成长环境。石林的成长经历就是这个特殊群体的缩影。编导在剧中较完整地表现了石林的长大成人过程，其中重点表现的是石林作为“孩子王”的少年时期。少年石林最突出的特点是聪明、勇敢。他凭着自己的小拳头打出一个“天下”，争得了“孩子王”的地位；带领着小伙伴抢甘蔗、爬军车，事后为躲避父亲的一顿“棍子”，居然准备带着妹妹上火车“潜逃”……。当然他也有一些超群出众、令人钦佩的举动：他和小伙伴们在山丘上“打仗”时发现了一枚炸弹，他没让人帮忙，一个人就把炸弹给拆了，让闻讯赶到的石光荣瞠目结舌。《激》剧编导通过对石林成长经历的叙述，既揭开了“军队大院”的神秘面纱，满足了普通人的好奇心理，又丰富了该剧的叙事视角，同时还抒发了该剧主创人员等有过类似经历的军人后代对往事的追忆情怀（该剧导演康洪雷、编剧陈枰和摄影王江东等都有过在“军队大院”生活的童年）。

4. “人性”主题的回归

关于人性的解释有两层意思：“一是在一定的社会制度和一定的历史条件下形成的人的本性，在阶级社会里，人性表现为人的阶级性；二是人所具有的正常的感情和理性。”❶ 长久以来在我国的军旅文艺作品创作中，对军人形象的刻画考虑得更多的是军人的共性特征的一面，却忽略了其作为常人的个性特征的一面。尽管已有相当一部分军旅作品在塑造个性化的军人形象上取得了一些经验，成功的作品也不乏其例，但相比较而言，《激》剧在这方面的开掘显得更为深入，更胜一筹，也更有突破性的意义。通观《激》剧，编导者始终表现出对人性复归的极大关注——以英雄、爱情、成长三个母题为三条纬线，巧妙地编织在“人性”主题这条经线上，并围绕这条线展开了该剧的多重叙事。首先，编导除了表现石光荣作为一名职业军人所具有的坚强意志、乐观主义、无私奉献的崇高精神以及“英雄情结”外，还突出了他知恩图报、重情重义、性格执拗、脾气暴躁等个性特征。如他回老家时，让全村人痛痛快快地吃上了一顿他带去的米饭和猪肉炖粉条，实现了让家乡人“可劲造”一回的愿望；他擅自作主拿部队的物资送给遭旱灾的家乡，并声言：“用我的命给老百姓换口粮，值了!”以及病榻前亲自为岳父洗脚、搓脚等。通过这些细节刻画，反映出主人公既朴实又高尚的情怀和丰富的情感世界。其次，编导着意描写了36岁还没结婚的石光荣对爱的渴求，表现了他作为一个人的正常感情的一面。当这位战斗英雄的爱情之火被点燃之后，从不唱歌的他唱起了歌，夜里辗转难眠叫醒警卫员谈起女人的话题。为了追褚琴，他费尽心机地“奔波劳碌”，既要说服未来的岳父岳母，还要请组织出面说情，甚至与被他误认作“情敌”的战友胡毅斗智斗勇。最终，石光荣以强大的“爱情攻势”“迫使”褚琴嫁给了他。编导之所以不惜笔墨抒写石光荣的求爱历程以及婚后或喜或忧的生活，旨在为观众还原一个战斗英雄的真实形象，从而达到塑造一个血肉丰满、鲜活生动的人物性格的目的。最后，该剧还揭示了石光荣对儿子石林的慈爱之情。编导不仅表现了他和常人一样对儿子成长的重视，还细腻地刻画了他对儿子的一片爱心。如被迫入伍的石林离家那天，石光荣没有当面去送行，而是让司机开车抄小路远远看着运载新兵的卡车缓缓前行，直到在视野中消失。此时的他为了国家的需要只能将一个父亲对儿子的爱深深地藏在心底，让

❶ 《现代汉语词典》，953页，北京，商务印书馆，1978。

儿子接受艰苦岁月的严峻考验。然而当石林流着泪跪在他的病榻前时，石光荣终于掩饰不住地大喊："爸爸真想你呀，爸想你想得心都坏了"。动人魂魄的语言显示了父爱的博大和厚重。

总之，从注重描写英雄的"神性"到深入挖掘英雄的"人性"，是军旅题材电视剧创作中避免人物形象单一化、模式化的首要之举。《激》剧于此的成功探索展现了军旅题材电视剧的新的艺术风貌。

二、艺术分析

《激》剧是一部典型的革命浪漫主义的剧作，它力图通过洋溢着浪漫主义情怀的革命言情，来表达英雄、爱情、成长等多重内容。这一创作观念反映出该剧对人性化表述的渴望，以及对英雄生活最精当诠释的追求。

1. 演员表演

主人公石光荣的扮演者孙海英，以饰演个性鲜明的另类角色而著称。他在《射雕英雄传》和《笑傲江湖》中就分别出演过丐帮帮主和"大淫贼"田伯光。这类角色往往属于性格怪异的配角，扮演的难度较大，然而孙海英总是能准确把握住人物特点，把所担任的角色活灵活现地刻画出来。在《激》剧中孙海英扮演的是主角——一个令人敬仰的战斗英雄。这与他过去扮演的角色相比有很大的反差，再加上角色的年龄跨度较大，无疑给表演提出了更新更高的要求。孙海英在塑造石光荣这一形象时，紧紧把握住人物热情豪放、真诚直率、机智果敢的性格特征，在细致体验人物的情感及行为逻辑的基础上，进行合乎情理、顺乎逻辑的表演。表现青年时期的石光荣时，突出战场上他是一条勇敢顽强、不怕牺牲的硬汉，而生活中是一个足智多谋、脾气暴躁的团长的气质特点；"抢战俘""追褚琴"等关键戏的表演，可以用一个"冲"字概括。对于人到中年的石光荣，孙在表演上强调主人公热情宽厚、真诚待人、正直高尚的品格；如为家乡送钱送物、保护落难的战友等情节，统统体现出了一个"情"字。最后在刻画进入暮年的石光荣时，表演者着意展示人物执拗倔强、返老还童的性格；"种菜"、"抢遥控器"、"玩战争游戏"等小故事，都要求表演风格必须突出一个"犟"字。总之，该剧主要演员孙海英、吕丽萍在表演上都有所突破，刷新了他们以往扮演角色所留给观众的印象，显示了较深厚的表演功力。尤其是石光荣这个极具个性的人物形象的刻画，突破了英雄形象的单一模式，揭示了英雄人物丰富的内心世界和情感，将一个生动鲜活、血肉丰满的英雄形象奉献给广大观众，满足了人们对于英雄的真实性的审美期待。

2. 美术设计

影视剧中的美术设计直接关系到该剧的影像造型和视觉效果，也影响着观众欣赏时的视觉感受。《激》剧作为一部时间跨度长、地域覆盖广的军旅题材电视剧，剧情历经了抗日战争、解放战争、抗美援朝以及"反右"、"文革"、对越自卫还击战等重大历史时期，美术设计不仅要考虑各个时期的时代特征，还要顾及总体怀旧色彩，使不同年代之间的或巨大或细微的差别显现出来。这就对该剧的美术设计提出了较高的要求。《激》剧的美术设计不仅是近年来电视剧美术设计中的上乘之作，而且为同类题材电视剧提供了可借鉴的经验。

从总体色调上看，《激》剧主要突出的是一种土黄色，强调整体怀旧的情绪。然而美术师又根据每个时期的不同特点，在此基础上做了一些细微的色彩调整，但是总体没有脱离黄色的基调。这种艺术处理易于把观众带入一种身临其境的艺术氛围中，使怀旧之情油然而生。从解放战争、抗美援朝、内蒙军营，到不同时期的军队大院、石光荣的老家蘑菇屯以及三十五周年大庆等，环境的营造既体现了鲜明的时代和地域特征，又强化了场景特有的表意和叙事功能。不仅如此，就连石光荣“作战室”的沙盘、军用地图，客厅里的电话、电视机，卧室里的缝纫机以及文工团员的合影照片等看似信手拈来的道具，编导们也将其设计得真实可信，反映了创作者的艺术匠心。

与当今一些不注重服装的历史背景的电视剧相比，《激》剧在这方面尤其强调时代风貌。从石光荣最早穿的具有东北军特色的解放装以及后来的大校装、少将装到“文革”军人装和军队离休干部装等，一款一式十分逼真，毫无作假。这种符号特征极强的服装顺序出场，无须再多言，观众对《激》剧的时空跨度已一目了然。充满时代感的视觉刺激，还会引发观众对往事的回忆和对岁月的联想，满足他们怀旧的心理需求。

〔思考题〕

1. 试分析《激》剧美术设计的特色。

2. 浅谈你对当前军旅题材电视剧创作的看法。

登临高处品风云

——电视连续剧《省委书记》读解

李国芳

2002　18集电视连续剧

中国电视剧制作中心录制

原著、编剧：陆天明　导演：苏舟　主要演员：杜雨露（饰贡开宸）　巫刚（饰马扬）　吴冕（饰修小眉）

本片获第二十三届全国电视剧“飞天奖”长篇电视剧一等奖。

剧情简介：

大山子矿务局副局长马扬一个条陈上呈中央，总书记召见省委书记贡开宸进中南海专程汇报情况。而马扬决定辞去职务，携妻女回原籍工作。机修厂锅炉爆炸事件后，贡开宸立即扣下马扬，不计前嫌地破格委以重用。在处理机修厂锅炉爆炸事件中，贡开宸认为大山子市的四套班子没有解决问题的魄力。一场别开生面的专题答辩会召开，马扬让大山子矿务局30万职工下岗的精彩答辩，引起了很大震动，却令贡开宸和潘祥民彻夜未眠。马扬在大山子掀起了一场轰轰烈烈的改革。面对大山子30万即将下岗的干部职工，为争取到德国的投资项目，马扬带病布置迎接德国考察组。经过一番波折，中央批准大山子矿务局改组为大山子能源集团，马扬为大山子能源集团董事长。能源集团与恒发集团合并，借壳上市，成功完成了大山子的企业改制。德国方面传来好消息，同意向大山子坑口电厂投资。马扬愉快地踏上了前往美国与尼克跨国能源公司谈判继而转道德国签约的旅程。

一、直面现实的文化勇气

近几年来，现实题材的电视剧以反腐、反黑题材最为常见，但将省一级高层领导人作为正面表现对象，《省委书记》还是第一部（同是陆天明编剧的《苍天在上》和《大雪无痕》，高级干部都是以反面形象出现的）。也正是出于这个原因，电视连续剧《省委书记》单单凭借其剧名，就足以让人充满期待。

省级领导干部的生活，对于普通人差不多都是陌生且神秘的。就观众的收视心理而言，大家期望看到高级领导干部的真实生活——包括他们的政务工作，也包括他们的凡人感情，这构成《省委书记》一剧最诱人的看点。然而观众对作品的期待值越高，创作者的压力往往也越大。原因是尽管观众对高级领导干部的工作、生活不熟悉，但他们却熟谙中国的现实国情和我们所共存的现实环境。拍摄现实题材的电视剧本来就难度较大，更何况是拍摄一部表现党的高级干部的作品，如何让观众看了觉得真实，这不是一件简单的事情。编剧陆天明就很明确地说："光写好人好事，肯定不行；光写反腐败呢，更不行。光去讨好一头，不行，必须还得真正地让老百姓感到我这回仍然是在说真话，写的是真实存在着的一群中国人。"

电视剧《省委书记》的现实意义无须多言，仅就创作者勇于在题材上接受涉新挑战这一点，该剧在中国电视剧发展史上的意义就非同一般。今天的现实就是明天的历史，而历史和记忆往往会因为时间的流逝而日渐模糊甚至被改写，因此现实关怀精神对影视作品显得尤为必要。中国的影视作品需要真切地关注现实，关注社会，关注人生，太需要按中国实际生活的本真状态来做一番艺术诉说。现实题材电视剧对创作者的束缚更大，现实题材电视剧不好拍也是事实。如果不是有很强历史责任感和使命感的创作者，一般是不会去碰这类题材。创作现实题材电视剧，需要一种不唯上、不唯洋、不媚俗的创作态度，这是对创作者的一个基本要求，也是最大考验。从这个意义上讲，《省委书记》接受挑战就是胜利。直面现实——这是《省委书记》让人期待的原因，也是它最值得称道的地方。全剧立足风起云涌的国有企业改革浪潮，从正面表现中国共产党的高级领导干部公忠为国、呕心沥血、激浊扬清的优秀精神风貌，启迪广大公众同心同德，一道探索和开创社会主义企业的前行之路。

千年伊始，世纪转换，改革开放的社会主义中国不断带给世人振奋和惊喜。成绩越是喜人，就越应该清醒地看到存在的问题，树立更加强烈的居安思危意识和忧患意识，这是一个有远见的政党走向成熟的重要标志。可喜的是，电视连续剧《省委书记》的出台为中国共产党务实进取、实事求是的风范做了准确的注脚。立足 WTO 介入的现代竞争格局中，《省委书记》以难能可贵的现实主义力度正视当前经济和社会生活中存在的一些突出困难和问题，激发广大干部群众抓住机遇、与时俱进、开拓创新的精神面貌。用电视手段面向广大公众，赞扬在各项工作中充分走群众路线的好干部、好领导、好作风，《省》剧确实是一部不可多得的优秀作品。本剧通过荡气回肠的改革故事向世人说明：中国改革开放现实中的很多难点与广大人民群众切身利益密切相关，改革、发展、稳定需要广大人民群众的理解和支持，而坚持"为人民服务"宗旨的优秀党员团队，是攻克这些难点的力量源泉和智慧源泉。以剧中党的高级领导干部贡开宸和青年改革者马扬为例，他们把国家的大局和困难、党的工作和政策经常地真实地告诉群众，自觉树立为党和人民长期艰苦奋斗的思想，密切同人民群众的血肉联系，倾听群众呼声，关心群众疾苦，时刻把人民群众的安危冷暖挂在心上，做到权为民所用，情为民所系，利为民所谋，在攻克难点的过程中始终不忘把人民群众的利益维护好、实现好、发展好。《省委书记》一剧为当代改革风云绘就了一幅五彩斑斓而又可歌可泣的宏大画卷。

二、艺术分析

虽然《省委书记》以表现正面人物为主，但它没有将贡开宸、马扬等一批高级干部简单处理成“高、大、全”式的英雄，而是从多侧面表现省委书记的日常工作和家庭生活，将领导干部塑造得有血有肉、丰满真实。除了正面的领导形象之外，作品中的其他人物，上至省级高官，下至车间工人，也无不鲜明生动。《省委书记》一剧留给观众的是一个成功的群像谱。

省委书记非常人所能担当，也非常人所能扮演。哈尔滨话剧院的老演员杜雨露却将省委书记一角演得十分精彩，可以说是全剧中最出色的一位。他虽然经常一脸严肃，但入戏后却自然、松弛，因而使“省委书记”显得很真实。剧作没有将贡开宸塑造成一个性格单一的脸谱化人物，而是通过对不同人、不同事的不同态度刻画出一个省委书记睿智、深沉与豪迈的复杂性格：贡开宸对涉及大山子案的儿媳修小眉不徇私，要求有关部门秉公办案；对同时涉案的秘书郭立明则希望他站出来揭发问题，给他一个机会；对于非亲生的两个儿子，贡开宸爱中有严；对部下马扬则更多奖掖和赞赏，等等。一个严肃认真、雷厉风行而具有亲和力的领导形象被杜雨露刻画得栩栩如生。

巫刚饰演的大山子矿务局副局长马扬是一个个性较强的人物，他的戏份在剧中相对也比较重，差不多与贡开宸平分秋色。作为一名风风火火的改革者，马扬有着强烈的忧患意识，有着强烈的“做点事”的愿望。他给大山子矿务局、给省里都带来了巨大的冲击，是他通过不懈努力，推动了改革的进程。巫刚扮演了一位敏捷、果断又具有远见卓识的年轻领导者形象。但这个角色又不是完人，他也有自己的缺点；只是他能够正确对待缺点，发现错误及时改正，因此在这个意义上，该人物是真实可信的，给观众的感觉不是高高在上，而是触手可及的。可能是为了强调他的个性，剧作设计他与省委书记的关系时，突出了马扬在上级面前不缩手缩脚的张扬一面，但是细节处理得略微过火，使得马扬有时失之油滑。有些戏也做得太实，费力而未必讨好，比如马扬针对国企改革的几次慷慨激昂的演讲，就颇有些经不起推敲的地方，并且因其生硬而给人以图解政策的感觉。非生活化而缺乏真实感的台词还不止这一处，比如住院的一场戏。马扬因为操心公务不顾院长劝告坚持要求出院，而院长坚决反对伤势不轻的马扬出院，此时两人的对话更像一场激情慷慨的“作秀”，虽然不是喊口号，但还是相对太正，估计现实生活中的他们是不会如此讲话的。台词不太精练、不够生活化这也是剧中其他人物的一个通病。

值得一提的是剧中省委副书记宋海峰、恒发集团老总张大康等反角的塑造比较出色。原著里边宋海峰的阴鸷与老谋深算被传达了出来，我们也看到了张大康的野心跟手腕。这两位演员的表演应该说是比较到位的。只是一般而言反角在作品中往往是更容易出彩、更易于塑造得立体化且有点悲剧性的人物，他们具有更大的艺术挖掘潜质，而本剧在这方面的所作略显不足。

由贡家子女、儿媳等人物的设计上可以看出创作者想从日常生活角度反映省委书记的性格、从家庭侧面反映社会变革的创作构想。只是生活戏有时与剧情主线的关系并不十分紧密，且有削弱主人公的戏份之嫌，难怪很多人觉得前面几集的情感戏太重而“软化”了整个剧作。《省委书记》本来是一部阳刚气很重的作品，而且同名小说也证明了气势恢弘厚重与生动细腻并不矛盾，现在电视剧的某些处理却使全剧震撼力被冲淡，显得比较软。另外子女的性格塑造不如一群正反领导出色。开场不久贡志和、贡志雄兄弟俩的一场争吵就有些莫名其妙，缺乏真实感和必要的铺垫。他们在家里显得很随便，甚至对父亲贡开宸也一样。这个家庭的复杂性只是编导人为设计出来的，并没有通过人物个性和他们之间的矛盾加以成功展现，导致贡书记的家庭关系显得相对干瘪。儿媳修小眉本来是一个比较复杂的人物，扮演者吴冕也将其尖刻和任性的一面刻画出来，不过观众一开始就发现修小眉与张大康有着某种复杂的关系，人物做得太露，性格就显得单薄，缺乏张力和发展变化，剧情也就失去了悬念。

郭秘、焦秘虽然不是浓墨重彩，但一个软弱、一个老成，也算个性鲜明。从人物形象塑造上看，劳模赵长林却是一个“矮个子”——他是本剧最脸谱化的一个形象，经常发表满嘴官腔的演讲，而且总是站在高屋建瓴的高度，用貌似朴实的话语“一针见血”地指出问题的症结，无论对谁都是一副永远正确的态度。他的觉悟已经高到了伟大的程度，但有时候却犯一些低级错误，比如不能容纳杜光华收购“永在岗”服务部。关于“破船论”的激情戏更是脱离生活、破绽百出。劳动模范本是一个正面形象，电视剧却将他塑造得并不怎么可爱，相反倒像个自大的小丑。

在视听语言方面，《省委书记》是比较考究的，镜头运用很有特色。创作者在如何增强艺术感染力，使这部现实题材剧更易于被观众接受方面下了不少工夫。与那些大量使用广角镜头的电视剧不同，本剧大量使用接近人眼视域的中焦镜头，既不夸张又很真实地展示了人物与环境的关系，符合本剧的现实主义风格。在用光方面，本剧拒绝使用戏剧光效，布光尽可能接近自然，也不刻意营造偏暖或偏冷的整体色调，而是为人物创造真实、凝重的活动氛围。很多地方还借鉴了电影类型片的手法，来渲染气氛，增强电视剧的吸引力和娱乐性。一些细节的处理上也很见创作人员的苦心与功力。比如剧中根据贡志和的记者职业特点，设计出这一角色的戏全部采用拍新闻片的方式——扛机拍摄，这样既符合剧情和人物身份，也比较有特点，容易出效果。有一些场景则故意全用特写镜头以造成一种紧张感；还有一些场景，用一组短镜头进行累积剪切，以实现某种特殊效果。这些局部的处理为电视剧增色不少。

但有些地方的处理也差强人意，尤其在设置悬念方面《省委书记》一剧不是特别突出，叙事显得相对平缓。比如第一集大山子发生锅炉爆炸事故那段戏，赵劳模的报告使得锅炉爆炸成为“必然”，观众一听劳模的话就知道锅炉肯定要出事，一点悬念也没有了。其实前面给了一组锅炉房的镜头，有了一种暗示和铺垫，但是劳动模范的“先见之明”让一场突发事故不再那么突然。再比如马扬的女儿小扬在校门口被一个人故意撞了一下，那人趁机往她的包里塞进一个东西。这本来是一个很好的悬念，可是包袱抖开得实在太快；小扬一回家就让接过包去的妈妈吓了一大跳，原来包里有一只死猫。如果“花开两朵，各表一枝”，先岔开一会再抖包袱或许效果更好。

客观而言，《省委书记》也拥有很多电视剧的通病——节奏比较拖沓。由于过于追求叙事的完整，部分情节显得太长，其实有些段落可以做得更简略甚至完全省略。以全片开头为例，贡书记接到中央的通知前往北京，从驱车前往机场，到飞机起飞，再到进中南海，整个过程都十分完整。其实像机场这样的没有丰富细节的场景就显得有些多余，尽管镜头切换比较快，但是有效信息不多，对剧情推动和情感营造也并没有实质性的作用，反而给人留下硬撑长度的感觉。总之过场段落太多，而且很多镜头冗长，许多转场显得不够干净利索。

然而无论如何，电视连续剧《省委书记》以国企改革为视角，第一次全面展现了我党高级干部在我国由计划经济向市场经济转型过程中开拓进取、勇于实践的雄才大略，以及关键时刻把握全局的决策能力和政策水平。本剧直面现实，既让人看到问题与困难，也让人看到一大批有识之士和有志之士，他们能够也愿意为国家和民族的复兴竭尽一己之力。他们不愧是民族的脊梁。尽管还有一些不尽如人意的地方，但是《省委书记》仍然不失为一部充满感染力和震撼力的现实主义力作，它的艺术探索也让我们对中国电视剧再创辉煌充满信心与期待。

〔思考题〕

1. 观摩电视连续剧《省委书记》，谈谈贡开宸、马扬这两个人物的相同点和不同点。

2. 设想你是《工人日报》的记者，专程到大山子报道企业改制情况，写出你的采访计划和提纲。

一次追求真、善、美的成功实践

——电视连续剧《希望的田野》读解

马　药

2002　23集电视连续剧

中央电视台影视部、大连电视台、吉林省大地影视传播有限公司录制

编剧：冯延飞　导演：孙沙　主要演员：程煜（饰徐大地）　沙景昌（饰华兴宇）　侯天来（饰丁秘书）　凯丽（饰徐妻李玉华）　柏青（饰老姐）　郑坤范（饰田中田）

本片获第二十三届全国电视剧“飞天奖”长篇电视剧二等奖、优秀导演、优秀男演员。

剧情简介：

即将被提拔为县财政局局长的榆树乡党委书记徐大地，怀着多年来因忙于工作很少照顾家庭的歉疚，与妻子商量到县里以后要为女儿俏俏找一所好学校，全家好好过上一段安定的生活。然而最终的任命却是要他到全县的贫困乡——秀水乡任党委书记。徐大地在秀水工作期间，解决了群众多次上访没有解决的问题；在处理牵扯到县领导“利益”的“绿色庄园”不合理占用村民土地这一问题时，他坚决主张把应返还的土地返还给村民；在抗洪防汛的紧急关头，他凭借对水情的把握，冒着被解职的危险，大胆“抗上”，减少了洪水给群众带来的损失；在与县委书记的夫人、县交通局局长王英的几次打交道中，他巧妙地回避了王英为他人的说情，机智地为乡里的发展办了实事；为了搞好小城镇建设，在拆除违章建筑时他“大义灭亲”，首先拆掉外甥经营的饭店；他以宽容之心对待在工作中处处与他为难的华乡长，化阻力为动力，使华乡长深受感动，幡然悔悟。从徐大地身上，我们看到了一个崭新的中国乡官的形象，也看到了中国农村广袤田野上那新的希望。

一、农村题材电视剧的新突破

中国是一个传统的农业国家，“三农”（农村、农业和农民）问题一直是我国实现农业现代化和建设富裕文明小康社会的关键问题。无可讳言，在农村经济利

益调整和思想观念变革的进程中，部分基层干部脱离群众、以权谋私、腐败堕落的现象日益严重，以至成了深化农村改革的严重障碍。严峻的现实告诉人们，要深化中国农村改革并收到实效，让人们切实看到中国农村广袤田野上的美好希望，就必须大力加强农村基层政权建设，狠抓“反腐倡廉”，培养选拔大批廉洁奉公、勤政爱民的乡镇领导干部。这个问题不仅是党和国家推进农村改革的工作重点，也是影视艺术作品应该加以表现的一个题材领域。23集电视连续剧《希望的田野》的应运而生，自然就成为合乎国情、顺乎民意之文化举措。

1. 别具一格的切入点

改革开放20多年来在反映农村现实题材的电视剧中，尽管也有《新星》、《篱笆·女人和狗》、《一村之长》、《华西村的故事》、《党员二愣妈》等一批让人耳熟能详的佳作，但有心的观众不难发现，这些电视剧基本上或以县里的改革，或以村里的致富为故事内容的。《希》剧区别于其他农村现实题材电视剧的独到之处在于它别具一格的切入点：它既没有从远离农民生活的高层领导间复杂纷纭的斗争去切入，也没有从某一“民告官”的个案去切入，而是选择中国行政级别最小的官——“乡官”为切入点，不仅巧妙独到，而且很有见地。首先，“乡官”是中国社会中最小的官，是党在最基层的代表，用主人公徐大地的话说，这一层党员干部就是党和国家这棵“大树”的“根”，“根”的健壮或腐败直接关系到党和国家的兴衰存亡。其次，“乡官”作为与农民群众交往最直接、最密切的“农民官”，他们的命运与农民群众的命运紧密联系。作为广大农民的代言人，他们的爱、恨、情、愁直接反映着农民的喜、怒、哀、乐。他们时刻想农民所想，急农民所急，帮助群众排忧解难，是农民群众心中的“顶梁柱”和“靠山”。第三，众所周知，“乡官”作为上情下达的“指挥官”和下情上报的“代言人”，位处枢纽，一身牵两头，一人连百事，所有的利益冲突、矛盾纠葛以及思想交锋都必然与之发生联系，以他们为叙事主体对戏剧冲突的形成和剧情的铺排极为有利。对此编剧冯延飞在其创作札记中有精当的解释：

俗话说：“上边千条线，下边一根针”。来自方方面面的方针、政策、指令如千丝万缕的线，都要从乡官手中的针眼穿过去，落下一条都不行！大到国策，诸如计划生育、土地承包，小到邻里纠纷、打架斗殴。乡官们需要的是细心、耐心、专心，更需要的是掌握政策的水平、化解矛盾的能力以及对党高度负责的精神……从某种程度上讲，乡官是中国最伟大的官。

总之，在迄今为止的中国电视剧史上，《希》剧是第一次将乡一级领导干部作为主人公并从正面加以细致刻画，从而完成了农村现实题材电视剧创作中的一次大胆尝试，客观上对中国农村题材电视剧的创作起到了推波助澜的重要作用。

2. 成功的人物塑造

高尔基曾说过文学即人学。的确，任何一部优秀的作品无一不是将人作为表现主体，并紧紧围绕塑造典型环境中的典型人物而展开创作的。《希》剧编导以求真、求善、求美为该剧的出发点和归宿点，着力讴歌人物朴素而高尚的美好情操，使广大观众在获得审美享受的同时，心灵也得到了净化。这与当今的一些商业剧甚至同类的反腐剧故意玩噱头、玩悬念、玩女色、玩恐怖而不愿在人物塑造上多下工夫的做法，形成鲜明对照。在《希》剧的一系列人物形象中，尤以该剧主人公徐大地的真、善、美形象被塑造得最为成功。

徐大地的真。

剧中的徐大地首先是一个普通人。他是一个丈夫、一个父亲，还是一个弟弟、一个“老舅”。他有与自己情投意合的贤妻，有天真可爱的女儿，更有对他恩重如山的老姐一家人。剧中多次出现姐弟俩一起唠家常、做家务等看似平常而琐碎的生活镜头，这不仅表现了徐大地对手足之情的珍视和眷恋，也意寓着徐大地对养育他的故乡亲人、大地母亲的深深依恋。当老姐临终前拿出多年积攒下来的296捆钱交还给他时，徐大地感动得跪地恸哭。《希》剧在表现主人公高尚情操时，并没有着意回避那些夫妻间正常的亲昵、拥抱乃至同床共枕的镜头，这使他成为一个同样有着七情六欲，同样要面对生老病死的真人；成为一个同样要履行丈夫和父亲责任，也同样享有家庭快乐权利的常人。

作为党的优秀干部的徐大地，有理想有追求，重实干讲效率。他接待上访群众不是摆样子。对于“给瞎子摊派电影费”、“不赡养老人”、“超生罚款”以及“乡政府拖欠饭钱”等问题，他当即予以处理；对于群众一时不理解的问题，他耐心地给予解释；对于无理取闹的，他决不姑息迁就，坚决予以顶回；对于一些重要的举报，他则慎之又慎，在没有调查核实之前绝不急于下结论。在抗洪抢险的紧急关头，县委李书记四次打电话命令秀水乡管辖内的老牛沟水库开闸放水，他凭着对水情的准确把握，不顾有被解职的可能坚持不盲目放水，为下游群众避免了一场灾难。在他身上，一个农村干部所具有的脚踏实地的质朴作风和新时期共产党人特有的精神风貌有机地融合在了一起，使人们看到了一种平凡却伟大的人格力量。

当然普通人与优秀干部这两面在徐大地的身上是统一的，于是编导特别注意从种种束缚和羁绊中为他找出一些巧妙的回旋余地，给他一些“自由”，让他在“游戏规则”允许的范围内，尽可能多为群众办实事、办好事。在为乡里筹集修路经费时，徐巧妙地回避了书记夫人、县交通局局长王英为李大可建游乐场想占用机动地的说情。李大可用钱贿赂他，他把钱捐给敬老院；李大可送他女儿笔记本电脑，他把电脑交给乡政府机关微机室使用，之后让乡里写广播稿，表扬李大可的“公益行为”。他搬家时，乡里的干部按风俗向他“随礼”，他没有回绝，而

要在影视作品中塑造好一个人物形象，首先，编剧在创作剧本时，除了构思一个好的故事外，还要给人物设计一个坚实的"命运平台"，为导演预留一个再创作的空间。其次，导演根据影视艺术的特点，在对剧本中的人物进行艺术形象的加工和完善时，要对摄影、美工、灯光以及化装、服装、道具、效果等各个方面提出具体的人物造型要求。最后，演员要对剧中人物进行深刻的理解，在领会导演意图的基础上，依靠自身的生活体验和表演艺术经验，最终将文学化的艺术形象变为活生生的影视艺术形象。

该剧导演孙沙明确要求演员摒弃那种浅薄造作的表演，向真实靠拢。于是我们看到，这部电视剧的演员们，在完成他们各自扮演的角色时，都不是为表演而表演，都不去刻意追求什么"风格"和"技巧"，更不是采用脸谱化、模式化的平庸方式去表现，而是走"情感体验之路"，把观众当成检验自己的一面镜子，用真情实感去打动人。正由于演员走了用心体验情感的"戏路"，才成功塑造出了徐大地、华乡长、田中田、丁秘书、潘喜林、老姐等一系列栩栩如生、朴实感人的人物形象。其中，最为成功的自然要数徐大地这个艺术典型。

《希》剧的预约主演哈尔滨话剧院演员程煜，以往在影视剧中扮演的角色并不算多，天生条件也不属于"俊男"、"酷仔"，但他那自然、质朴、洒脱的表演风格却赢得了观众的认可。这是因为，他在扮演一个角色时，不是从演一个"好人"或"坏人"的概念出发，而是从理解人物的角度出发，准确把握人物内心情感，对人物形象进行细腻地雕琢，使其达到既真实又丰满的艺术效果。这一点在他主演的电视剧《小镇》、《河弯弯路弯弯》、《我是警察》和《希望的田野》中得到了充分体现。在《希》剧中，他那既充满正气又鲜活可亲的表演与该剧所追求的朴素、自然的总体风格相得益彰。程煜在《希》剧中的表演称得上是经典之作，为人们创作了一个崭新的、具有强烈时代气息的优秀乡镇书记的形象。他没有辜负制片人为他量身订做的这部戏，没有辜负编导为这部戏耗费的心血，更没有辜负观众对他寄予的厚望。

除此以外，剧中那个心地善良，有点儿懒惰，好显摆，有大不说小的农民田中田，以及圆滑中有正义、苦涩中有希望、冷漠中有人情的乡政府丁秘书等人物的表演都是可圈可点的，算得上是近年来电视剧中较为成功的小人物形象。

该剧为了体现出农村特有的"醇"味，还让很多非职业演员参加了演出。导演孙沙对"一切艺术创造都源于生活"的道理有着深切的感悟。他将职业演员和非职业演员组合在一起，把拍摄现场放到田边地头、农民家里，让职业演员的表演径直成为一段"农村生活的体验"。孙沙的这种做法，不仅体现了他在表演上一贯求"真"的美学风格，而且也与当今某些"三个人，两间房，一张床"、"演员越用越少，场面越拍越小，表演越来越假"的所谓电视剧，形成了鲜明的对照。

2. 人物的出场

任何一部影视作品，人物的出场都是极为关键的，因而一向为编导们所重视。按照常规，电视连续剧中人物的出场，往往是随着剧情的发展逐一亮相。然而《希》剧的人物出场却来了个“违反常规”——导演精心编织故事情节，让全剧的大小人物在第一集中就全部登场亮相，这种安排在众多电视连续剧中实属少见。在短短四十五分钟里，导演竟有条不紊地安排了十一组人物出场，他们分别是：潘喜林（永平村农民）和丁秘书（秀水乡政府办公室）；李林（永平村委会主任）和郑三（永平村委会治保主任）；潘喜林和潘妻（在两人的对话中，暗示了儿子潘大海和田小甜的关系）；华兴宇（秀水乡乡长）和李林；陈书记（原秀水乡党委书记）和李林、李德胜、李龙；徐大地的老姐和姐夫田中田；李清泉（源江县委书记）和孙天祥（县委组织部长）；徐大地（原榆树乡党委书记）和李玉华（徐妻）；徐大地和孙天祥夫妇；李玉华和俏俏（徐大地之女）；李清泉和王英（李清泉妻、县交通局局长）。

这种近似古代绣像小说里人物画廊式的出场方式，不仅适合我国电视观众的“阅读习惯”，更重要的是它一次性地为全剧复杂纷纭的故事情节的展开，预先埋下了若干伏笔，为各种矛盾冲突的发展作了全景式的铺垫。这种高难度的创作手法，假如没有十分老到的功底，就很容易搞成“拉洋片”式的平面展示。孙沙导演在安排剧中人物出场时，熟练运用蒙太奇手法，让人物在矛盾冲突的推动下，在事件发展的过程中自然而然地出现。人物一个不少地介绍了，剧情也按逻辑向前推进了，而观众却没有感到牵强附会、含混拖拉，导演艺术功力之深厚，由此可见一斑。例如该剧一开始，潘喜林和丁秘书的出场：

乡政府丁秘书办公室内。潘坐在丁秘书的椅子上，丁走过去，指着办公桌对面的椅子说：“来，你快上那儿去。”潘没动。丁催促说：“我还有事，我得装包！”潘极不情愿地站起来：“官不大，僚不小。”丁道：“没办法，待遇呀！这是……”。待潘坐定后，丁说：“老潘哪，咱都不错，开玩笑归开玩笑，这个状非得告啊？能不能不告？”见老潘没反应，忙又劝说：“咂叭咂叭嘴，咽了吧！”潘固执地说：“能咽还说啥了！”说着抬起脚，手拉着鞋帮，使劲儿一蹬，气愤地说：“我不是咽不下去吗！”丁见状，解释道：“村里机动地是有政策的。”潘反驳说：“政策规定要百分之二、百分之五，可它现在都快留到百分之十了！整得家家缺地种。可机动地呢，都卖给了那些不种地的了。我们这些老农民的负担，不但没减轻，反而年年加重。”丁不耐烦地打断他说：“得了得了，你是等啊，还是不等？我是不等了，我得走了！”于是潘只得离开了。

这种简洁明快、开门见山的手法，既交代了人物关系——一个是上访专业户、性格倔强的农民老潘，另一个是为人圆滑、见怪不怪的乡政府办公室秘书小丁；又点出了全剧的矛盾焦点——机动地使用上存有问题，从而为全剧设置了一个重要悬念。在这场戏中，尽管丁秘书尽力营造一种平等和谐的谈话氛围，但我们还是隐约感到这里的乡政府干部与农民群众之间并不融洽的关系。又如秀水乡乡长华兴宇的出场：

华兴宇的办公室。华正悠闲自得地玩着牌，李林走到他跟前又是陪笑脸，又是递烟，说："哎，华乡长，我想跟您请示一下，村民占机动地的事儿，下一步咋办好啊?"华装模做样地说："跟我请示啥呀，那不有党委书记吗?"李林蔑视地说："党委书记? 他党委书记不得听大哥的吗?"华做出一副严肃的样子说："少给我造这舆论。我告诉你，你们那块机动地是张县长划的圈，谁都不能动! 这事儿，你得请示一下陈书记。"他得意地笑了笑，又阴阳怪气地接着说："他是一把手，他说咋办咱咋办!"李林为难地说："我怕我一个人，能顶住吗?"华："机动地又不是你们一个永平村有!"接着话锋一转，语气委婉地暗中递话："再说了，你不是有一帮哥们儿吗……"李林恍然大悟，恭维说："哎，还是乡长考虑得全面，一枪打俩呀!"

作为一乡之长的华兴宇，一出场就是在办公室里玩牌。这个细节的设计很有典型性。的确，在我国一部分地区尤其是一些贫困地区的基层干部中，仍然存在"上班上牌桌，下班上饭桌"的腐败现象。这种现象严重影响了党在人民群众中的威信和形象。导演将这一时弊附着于华乡长这个人物身上，并加以"放大"，使得这一人物刚刚出场就具有了典型意义——一个横行乡里、结伙营私、诡计多端的"土霸王"形象已经初现端倪。

3. 场景的设置

场景是影视剧中重要的造型元素，它不仅关系着全剧的故事叙述和人物塑造，还关系到全剧的总体风格。《希》剧的场景以实景为主。为了给全剧创造一个真实的农村生活空间，《希》在场景的设置和加工中，既注意到整体环境的整洁和美观，又考虑到当今东北农村的地域特征和现代风貌，从而为《希》剧求真的总体风格奠定了坚实的基础。

剧中对同为乡干部的徐大地的家和华兴宇家的场景设置就各有不同：徐大地家是老式的农村房屋，家具摆设简单、朴素，与普通乡民相差无几，户主的平民气质不言自明，一看就知道是邻里乡亲可以亲近的场所；华兴宇家是新修的房屋，设施略显奢华，无形中透出一股现代"乡绅"的气息，这里不仅是他一家人生活起居的场所，也是他与"哥们弟兄"们密谋策划的"沙龙"。从这两种不同的场景设置中人们不仅一目了然地看到了当今农村基层干部的真实生活状态，也折射出两个人物不同的人生追求和价值取向。

另外，作为一部农村题材的电视剧，在农村生活场景的选取上，不仅要考虑外景（如山峦、田畴、河流、树木、场坝、村落等）的真实，而且也要注重农户居家生活中规定情景（如大到房舍院落，小到灶台锅盆、铺盖家什等）的真实。徐大地老姐家的厨房，即是一个典型的东北农村居家生活的场景：厨房墙上的红辣椒、案台上的面板、擀面杖以及烙好的一摞饼等，透出阵阵温馨的生活气息，为姐弟亲情的抒发营造了良好的环境氛围。当老姐离开人世的时候，这一典型化了的场景再次被导演用来渲染主人公徐大地对老姐无限眷恋的追忆之情，以制造"触景生情"、"睹物伤情"的独特艺术效果。总之，《希》剧对场景设置真实感的高度重视，是该剧获得成功的一个重要因素。

〔思考题〕

1. 试剖析《希》剧主人公徐大地人物形象塑造的成功之处。

2. 通过观看《希》剧，谈谈你对"一切艺术创造都源于生活"这句话的理解。

于精细处见恢弘

——电视连续剧《大染坊》读解

李国芳

2003 24集电视连续剧

山东电影电视剧制作中心、山东视网联媒介发展股份有限公司、中央电视台影视部录制

编剧：陈杰 导演：王文杰 主要演员：侯勇（饰陈寿亭） 罗刚（饰卢家驹） 萨日娜（饰周采芹） 刘岷（饰赵东初）

本片获第二十四届全国电视剧“飞天奖”长篇电视连续剧二等奖、优秀男主角；第二十二届金鹰奖长篇电视剧优秀作品奖、最佳照明奖。

剧情简介：

清朝末年，父母早亡的乞丐陈六子装成冻昏，倒在通和染坊的门口，被善良的周掌柜收留，并改名陈寿亭。寿亭天生聪颖，偷学会了染布的手艺，并说服周掌柜辞退了心术不正的刘师傅。十年后，由于陈寿亭经营得法，通和染坊渐渐挤垮了周村原有众多染坊，成了周村老大。而陈寿亭并未因此而满足，他同张店大户共同在青岛创办了大华染厂，从此走上了工业印染之路。在印染业的激烈竞争中，陈寿亭通过暗地里给布铺让利，阻截山东客商，提高染布质量，向五四运动提供积压布匹，以及将计就计向竞争对手提供作了手脚的配方等商业手段，逐渐成为山东的第二大染厂。九一八事变后，陈寿亭断然拒绝了与日本商人的合作，借着抵制日货运动，以及与上海林氏印染厂的合作，进一步发展成为印染界的大亨。陈寿亭怀着强烈的爱国心，在民族印染同行的大力协助下，一举逼迫汉奸印染厂倒闭。

一、近代民族工业的传奇历程

曾几何时，国内电视荧屏成了言情、武打、帝王将相系列的主要阵地，每天打开电视不是“秘史”就是“外传”，或者就是飞来斗去的武侠剧和谈情说爱的风花雪月剧。当电视评论家在忧虑“戏说”历史带来的高收视率与不良影响之扩散成正比的时候，我们急切地盼望着取材于历史现实又有中国民族特色的电视剧的出现以

丰富广大人民群众的文化生活。在这种背景下闪亮登场的24集电视连续剧《大染房》，的确让观众目瞪口呆、心震耳撼，让人觉得大长中华儿女的志气。

波澜壮阔的《大染坊》一剧，讲述了一个出身卑微的民族实业家的传奇故事，不仅浓墨重彩地渲染了近代中国的商界风云，而且以这些惊心动魄的商业竞争为历史背景，在跌宕起伏的剧情里着力刻画了主人公——陈寿亭，一个由不识字的文盲、叫花子成长起来的出色的民族实业家。陈寿亭父母早亡，少时以讨饭为业，但他心存善良，天资聪明，胸怀大志，最终出人头地，在印染行业树起大旗，在激烈的竞争中大显男儿壮志、兄弟义气和强烈的爱国情怀。一个永不认输的小人物在中国民族实业的发展进程中迈着响当当的步伐，这寄托了多少中国人的梦想。尤其是在民营企业的发展蒸蒸日上的今天，现代民族实业家在历史上的成功探索对于今天的人们也不无现实意义。

国内的电视剧动辄四五十集已经成为一种普遍现象。部分制作者为了谋取更多利益，人为地把电视剧拉长，造成剧作节奏缓慢、拖沓。《大染坊》一剧却非常紧凑，二十四集跨越了相当长的一段历史时期，自清末、民国初期一直到抗战爆发，一集一个故事，采用类似章回体小说的叙事方式，从头到尾不断有新人物出现来丰富故事情节。从陈寿亭在青岛与孙明祖的斗智斗巧，与日本人藤井的殊死斗争，到他在济南与赵东峻、赵东初兄弟的合作跟矛盾，再到与上海林祥荣的竞争跟化解，特别是"飞虎戏美人"那场戏，演得惊心动魄，扣人心弦，直到最终击败訾文海和藤井的"模范染厂"。故事中商界奇谋层出不穷，奇思妙想令人叫绝，充满了阴谋和狡黠、智慧和人格、诚信和狡诈，每一集都会给观众留下回味，每一集都会使观众碰到斗智斗勇的搏斗和较量，每一集都给观众留下一些悬念，从而让观众爱不释怀，直想痛快淋漓地一气看完。人物台词简练豁达，句句紧扣情节，有些台词十分经典，令人叹为精彩。剧中角色的动作和语言都是性格化的——没文化的有没文化的举止，留洋的有留洋的做派，奸商、地痞有奸商、地痞的丑态；另外上海人、山东人、日本人的地域特点也都通过人物的塑造，鲜明生动地表现出来。

与《大宅门》的地道京味相似的是，《大染坊》也是一出带有浓重地方味道的戏。在主人公陈寿亭的言行观念中，深深积淀着传统文化当中的亲情意识、伦理观念、处世之道以及人生哲学。剧中故事主要发生在山东周庄、青岛、济南（还有部分戏在上海），从置景、演员选择、台词写作到对话口音，都带来浓郁的齐鲁文化特色和北方风情，可见创作者对地方文化的深度了解。卢家驹在青岛取的二太太就是一副青岛腔，而上海的林祥荣出口就是"上海普通话"。这种细节处理其实反映了创作者的一种严谨态度，也增加了电视剧的可信度和感染力（反面的例子就是一些农村题材的影视剧，演员都讲标准的普通话，让观众怎么看怎么别扭，因此很难进入剧情）。当然，对于台词、口音等细节的处理只是这部戏尊重历史、尊重现实、尊重影视创作规律的一点体现而已。其实《大染坊》处处可见创作者的这种良苦用心。在全球化语境中，在娱乐大潮的冲击下，如何保持影视剧的鲜明民族风格，弘扬先进的民族文化，这是历史留给影视创作者的重要责任。《大染坊》一剧民族化之路的成功尝试，再次用事实证明了坚持走民族化道路对于电视剧创作的重大意义。

二、艺术分析

人物性格的塑造对于电视剧来说是非常重要的。通过人物性格来传达导演的潜在思想，让剧中主人公的一言一行影响电视剧观众，这样的方式就是性格化的方式。《大染坊》全景式地展现了一个印染世家的兴衰史，描写了一位印染大亨充满传奇色彩的商海沉浮，真实再现了民国初年民族工业发展的艰难历程。每一位观众，都会不自觉地被陈寿亭的个人魅力所吸引。在陈寿亭身上，非常典型地体现出了一个小人物的奋斗历程——没有高官权贵可攀附，没有家产万贯，一样可以奋斗成功，而且不失做人本色。在现实社会中，有着形形色色的这样的小人物，他们每天梦想着成功。《大染房》给了他们动力：有谁还会比陈六子更可怜，幼年无父无母，穷困潦倒，连狗都欺负他——抢走他唯一的半块饼；没有谁比他地位更低下——沦落为叫花子，沿街乞讨。《大染房》的编剧是一个懂得心理学的人，他调动了观众的心理参与能力。观众在看到陈六子的凄惨背景之后，会不自觉地与自身对比，从而产生一些优越感来。就像美国影片《阿甘正传》，阿甘是一个小人物，他的“只要坚持往前跑就能成功的信念”使他成为美国人的精神领袖，给了“老实”的美国人以向上的动力，这就是好莱坞所要宣扬的主流思想——只要老实肯干不想别的就能得到你想要的。《大染房》同样塑造了一位中国式的“阿甘”，这是中国人的精神写照。像前面所说的陈六子出身贫贱，不识字，让中国的老百姓找到了一些共同点；天资聪明，胸怀大志，为人机灵，经营得法，生意越做越红火，给了老百姓奋斗前进的信心；同时他比较讲义气，心存善良，知恩图报，在他最困难的时候，锁子叔给了他一口饭吃，富贵后他把锁子叔当亲生父亲一样来供养；他既具有商人的“狡猾奸诈”，又是一个比较有人情味的男人。俗话说“无商不奸”，可是陈六子身上的正义却掩盖了他的邪气，这些使他成为一个活生生的人，而且是一个很有个性魅力的人。

电视剧除了娱乐观众，还要担当起教化的使命，国产电视剧也一向都注重对老百姓进行爱国主义教育，宣扬为国家、为人民奉献的精神。《大染坊》也是这么一部符合主流精神的电视剧。然而问题是，倘若编剧处理不好就有可能变成正面说教，主人公也就成为一个说教的符号。而《大染坊》中的陈六子虽然时不时说一些粗话，动不动还骂人，但这些细节却丰富了该人物的性格特征，观众感觉他就是我们生活中普普通通的一个可爱的人。《大染坊》完美地编织了一个梦幻，让现实生活中的老百姓都沉浸在剧情生活里面，接受导演的生活理念。观众看电视剧的过程，就是把自己融入剧情之中，找准属于自己的位置，跟剧中人物一起生活。这样电视剧既好看，又达到了预期的宣传效果。宣传不是灌输，而是潜移默化地引导。《大染坊》最大的成功之处在于塑造了一个人见人爱的“英雄”，并让他的行动影响着观众。现代的中国社会与陈六子所处的时代相比已经发生了很大的变化，可是社会的变革也导致了一些社会问题，有的人下岗失业抱怨社会不公，有的人一夜暴富变得面目全非。陈六子给这些人都树立了参照，他是中国人苦中作乐、知难而进的典型。

《大染坊》一剧并没有单纯停留在陈六子“英雄”人格的描述上，在奠定了这个可敬、可爱又悲壮的人物性格的基调之后，随着剧情的进展戏剧冲突也由内部诸实业家之间，转化为陈寿亭等与日本人之间。在民族危难时刻，陈寿亭再次利用自己的智慧为国家做贡献，可是最终他的事业毁于一旦。本剧的主题于是便具有了宏大深远的意义——歌颂民族英雄给予国家之贡献的同时，也深刻批判了国民党政府的统治和日军对中国的侵略给民族实业所带来的毁灭性打击。这样就将个人的命运、行业的兴衰同民族兴亡联系在一起，不仅剧情真实可信，而且主题得到升华。就像本剧片尾所说的一样：当国家不能为人们的生存提供保障，不能成为人生实践平台的时候，所有的一切也就似那流星，所有的能力、热血、才华、激情，也只是垂死者那惨白面孔上一缕灿烂的笑容。只有国家强大了，个人才会有充分施展才华的机会，没有了国家，个人将不复存在。这样一个深刻的主题会充分激发观众的爱国主义情结。

除了成功塑造了主人公陈六子这个中国“阿甘”形象外，《大染坊》的整个人物形象谱——像卢家父子、林家父子、訾家父子、赵家兄弟等，都鲜活生动，富有个性。更为可贵的是，电视剧中人物性格的复杂性不仅呈现在立体多面上，还体现在变化过程中。年轻人差不多都有一个明显的成长过程，典型如卢家驹，他开始对不识字的陈六子颇为不屑，后来同意合作，成为陈六子的生死搭档，再后来虽不合伙做生意，但彼此还是惺惺相惜、风雨同舟的同道兄弟。这种变化一方面符合该人物自身的成长规律——使人物不仅真实可信，而且充满了性格魅力，另一方面也从侧面烘托了主人公陈六子的不同寻常。性格相对不怎么复杂的是剧中的几位女性，她们戏份不多，但是分量恰到好处，人物着墨虽少，但也立得起来。尤其是对沈远宜一角的处理没有随俗，这个角色的设置在增加细腻戏份的同时，又没有软化全剧的阳刚气，可谓高明巧妙。在人物塑造方面，相对弱些的是对藤井的刻画还不够深刻。这个日本商人和陈寿亭的恩怨关系十分复杂，最初帮过他，后来成为死敌；电视剧过于简单地将此人的一切变化归结于日本军国主义的大肆扩张，而忽略了对人物内心的细腻展露，结果这个人物的复杂性就没有表现出来。

从序幕起始水珠滴落与人物的容颜穿插浮现，到片尾运用返旧效果制作的泛黄影像风格，从蓝灰色调的时代光影，到五彩交织如印染的质朴画面，《大染坊》运用清简含蓄的视听风格，书写了一幅人事、商情、国运三者难解难分的凝重画卷。其中，民族实业家与芸芸众生血脉相连，一个普通中国人与战火烽烟沉浮纠缠，都好似二胡的旋律，时而曲折呜咽，时而荡气回肠，时而沉思低吟，时而意兴阑珊，恰如其分地印证了一个瞬息万变而又深沉如海的时代。人物对白诚朴直率，内蕴机锋，在不经意之间构成了一部波澜壮阔而又可歌可泣的交响华章。故事的结局以浓烈的火焰收尾，意味深长：染，为水艺，用火做结，命运的绝对性和悲剧性尽含其中。然而越发沧桑艰辛的往事，越发启迪今天的甜蜜与深思。“汝欲学诗，工夫在诗外。”从《大染坊》宏伟气势可以看出创作者幕后付出了何其大的劳动与智慧！每一个精雕细刻的细节都反映出创作者态度的严谨，很多人物对白都暗含着经商做人的深刻道理。小到片头制作，大到印染厂置景，《大染坊》对视听手段的综合调用，无不精细入微，确实堪称一部精细而恢弘的优秀电视连续剧。

〔思考题〕

1. 请分析《大染坊》一剧的民族化艺术特色。

2. 请比较《大染坊》中的陈寿亭与《阿甘正传》里的阿甘在人物塑造上有何异同。

“权力观”的文化与艺术辨析

——电视连续剧《绝对权力》读解

黄会林

2003　27集电视连续剧

湖南电广传媒股份有限公司、深圳华侨城国际传播有限公司、北京广播影视集团中北电视艺术中心、北京未来时代文化发展有限公司录制

编剧：周梅森、孙馨岳　导演：成浩、蒋绍华　主要演员：唐国强（饰齐全盛）　斯琴高娃（饰赵芬芳）　高明（饰刘重天）

本片获第二十二届金鹰奖长篇电视剧优秀作品奖。

剧情简介：

本剧以当代改革生活为背景，通过镜州市一场惊心动魄的反腐大案，围绕着镜州市委书记齐全盛、省纪委常务副书记刘重天和女市长赵芬芳之间曲折复杂的斗争展开故事。齐全盛创造了镜州改革开放的辉煌历史，也酿成了镜州从未有过的严重腐败。一夜间，其妻女和两名市委常委同时被省纪委“双规”。前来查处此案的是齐的“宿敌”刘重天。就在这场激烈的政治斗争拉开帷幕之际，一个诡谲阴险的政治阴谋也隐藏其中。赵芬芳为了自己不可告人的野心，勾结不法商人将斗争推向白热化，自己最终走向深渊。

一、围绕“权力观”的深刻文化阐释

27集电视连续剧《绝对权力》，有其不同寻常的思想震撼力与艺术吸引力。它以独特的视角、独特的构思、独特的形象，运用电视剧独特的叙事手段，紧紧围绕着在当今社会十分敏感、从领导到百姓各行各业无不关注的“权力”二字做足文章，使作品因之产生了振聋发聩、动人心魄的巨大力量。

顾名思义，《绝对权力》的核心自然是“权力”；剧作的命名显示了它的明确指向。

“权力”，在词典上被诠释为“政治上的强制力量”；《辞源》则释为“权势和威力”，总之，是执掌权柄，掌权、当权者也。在封建社会，帝王执掌着最高的权力，国家即朕，朕即国家，黎民百姓只配当统治者的牛马和奴隶。在社会主义

的中国，各级干部理应作人民的公仆，为广大人民的根本利益而鞠躬尽瘁，绝非手握权柄高踞于人民头顶上的统治者或老爷。但是，数千年的封建主义之深度影响，使我们的干部在“权力”这一重大问题上屡屡跌跤；而几乎所有的腐败现象，也无不与“权力”二字有着密不可分的联系。近年纷至沓来的现实题材，尤其是反腐题材的电视剧作，如《大雪无痕》、《省委书记》、《人间正道》、《中国制造》、《黑洞》等等，都不可避免地涉及到“权力”存在之显性或隐性的正负作用；但还没有看到像《绝对权力》一剧里边如此鲜明而深刻的暴露与解剖。这部剧作正是通过富有感染力的艺术创造，紧紧扣住“权力观”，深入、集中地开掘出了发人深省的社会人文内涵，姑且将其概括为四个“一”字：即一个错误观念——权，一串黑恶毒瘤——钱，一群红色勇士——情，一场红与黑的生死搏斗！

《绝对权力》以当代改革开放的社会生活为背景，以中国某省经济高度发达的第一大市镜州为中心，上通北京和省会，下达乡镇和村民，构筑了一座有着巨大空间的舞台，围绕着“权力”，上演了一出“全方位立体战”式的惊心动魄的戏剧。

第一主人公市委书记齐全盛，为人堂堂正正、敢作敢为，是一个典型的富有开拓精神和感情内涵的领导者。7年前，他向当时的省委索要“绝对权力”，想以这种独断专行的钢铁意志开拓局面干大事，创造镜州的辉煌局面。7年后，他兑现了自己的承诺，实现了自己的梦想，得到了镜州百姓的爱戴。然而，也正是由于“绝对权力”的存在，才酿成了镜州从未有过的严重腐败大案。如果我们就剧中比较重要的人物制作一份立体关系图，并配以鲜明对比的红、黑二色，就会发现令人深思的现象：身处红色营垒的主角齐全盛，在全身心投入镜州的经济建设并赢得辉煌成绩的同时，却又发展了一个极其错误的观念：坚持拥有不受监督的“绝对权力”，并进而构筑了一个以他为轴心的权力磁场，他成为此中最强有力的磁极，迫使进入磁场的每一粒铁屑都按照他的意志运行。他坚信，这样做不仅仅是对自己的政治生命负责，更是对镜州改革开放的前途负责。事实上，他运用自己的铁腕手段指挥镜州的经济发展的确卓有成效，7年间使镜州的综合指标增长了5倍，平均经济增长率达到26%，人均国民产值和人均国民收入双双进入了全国前5名……但也正是因其坚持拥有这种至高的权力，而直接或间接、密切或不密切地勾连起黑色营垒中大大小小邪恶势力，造成了几乎使镜州“翻船”的巨大灾难，犯下了极其严重的错误。一向正气凛然的齐全盛绝未想到的是，自己的妻子（高雅菊）和女儿（齐小艳）竟然双双落马。一个因为收纳犯罪分子的一枚钻戒，及在犯罪集团指使下炒股获得230万元巨款，被实行“双规”；一个更深陷泥沼，作了犯罪分子侵吞国家数亿资金的挡箭牌，二人皆成为黑势力手中的筹码。为此，齐全盛自己不仅要受到组织的审查，客观上也给全局性的大案查处增添了巨大困难。究其根源，上述一切都是“绝对权力”恶化的必然结果。

令人赞叹的是，剧作的深刻之处远不止这些。随着剧情的层层推进和人物命运的跌宕起伏，创作者明确提出了一个新的命题与概念：“递延权力”。所谓“命题”，按照权威辞典的界定，是指“表达判断”；所谓“概念”，其同样来源的界定，则是指“反映对象的本质属性的思维形式。人们通过实践，从对象的许多属性中，撇开非本质属性，抽出本质属性概括而成。”剧作的主人公之一、红色营垒里公正无私、疾恶如仇、胸怀宽广、智勇双全的省纪委常务副书记刘重天，在石破天惊般查处腐败大案的风雨历程之中，在深入思考造成镜州重大腐败事件的种种复杂交错的不正常现象之后，得出了一个重要结论，一个“在脑子里突然冒出的自己创造的词汇：‘递延权力’”。可以认为，这是剧作核心立意的扩展与深化。难得的是，创作者隆重推出这一创造性的新概念的方式，不是依据自己的推理和判断，而是让剧中人物（刘重天）在现实生活当中遭遇各种“权力现象”后有感而发。“递延权力”这一概念在剧中也不是抽象的存在，而是被感性显现到具体的剧情进展之中——不仅贯穿于情节主线，而且旁及相关、相连的各个方面。于是我们看到，第一把手齐全盛、女市长赵芬芳，甚至假冒国家领导人之子的肖兵等，都在制造或利用着“递延权力”；即使一心为公、严于自律的刘重天，也未能杜绝如酒鬼小舅子、家庭小保姆、触犯刑律关在监狱里的前秘书等“身边人”，凭借自己权力的“递延”效应，而拥有各种足以产生腐败的“特权”。针对这些享用“权力”的林林总总的怪现象，从“几乎涉及到我们每一个党员干部”的腐败现实出发，刘重天向省委书记郑秉义进言：“领导干部本人的洁身自好并不能保证不出腐败问题啊。如果不警惕，不在制度上堵住漏洞，我们手上的权力就很可能经过亲友、身边工作人员之手，完成利益的交换。”应该说，刘重天经过深思而发现的关于“递延权力”的重要结论，的确是关系到我们党生死存亡的根本问题。但作品并未因为此问题之重要就直接诉诸理性论述，而是以浓墨重彩之笔铺衍开形象生动的描绘。由刘重天自己的亲身体验，到齐全盛事件的深入调查，经过情节的一次次展示，细节的一层层叠进，才有了那突然爆发的、闪动着思想光芒的灵感。这也很符合一个新概念的形成规律：人的认识从感性上升到理性，把握了事物的本质，对事实加以总结和概括，从而获得科学性的成果。当然，在《绝对权力》中，这些都是通过艺术的手段完成的。

围绕着“权力”的争斗，必然包括正反两个方面，而这两个方面，又必然有着内在的、紧密的联系。剧中着意展现的“一串黑恶毒瘤”的牵头人、黑色营垒的主角女市长赵芬芳，深谙“绝对权力”内涵之奥秘；凭着在齐书记面前见风使舵、乖巧逢迎，得到了齐的赏识，被提拔当了市长；但对她而言，这只是攀登权力阶梯的一个台阶。随着权力野心的膨胀，她费尽心机去实现她苦苦追求的“老一梦”。在她看来，“一把手”意味着说一不二，意味着一手遮天，意味着指鹿为马！不是一把手，就不可能有自己的政治意志；没做过一把手，就等于没当过官，哪怕高居市长之位！于是，她不惜用卑劣手段勾结黑恶势力，作权力与金钱的交易，以牺牲巨大的国有资产为代价，企图达到买官升迁、登上镜州市权力顶峰的险恶目的。她权欲熏心、利令智昏，错误地估计了形势，在镜州市兴风作浪，制造政治地震，企图取齐全盛而代之。为此而结党营私，形成了一条粗大的黑线，串联起二个市委常委：副市长白可树、市委秘书长林一达的腐败大案；串联起市内占据了相当权力的腐败分子，如公安局副局长吉向东为虎作伥的罪行；更串联起本市黑恶势力的总后台——妄图吞并大型国有企业蓝天集团的金字塔集团老板金启明；甚至串联起北京来的冒名国家领导人之子的政治诈骗犯肖兵等等。这一串黑恶毒瘤，形成了一个盘根错节的立体交叉网。操纵这一切的黑色企业家金启明，信奉权力与资本相结合可以攫取一切，依靠一次次对"权力"的投资、收购和经营，铸就了显赫的"金字塔帝国"。腐败分子和邪恶势力相勾结，不仅在太阳的阴影之下吞噬着人民创造的财富，更进而妄想使人民的镜州改变性质，成为属于"金字塔集团"的"新时代"。而其所以得逞，却又不能回避与齐全盛在镜州实行一言堂、家长制有着内在的关联。

《绝对权力》是一个故事，也是一个话题。这个话题的意义远远超过了这个故事。这个故事的结局，是给人以鼓舞和力量的；而从这个话题中，更深刻揭示出"绝对权力"是一种十分危险的封建主义余毒。如果说"绝对权力"是一个在新的历史时期出现的新概念、新提法，其源头却是陈旧的，是几千年建立在小农经济基础上的"乾纲独断"老古董的变种。在中国历史已经发展到全新的社会主义阶段之时，还要索取不受监督的"绝对权力"，就必然会否定集体智慧和民主集中制原则，与我们尊崇的辩证唯物主义哲学及共产主义世界观背道而驰。特别是一旦陷入盲目时，其危害性更大。无数事实已经证明，失去人民监督的绝对权力，必然导致绝对腐败。因而，它也必然严重地破坏社会主义的根基。它给予我们的教训是惨痛的，更是发人深思的！

鲜活的、富有生命质感的红色、黑色形象，以其深邃的思想内涵与艺术展现，带给人们关于"权力观"的无尽思考。

二、围绕"权力观"的精妙艺术展示

剧作构思的精妙，还体现于创作者在精彩地演绎一场红与黑的生死搏斗之时，一方面深入三个主人公灵魂深处，开掘其曲折复杂的人生轨迹，另一方面又生动形象地描绘出一群红色勇士如何接受政治道德和人性良知的双重考验，以及他们面对党性原则和战友情义时的庄重选择。在这场没有硝烟却胜似硝烟的激烈战斗中，创作者特别提出了一个富有意蕴的概括："同志加兄弟"。同志讲原则，兄弟讲感情，这是一种既简单又复杂的真诚关系，既可以覆盖作品中所有搏击于这一特殊战场的大小人物相处的本质，更可以囊括现实生活中为崇高理想而奋斗的人们的结合基础，将会引发观者广泛的联想与体悟。就《绝对权力》而言，对于齐全盛极力主张的“绝对权力”，从现居北京的老领导陈百川，到现任的省委书记郑秉义，从前后搭档的刘重天，到廉洁奉公的常务副市长周善本，无不坚持原则，旗帜鲜明地进行批判甚至鞭挞。但是，对于齐全盛的道德与良知，大家又都有正面的分析与认识，因而真诚地给予他兄弟般的情感关怀。刘重天初到镜州，与齐全盛在风雨中别有意味地握手，进行了第一次暗藏机锋的交谈。但在主持办案的过程中，他深切地理解齐全盛的苦恼，而叮嘱助手把握好对齐的分寸：“共产党人也是人”，要“讲人的正常情感”；并且明白无误地向齐全盛表示：“在做人上我还是服你的，你这个人，搞阳谋，不搞阴谋。”老领导、前任省委书记陈百川返回省城，敞开心扉开导身处逆境的齐全盛，要正确对待举步维艰的老搭档刘重天。他激动地强调：“为了国家利益、人民利益和改革开放的大局，我们已经付出了这么多，就不能在同志的感情上再付出一些?”使齐全盛为之动容、动情，热泪盈眶。在经历了双方的坦诚交锋与心灵的激烈撞击之后，齐全盛心怀坦荡地告诉解除“双规”的妻子：“重天的党性、人格、政治道德，都是我齐全盛比不了的，都是我要学习的!”。经过严峻、激烈的搏击与道德、良知的洗礼，全剧结尾处，当两个战友的双手紧紧地握在一起之时，我们的眼前宛如出现了一座巍然屹立的长城——任何邪恶势力摧毁不了的钢铁长城。人性之美所蕴涵的美学意味油然而生。

围绕着人与法、情与理之间的“原则”与“感情”，值得我们关注的，还有一位贯串全剧的主要人物，那就是“既讲政治原则、又讲个人感情”的省委书记郑秉义。作品中对他虽然着墨不多，但赋予的分量很重。在这一形象塑造上，其特别的闪光点，也可视为点睛之笔的，正是关于讲“原则”与讲“感情”的笔墨。我们可以看到，在牵动上下的镜州反腐败斗争中，他既能坚定地维护改革开放的大局，又能丝丝入扣地把握下属干部的命运曲直。面对镜州市如此严重的腐败大案，与几乎遭遇全局性颠覆的突降灾难，他忧心如焚却又清醒镇定，从拍板选择专案组长刘重天、到适时把握镜州形势的发展变化；或身在省城却随时关注案情进展，或亲赴镜州深入研究事实情状。作为省委一把手，他不仅处变不惊指挥若定，强有力地推进着案件的查处，更重要的是他能进行深层思考，破解根源，寻求治本良策。创作者的俭省笔墨使他出场的机会并不多，但每次都能突显其鲜明的原则与浓烈的情感。如同刘重天谈话委以重任，又细心地体贴刘的难处，给予考虑的时间；但同时又强调原则，明确指出：齐全盛不应该有什么绝对权力，你也没有这种绝对权力。继而他来到镜州，一方面实事求是地肯定镜州在经济发展上的成就，又着重强调通过制度创新来加强对权力的监督和制约，要求刘重天思考腐败问题的根子何在，到底该怎样从根本上解决。面对错误严重却未有清醒认识的齐全盛，他着意表扬市委门前太阳广场的设计构思：“人民就是太阳，创造人类历史的动力只能是人民!”又语重心长地借题发挥：“我们的权力是人民给的，我们是人民的公仆，只有人民才拥有这种至高无上的绝对权力，而我们任何一个人都没有什么不受监督的绝对权力。”并强调：“父母官”的称谓散发着封建僵尸气息，公仆，就是人民的儿子孙子，这个位置不摆正，没法不犯错误。他一面要求齐全盛对镜州的经济发展继续负责，一面又真切地表示，可以不惜代价到北京专请大医院的名医为齐诊治疾病——对干部的挽救与爱护之情溢于言表。而以后，齐全盛因为妻子出事被留在省城“回避”时，他仍然郑重地向副书记李士岩交代：有问题一定要查清楚，任何时候都不能违背原则，同时又不能伤害这些同志的感情，影响我们改革事业的深入发展。同志必须讲原则，兄弟一定有感情，“同志加兄弟”的关系既是我们所有革命者克敌制胜的法宝，更是每个党员干部面对错综复杂的社会现实时所应怀抱的党性原则与人性良知。这也是《绝对权力》一剧给予我们的一个鲜明而独特的人文启示和美学启示。

在作品中给人留下难忘印象的，还有一位普通却不平凡的人民公仆——常务副市长周善本。创作者着力塑造的这个朴实无华却闪耀着强烈人性光芒的形象，不仅涵盖了剧作里的一方世界：镜州市和省城红色营垒中不可或缺的人群；更具有伸展开来广及全国的典型意义。这位兢兢业业、勤政廉政、鞠躬尽瘁、死而后已的“人民公仆的标杆”，在剧中以几乎毫无声息的低调姿态工作着、生活着。他默默地为镜州百姓的衣食住行拉车驾辕，自己却一直居住在破旧的工人宿舍；他默默地为镜州经济的持续发展辛劳奉献，自己吃的却是一盘生黄瓜；他默默地为另一类“公仆”擦屁股，为腐败势力所造成的灾难局面力挽狂澜，自己却刚刚拔掉输液的针头。一切都是心甘情愿地付出，直至心力交瘁，猝死在行驶着的汽车里。作为一位廉政奉公、勤政为民的人民公仆，他身上散发出的艺术感染力，是以“润物细无声”的诗意形态，一点一滴地浸润着观众的心田。但创作者的笔触并未停止于此，还有第二个层次的开掘与发挥。在红色与黑色双方交锋的过程中，面对大是大非，周善本展示了其人格魅力的另一面。他不再只是“讷于言”的沉默者，而是凭借切实的判断，明辨齐全盛的人格、品性，主动对齐表示：“您对咱镜州是有大贡献的”，“省委会凭良心对待您的”。还一再提醒主持调查工作的老同学刘重天：镜州干部群众对齐全盛有口皆碑，对老齐一定要有个正确认识。特别是在斗争趋向白热化的时刻，他一反平日的木讷，在市委常委会上挺身而出历数齐全盛开拓与发展镜州经济的业绩，批驳赵芬芳对齐的攻击，并揭露赵芬芳的阴谋，为镜州国有企业蓝天集团争取生存权利。而在逝世前一刻，周善本遇到被赵芬芳扔到远郊垃圾场的数十位退休老同志时，他震惊、痛心、悲愤交加，一边采取措施解决问题，一边流着眼泪对大家表态：“我们这个政府，是为人民服务的政府，不是没心没肺、祸害人民的政府！”然而此时，他自己也走到了作为人民公仆的最后一刻。创作者以这个普通而不平凡的丰满形象，树立起一个真正的共产党人的标杆。

综上所述，我们可以用一幅图表来勾勒出《绝对权力》一剧的叙事结构：

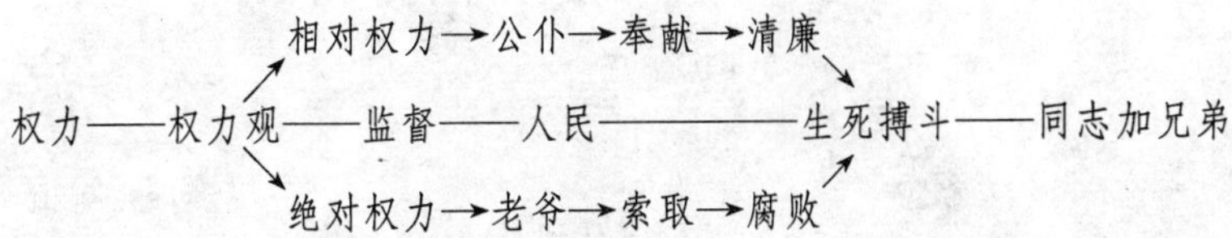

在这张图表中，我们可以发现权力、清廉、腐败三者的内在关系及逻辑规律。其中强烈的对比印证了：最优秀的同志在共产党内，最无耻的败类也在共产党内，这就是中国在向市场经济和法制社会转换过程中的现状！每个当权的党员干部，都面临着是做周善本还是做赵芬芳的拷问。问题的实质则在于：应该怎样使用人民交给的神圣权力？是以权力为梯子，爬到人民头上做人民的老爷，还是像周善本那样俯下身子，为人民拉犁负重！这的确是一个严峻的历史性的问题。正如郑秉义的大声疾呼：我们这个党在战火中没有倒下，也绝不能倒在腐败的深渊泥潭中！这也恰是我们看完这部对于人的灵魂具有精神震撼力与审美冲击力的作品之后，心中留下的长久思索及明确结论。

〔思考题〕

1. 请分析本剧对于“权力观”的剖析与其鲜活人物塑造之间的内在联系。

2. 可能的话再观看几部“反腐”题材的电视剧，并与《绝对权力》做一比较。